鄂尔多斯盆地低渗透致密气藏采气工程丛书

智能气井技术与实践

田 伟 贾友亮 汪雄雄 赵峥延 等编著

石油工业出版社

内 容 提 要

本书主要介绍了致密气藏的生产特征及智能化生产技术,以及致密气藏在国内外的勘探开发现状,并结合现场案例分析了智能气井技术在实际生产中的实施效果,展示了智能技术在提升致密气藏开采效能中的巨大潜力。

本书适合油气勘探开发技术人员、石油行业从业人员,以及相关学术研究人员学习参考。

图书在版编目(CIP)数据

智能气井技术与实践 / 田伟等编著. -- 北京：石油工业出版社, 2026.2. -- (鄂尔多斯盆地低渗透致密气藏采气工程丛书). -- ISBN 978-7-5183-7633-9

Ⅰ. TE37-39

中国国家版本馆 CIP 数据核字第 2025KQ0566 号

出版发行：石油工业出版社
（北京安定门外安华里 2 区 1 号　100011）
网　　址：www.petropub.com
编辑部：（010）64523760
图书营销中心：（010）64523633
经　　销：全国新华书店
印　　刷：北京九州迅驰传媒文化有限公司

2026 年 2 月第 1 版　2026 年 2 月第 1 次印刷
787×1092 毫米　开本：1/16　印张：14.75
字数：370 千字

定价：100.00 元
（如出现印装质量问题,我社图书营销中心负责调换）
版权所有,翻印必究

《鄂尔多斯盆地低渗透致密气藏采气工程丛书》
编委会

主　　任：余浩杰

副 主 任：张矿生　慕立俊　吴　正　刘　毅　陆红军　刘双全

委　　员：解永刚　王宪文　常永峰　桂　捷　田　伟　贾友亮
　　　　　杨旭东　汪雄雄　李　丽　王治国　沈志昊　苏煜彬
　　　　　李旭日　肖述琴　赵峥延　宋汉华　王　冰　柳　洁
　　　　　石耀东　李　强　王　虎　党晓峰　赵　旭　季　伟
　　　　　郭永强　侯　山　田建峰　邵江云　陈德见　白晓弘
　　　　　冯朋鑫　蒋成银　何顺安　于志刚

《智能气井技术与实践》
编 写 组

组　　长：田　伟　贾友亮　汪雄雄　赵峥延
副组长：李旭日　李　丽　杨亚聪　沈志昊　龚航飞　王亦璇
　　　　　陈　勇　李耀德
成　　员：谈　泊　宋　洁　谷诏闯　蔡佳明　杨旭东　肖述琴
　　　　　宋汉华　惠艳妮　李思颖　王晓荣　卫亚明　闫治辰
　　　　　马海宾　刘时春　张凯星　李彦彬　李在顺　樊莲莲
　　　　　韩强辉　李紫莉　王忠博　何佳艺　程世东　张春涛

丛书序

目前，长庆油田有六个头衔：一是世界最大的低渗透非常规油气田；二是世界十大天然气田之一；三是中国最大的油气田；四是累计生产天然气6000多亿立方米；五是中国唯一的年产天然气超 $500×10^8 m^3$ 的大气区；六是拥有中国最大的年生产天然气超 $300×10^8 m^3$ 苏里格整装大气田。

起初，没有多少人相信鄂尔多斯盆地的长庆油田会取得如此大的成就，就连长庆油田自己也没有想到有如此令世人刮目相看的局面。规模宏大的油气基础产业，稳定的油气增长潜力和特色鲜明的低渗透非常规文化影响力，被视为中国低渗透非常规油气田勘探开发的典范。

油气基础规模，被视为前进的基础，在超大基数上实现相对稳定增长，必然伴随着超大投资，相应地稳定投资是增长的基础，从某种程度上是一个更大范围内的计划平衡结果。为此，这种模式可否持续，涉及方方面面，如果某一个方面出现不协调，都会影响油气基础规模的增减，为了使油气基础规模相对稳定且实现增长，就需要设置一个油气稳定增长的常数，而这个常数必须是实事求是的，经过科学计算的，而不是人为设置的。

油气增长潜力，当油气规模基础达到历史最高值后，显而易见的做法，必须考虑增长潜力在何方？就一般规律而言，增长无非就是老油田提高采收率、加密井、动用潜力层、合理设置参数等，但这只能解决相对稳产问题，解决不了在相对稳产基础上实现相对增长问题，而增长问题必须解决储量供给问题。也就是说，要解决油气新增的储量问题，或者说是要解决新天然气田的发现问题。鄂尔多斯盆地油气勘探要重视未知区域，如煤岩气的机会、深层油气机会、页岩气的机会和页岩油的机会，这些新的领域比人们想象的要大得多，这些都需要下功夫去认识和实践。

低渗透非常规文化影响力，是指长庆油田特色鲜明的文化影响力，其本质是"低渗透非常规""攻坚肯硬，拼搏进取""好汉坡精神""一切注重实际效果"和"低成本战略"等，这些具有明显的黄土文化和陕甘宁地域文化的特色，这种文化孕育了开发低渗透非常规油气田的石油人，形成了开发低渗透非常规油气田的理论和技术体系，缔造了中国最大油气田和世界最大低渗透非常规油气田，这是长庆油田乃至中国石油最宝贵的物质文化财富。

此外，随着时间的推移，人们对长庆油田低渗透非常规"油气基础规模、油气增长潜力和低渗透非常规文化影响力"有了越来越多的认识，这个认识虽然是渐进的、缓慢的，甚至是不乐于接受的。但是，已经形成了客观存在，在无形中和无选择中接受了它的存在和它的价值。

"油气基础规模、油气增长潜力和低渗透非常规文化影响力"三大邻域成果，最核心的是"低渗透非常规文化影响力"，它是支撑中国最大油气田和世界最大低渗透非常规油气田的底气，而底气源于超大的油气产量规模、油气协调发展、亦东亦西的地缘环境和低渗透非常规技术的人才优势。

超大油气产量规模，2022年油气储量规模达到 $6700×10^4t$ 当量规模，在中国毫无疑问是站在第一的位置，在世界也是最大规模的位置。试想在20多年前根本不被人看好的鄂尔多斯盆地长庆油田，现在站在了被人仰视的位置和受人尊敬的油田企业，它的优势源于低渗透非常规 $6700×10^4t$ 油气当量。

油气协调发展，是每一个油田企业都想实现的目标，但是受到天时、地利、人和的制约，不是想能实现就能实现的目标。它是各种因素的耦合而形成的，鄂尔多斯盆地南油北气、上油下气，各种资源天然组合，形成长庆油田协调发展的最大优势。

亦东亦西的地缘环境，长庆油田处在陕甘宁蒙，严格讲属于中国中部，东接市场发达地区，油气产品就近扩散，西接资源丰富的西北地区，油气资源就地开发，处在进可攻、退可守的位置，地理环境十分优越，这在中国只有几个为数不多的油气田有这样的地理优势。

低渗透非常规技术人才，是长庆油田成功的关键，50多年来长庆油田培养了一大批热心低渗透非常规高素质的劳动者，培养了一大批热心低渗透非常规高水平的技术人才，高素质的劳动者和高水平技术人才组合，形成了开发低渗透非常规油气无敌军团，以足够的耐心、恒心、决心和信心，才成功开发了被世界公认为难啃的骨头——鄂尔多斯盆地低渗透非常规油气资源。

当今世界正处于百年未有之大变局，全球能源格局深刻变革，能源价格及供需关系波动频繁，能源的战略稳定意义日趋重要，天然气尤其是致密气、非常规气藏的开发将是中国能源发展的战略重地。长庆气田的成功开发,创新形成致密气藏高效开发模式,引领了国内致密气藏开发的跨越式发展。在全国人民实现第二个百年奋斗目标的历史新起点,在中国式现代化建设的新征程上,编写《鄂尔多斯盆地低渗透致密气藏采气工程丛书》(简称《丛书》),对于树立国内外致密气藏高效开发典范、引领低渗透气藏采气行业发展,具有重要意义。

《丛书》系统总结了中国石油近 50 年来在鄂尔多斯盆地低渗透、致密气藏开发采气工艺领域取得的系列科研成果及生产实践经验,涵盖了整个致密气田开发钻采工艺技术系列。重点介绍了鄂尔多斯盆地低渗透、致密气藏排水采气、井下节流、柱塞气举、气田强排水采气、数字化智能技术、钻采工程、提高采收率等低渗透、致密气藏规模高效开发的关键技术成果。编著者均为长期从事采气工程开发的专家、科研工作者及专业技术人员,展现了低渗透、致密气藏开发采气工程的前沿技术,体现了丛书的权威性、系统性和先进性。

该套丛书的出版,为低渗透、致密气藏有效开发提供了一套成熟完备的采气工程借鉴方案,将对新形势下中国天然气的开发及优化管理起到积极的指导作用,希望广大天然气开发领域的研究者、设计者、建设者与生产管理者能将其作为学习工作的必备工具书,充分发挥其资政传承、交流提升的作用。

中国工程院院士 胡文瑞

2023 年 9 月

前　言

在全球能源转型的大背景下，天然气作为一种清洁、高效的能源，正逐渐成为能源结构中重要组成部分。随着常规天然气资源的日益减少，致密气藏等非常规天然气资源的开发显得尤为重要。然而，致密气藏的开发面临着诸多挑战，如地质条件复杂、气藏特征多变、开发难度大等。为了有效应对这些挑战，智能天然气井技术应运而生，为致密气藏的开发提供了新的思路和手段。

致密气藏作为一种非常规天然气资源，其地质特征表现为储层物性差、渗透率低，这使得气井的单井产量低，开发效益差；其气藏特征也较为复杂，气水关系复杂、压力系统多变，给开发带来了更大的难度。然而，正是这些挑战催生了技术创新的需求和机遇。智能天然气井技术的出现，为致密气藏的有效开发提供了新的可能。智能天然气井技术通过集成应用先进的信息技术、自动化技术和人工智能技术，实现了对气井生产过程的全面感知、智能分析和优化控制。这一技术的应用，不仅可以提高气井的生产效率和经济效益，还可以降低开发成本和环境风险，为致密气藏的大规模开发提供了有力支撑。因此，致密气藏的开发既面临着挑战，也蕴含着机遇，而智能天然气井技术正是抓住这一机遇的关键。

本书旨在系统梳理智能天然气井技术的最新进展，并探讨其在致密气藏开发中的实践应用，以期为推动智能技术在天然气井开发中的更广泛应用提供有益的参考和借鉴。本书共分为六章，内容涵盖致密气藏生产特征、国内外气田智能化生产技术的概况、致密气井产量智能预测技术、长庆致密气藏智能气井生产管理技术，以及智能气井技术发展趋势。在内容结构上，本书注重理论与实践的结合。首先，通过介绍致密气藏的生产特征和国内外智能气井技术的现状，为读者提供了必要的背景和基础知识。其次，重点阐述了致密气井产量的智能预测技术和长庆致密气藏智能气井生产管理技术的调研评价，展示了智能技术在致密气藏开发中的具体应用和效果。最后，探讨了智能天然气井技术的发展趋势，包括面临的挑战、发展机遇，以及未来的发展方向。

本书对智能天然气井技术的发展趋势进行了前瞻性的分析和预测，为读者提供了有益的思考和借鉴，同时也在一定程度上推动了智能技术在油气田开发领域的创新和发展。

由于笔者水平有限，书中难免存在不足之处，敬请读者批评指正。

目 录

第一章　绪论 ………………………………………………………………………… 1

第二章　致密气藏生产特征 ………………………………………………………… 3

　第一节　概况 ………………………………………………………………………… 3

　第二节　致密气藏地质特征 ………………………………………………………… 7

　第三节　致密气藏类型及特征 ……………………………………………………… 17

第三章　国内外气田智能化生产技术概况 ………………………………………… 22

　第一节　人工智能简介 ……………………………………………………………… 22

　第二节　人工智能在油气勘探开发中的应用 ……………………………………… 27

　第三节　国内外智能气井技术现状 ………………………………………………… 34

第四章　致密气井产量智能预测技术 ……………………………………………… 46

　第一节　BP 神经网络产量预测模型 ……………………………………………… 46

　第二节　基于长短期记忆神经网络的产量预测模型 ……………………………… 53

　第三节　物理与数据联合驱动的神经网络产量预测模型 ………………………… 57

　第四节　致密气井产量预测模型现场应用 ………………………………………… 68

第五章　长庆致密气藏智能气井生产管理技术 …………………………………… 74

　第一节　致密气井积液智能诊断技术 ……………………………………………… 74

　第二节　致密气井智能泡排优化控制技术 ………………………………………… 108

　第三节　致密气井智能间开技术 …………………………………………………… 134

　第四节　致密气井智能柱塞气举技术 ……………………………………………… 157

　第五节　致密气井智能管理技术 …………………………………………………… 189

第六章　智能气井技术发展趋势 ······ 211

第一节　石油工业中人工智能应用面临的问题和挑战 ······ 211

第二节　石油工业中人工智能应用的发展趋势 ······ 214

第三节　智能气井面临的问题及发展趋势 ······ 217

参考文献 ······ 221

第一章　绪　论

天然气作为一种清洁能源，随着全社会节能减排和民众环境保护意识的提高，天然气已经成为当今社会生产、生活不可或缺的一个组成部分。截至2022年，全球天然气产量为 $4.0438 \times 10^{12} m^3$，消费量为 $3.94 \times 10^{12} m^3$。2013—2022年全球天然气产量及消费量如图1-1所示。

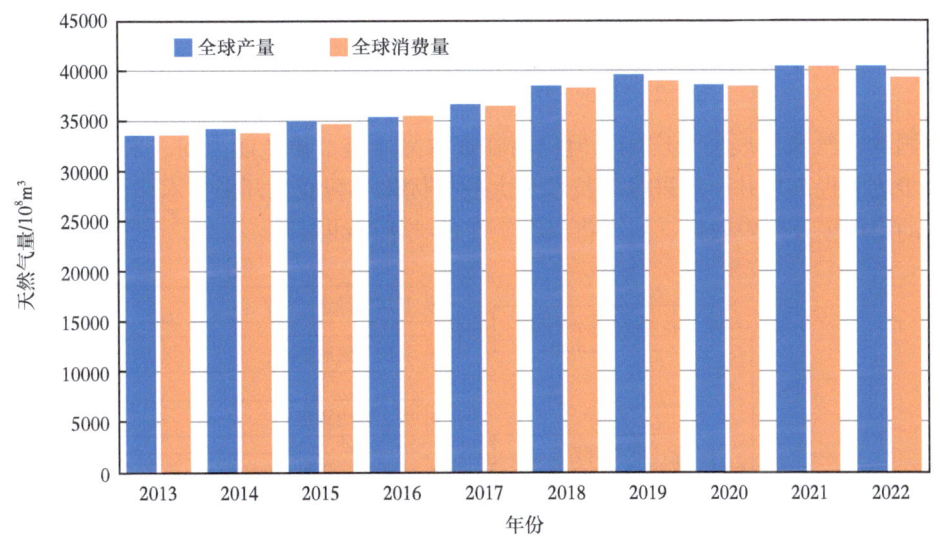

图1-1　2013—2022年全球天然气产量及消费量

截至2022年，我国天然气已探明储量在全球范围内排名第六位，约为 $12.4 \times 10^{12} m^3$。同年，我国天然气产量约为 $2201 \times 10^8 m^3$。2013—2022年我国天然气产量及消费量如图1-2所示。天然气在油气结构中占比超过50%，充分验证了天然气在国民经济中的重要地位。特别是"双碳"目标被写入政府工作报告以来，天然气更是受到了高度关注，发展天然气开采工艺已成为当代世界的潮流。

致密气作为天然气增储上产的重要领域，随着地质理论和开发技术的不断进步，中国致密气勘探开发取得了显著进展。针对中国致密气埋藏深度大、气层厚度小、非均质性强、含气饱和度低、气水关系复杂、开发具有"三低一快一长"（气层压力低、单井产量低、采收率低，产量递减快，生产周期长）的特点，以提高单井产量、降低开发成本为技术目标，经过几十年的探索和攻关，形成了储层"甜点"预测及有利区定量优选技术、多层系多井型井网优化技术、直井多层压裂和水平井分段压裂、排水采气及井下节流等开发关键技术，推动了致密气的规模化开发。

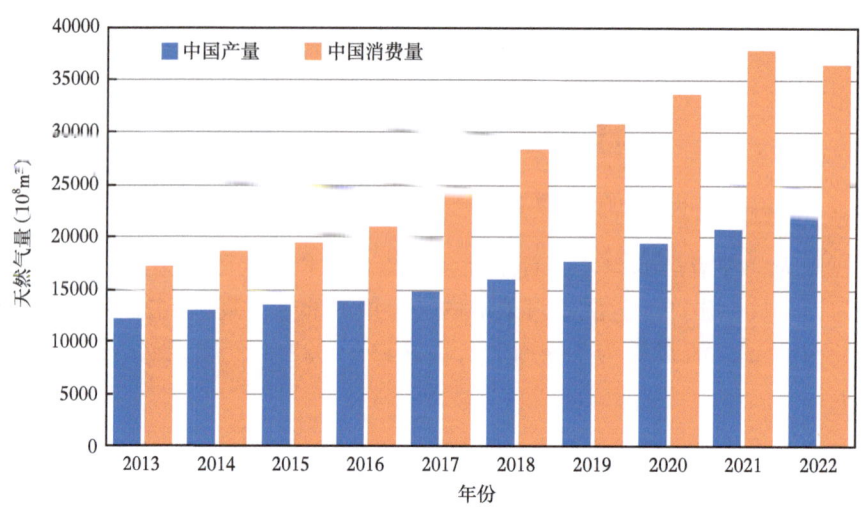

图 1-2　2013—2022 年中国天然气产量及消费量

中国致密气藏发展前景广阔，但仍面临资源品质差、稳产能力弱、采收率低的挑战，为进一步攻关提高单井产量采收率技术及大数据优化与智能化开采技术，不断提升致密砂岩储量动用规模及开发效益，本书将以图 1-3 的技术路线展开。

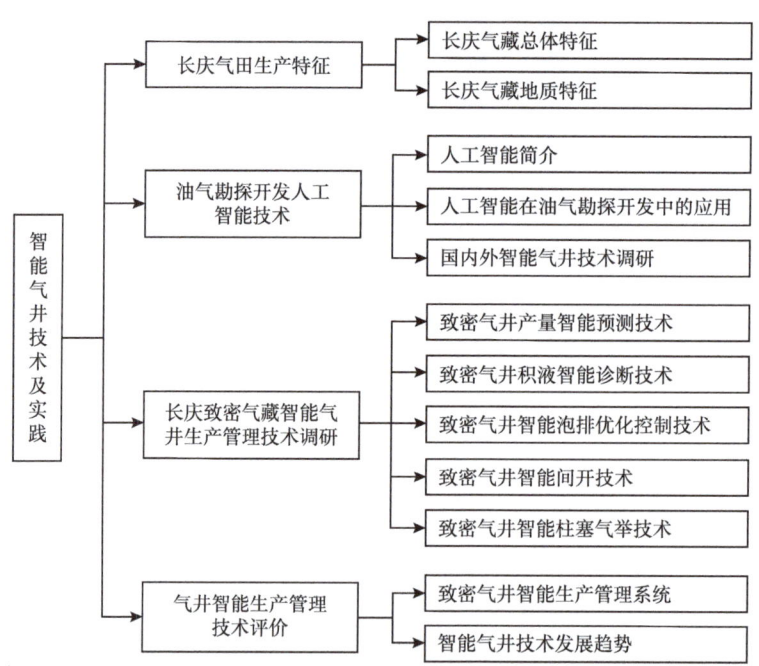

图 1-3　技术路线图

第二章　致密气藏生产特征

本章深入分析了致密气藏的生产特征，从多个角度揭示了其独特的地质与气藏特性。首先，本章概述了致密气藏所在地区的地理背景、构造特征，以及气候和水文环境，这些因素对气藏的开发与生产有着深远影响。随后重点讨论了致密气藏的地质特征，特别是储层的沉积学特征和综合评价方法，帮助读者理解如何有效评估气藏的储量和开采潜力。最后，探讨了致密气藏的气藏特征，包括气藏类型、储层及流体性质，以及温度、压力特征等关键要素。这些内容为后续智能化生产技术的应用和技术发展提供了必要的背景支持，使读者能够全面了解致密气藏的生产环境和技术挑战。

第一节　概　　况

长庆气田作为国内最大气田，地跨陕西、甘肃、宁夏、内蒙古、山西五个省（自治区）主要开发区域为中国第二大盆地——鄂尔多斯盆地及周缘的断褶盆地和沉降区块，勘探面积 $37×10^4km^2$，涉及的行政区有：陕西省榆林市、横山县、靖边县、佳县、米脂县、子洲县、定边县、志丹县、安塞县九市县及内蒙古自治区乌审旗和鄂托克旗等。该气田属于世界典型的岩性低渗透致密储层气藏，从1970年至今已经过50多年的勘探开发历程。该盆地的油气资源丰富，石油资源量 $169×10^8t$，天然气资源量 $16.3×10^{12}m^3$，为世界级整装大气田，占国内陆上天然气资源量的28.2%，具有资源潜力雄厚、储量规模大、储层类型多、分布面积广等特点。另一方面，油气藏具有典型的低渗透、低压力、低丰度特征，70%以上储层渗透率小于1mD，被形象地描述为"磨刀石"，油气井自然产能极低，油井日均产量1.3t，气井日均产量不足 $1×10^4m^3$，油气田开发难度很大。

鄂尔多斯盆地由于其复杂的地质条件，一度被认为是"世界上最难开发的气田"。历经几十年的艰辛探索，长庆苏里格气田紧扣低渗透油气藏开发的关键技术，不断突破，集成创新了快速钻井、分压合采、井下节流等12项开发配套技术，取得了多项显著成果，实现气田的规模有效开发，推动了长庆油田的快速发展。通过持续深入的攻关，创新形成了独具特色的低渗透致密气藏勘探开发技术系列。作为国内第一大气区，截至2021年长庆气田先后发现并成功开发靖边、榆林、苏里格、神木等气田，累计向国家贡献天然气 $5155×10^8m^3$，为保障国家能源安全和优化能源消费结构作出了突出贡献。天然气开发持续上产，助力长庆油田跨越 $6000×10^4t$，再攀新高峰，创造了低渗透油气田高效开发的世界奇迹。

长庆气田的开发引领了国内低渗透气藏开发的跨越式发展，建立了一整套的低渗透致密气藏的开发模式。

一、地理位置及构造

长庆气田目前已投入开发的七个气田中,有一个下古生界奥陶系含海相碳酸盐岩气藏(靖边气田)和六个上古生界陆相砂岩气田(包括苏里格气田、榆林气田、子洲—米脂气田、神木气田、宜川—黄龙气田、庆阳气田)。

1. 靖边气田

靖边气田位于陕西省北部与内蒙古自治区交界区,地跨陕西省靖边县、横山县、榆林市、安塞县、志丹县和内蒙古自治区乌审旗、鄂托克旗等县旗。气田南部为黄土高原,北部和西北部为毛乌素沙漠和腾格里沙漠南缘,紧邻黄河河套地区。

靖边气田位于陕北斜坡中部、中央古隆起东北侧的靖边—横山一带,北界至召 4—陕 199 井,南界到陕 108 井,东到陕 202 井一线,西接陕 53 井,走向为北北东向,是一个长近 240km,宽近 130km,面积逾 $3.12×10^4km^2$ 的与奥陶系海相碳酸盐岩有关的风化壳型低渗透、低丰度、低产大型复杂气田。靖边气田区域构造为一宽缓的西倾斜坡,坡降一般 3~10m/km。在单斜背景上发育着多排近北东向的低缓鼻隆,鼻隆幅度一般在 10~20m,宽度为 3~6km。勘探开发实践证实,这些低缓的鼻隆构造对天然气的聚集不起控制作用。

2. 榆林气田

榆林气田于 1995 年发现,气田位于鄂尔多斯盆地伊陕斜坡构造带上,根据地理位置划分为长北合作区和榆林南区两个区块,主要含气层为下二叠统山西组山 2 段,次要含气层为中二叠统下石盒子组盒 8 段和下奥陶统马家沟组马五段。

榆林气田位于陕西省榆林市和内蒙古自治区境内,勘探范围北起内蒙古南部阿拉泊,南至塔湾,西邻靖边县,东抵双山;南北长约 104km,东西宽约 82km,面积约 $8500km^2$。

榆林气田地处黄土高原,地势东北高、西南低,地表条件差异较大。以无定河为界线,北部为毛乌素沙漠,南部为黄土塬地貌,地面海拔在 950~1400m 之间。

榆林气田构造位于伊陕斜坡的东北部,构造形态表现为宽缓的西倾单斜,坡降一般为 3~10m/km。基底主体为太古宇和下元古界变质岩系,沉积盖层呈现古生界碳酸盐岩、膏盐岩,上古生界海陆过渡相煤系,以及中新生界内陆碎屑岩三层沉积构造特征。

3. 苏里格气田

苏里格气田于 2000 年发现,勘探初期称为"长庆气田苏里格庙区"。2001 年 1 月更名为"苏里格气田",同年投入试采。苏里格气田行政区划属内蒙古自治区鄂尔多斯市,西起鄂托克前旗,东至乌审旗,南到陕西省的定边县,北抵鄂托克后旗。勘探面积约 $20000km^2$。苏里格气田是目前中国陆上发现的一个特大型气田。

苏里格气田位于鄂尔多斯盆地伊陕斜坡西北侧,构造形态为一由北东向西南倾斜的单斜,坡降为 3~10m/km。气田区内发育多个北东向的鼻状构造,宽度 5~8km,长度

10~35km，起伏幅度 10~25m。苏里格气田气藏分布受构造影响不明显，主要受砂岩的横向展布和储集物性变化所控制，属于砂岩岩性气藏。

气田主力产气层为下二叠统山西组山 1 段至中二叠统下石盒子组盒 8 段，岩性为辫状河三角洲平原分流河道及三角洲前缘水下分流河道沉积的中粗粒石英砂岩—岩屑石英砂岩，储层以粒间溶孔为主，发育少量原生粒间孔、晶间孔，次生孔隙约占总孔隙的 80%，平均孔隙度 5%~12%，平均渗透率 0.06~2mD，埋藏深度 3200~3500m，厚度 80~100m，为砂泥岩地层。

苏里格气田于 2003 年投入生产，气井表现出产量低、稳产能力差、单井控制储量小、气井产能差异大、压力下降快等特点，通过区块优选、井位优选、滚动建产、稳产接替等技术手段，根据具体区块地质条件，优选丛式水平井组、丛式定向井组等多种井型组合进行针对性开发，实现了苏里格气田 $230×10^8m^3$ 产能规模的快速上产与稳产。

4. 子洲—米脂气田

子洲—米脂气田西北端与已探明的榆林气田接壤区域构造隶属鄂尔多斯盆地伊陕斜坡东部。行政区划位于陕西省榆林市米脂、子洲、绥德、清涧县境内。

子洲—米脂气田勘探始于 20 世纪 80 年代，初期钻预探井榆 28 井、榆 29 井，获工业气流，随着勘探的不断深入，截至 2021 年底，共完钻探井 152 口。子洲气田于 2007 年 8 月正式投产，已动用地质储量 $300×10^8m^3$。

子洲—米脂气田区域构造位置隶属于鄂尔多斯盆地伊陕斜坡东北部，是一宽缓的西倾单斜，坡降 3~10m/km，在宽缓的单斜背景上发育多排北东走向的低缓鼻状隆起。

5. 神木气田

神木气田地处陕西省榆林市榆阳区、神木县境内，西接榆林气田，北与大牛地气田相邻，南抵子洲气田。2007 年，双 3 井区的勘探突破标志着神木气田的发现。气田于 2009 年开展前期评价，历经试采、规模建产后，2014 年底建成 $20×10^8m^3/a$ 产能。

神木气田处于鄂尔多斯盆地次级构造单元伊陕斜坡东北部，为宽缓西倾斜坡，倾角小于 1°。

6. 宜川—黄龙气田

宜川—黄龙地区地理位置在延安市南部、渭南市北部，地处黄土高原腹地，地表侵蚀切割强烈，沟壑梁峁纵横分布，地形起伏较大，区内有 201 省道穿过，交通、通信较为便利。宜川—黄龙地区天然气勘探面积 $8000km^2$。宜川—黄龙气田于 2011 年开始在黄龙地区进行前期评价，根据 2011 年、2012 年的开发情况，累计完钻评价井 15 口。2017 年，以宜川地区盒 8 段、山 1 段、本溪组为目的层开展评价工作，并以宜川地区山 1 段 $161.55×10^8m^3$ 探明地质储量为基础，编制了"宜川地区评价与试采方案"。

宜川—黄龙地区构造位置横跨伊陕斜坡和渭北隆起两大构造单元，其中渭北隆起区以褶皱冲断构造为特征，伊陕斜坡区构造相对微弱，以平缓的西倾单斜为主要特征。

7. 庆阳气田

庆阳气田位于陇东地区中部，行政区划属甘肃省镇原县及庆城县。区域构造横跨鄂尔多斯盆地伊陕斜坡和天环凹陷两个构造单元。

2003—2012年镇探1井、庆探1井、庆探3井相继在山1段获工业气流，展示良好勘探前景。2016年提交庆探1区块山$_1$气藏预测储量 $598.15 \times 10^8 m^3$，2018年提交山1气藏探明储量 $318.86 \times 10^8 m^3$。

二、气候及水文特征

1. 靖边气田

气田南部为黄土高原，北部和西北部为毛乌素沙漠和腾格里沙漠南缘，紧邻黄河河套地区。地面海拔1120~1820m，为内陆性干旱至半干旱气候。夏季最高气温36℃，冬季最低气温-28℃，年平均气温7.8℃，昼夜温差大，雨量较少，年平均降水量418mm，冬春多风沙。

2. 榆林气田

榆林气田所属区为暖温带和温带半干旱大陆性季风气候，四季分明，昼夜温差大，无霜期短，年平均气温10℃，气候干旱，年降水量438mm，多集中在7月、8月、9月三个月；气象灾害较多，3月、4月、10月、11月常有5~6级大风，时伴有沙尘暴；不同程度的干旱、霜冻、暴雨、大风、冰雹等灾害时有发生。

3. 苏里格气田

苏里格地区为大陆性半干旱季风气候，夏季炎热、冬季严寒；昼夜温差大，无霜期短；冬春两季多风沙；降水量小、蒸发量大，气候干燥。冬季气温-20~-10℃，最低气温-38℃；夏季气温15~25℃，最高气温36℃。

气田北部地表为沙漠、碱滩和草原区，海拔1200~1350m，地表地形相对高差20m左右，地势相对平坦；南部为黄土塬地貌，海拔1100~1400m，由于长期被风沙雨雪侵蚀，沟壑纵横、梁峁交错，地形地貌复杂。

4. 子洲—米脂气田

子洲—米脂气田为黄土塬覆盖，属典型的丘陵沟壑地貌，地势西高东低，近东南流向的无定河横穿气田北侧直至汇入黄河。气田区内海拔一般为850~1260m，属温带和暖温带半干旱大陆性季风气候，年降水300~500mm，年平均气温9℃左右。

5. 神木气田

神木气田北部为沙漠，地形相对平缓；南部为黄土塬覆盖，地形起伏较大、沟壑纵横。气田属内陆性半干旱气候；降水量小、蒸发量大。年最高气温36℃，最低-28℃。区内交通条件便利，具有一级公路和乡村简易公路。

6. 宜川—黄龙气田

宜川县位于陕西中东部、延安东南部的黄河壶口瀑布岸边，属渭北高原丘陵沟壑区。境内沟壑纵横，山峦重叠，川塬相同，地质结构独特。

7. 庆阳气田

庆阳气田属典型的黄土塬地貌，地表梁峁交错、沟壑纵横，黄土堆积厚度达100~300m，地势西北高、东南低，地面海拔1200~1800m。该区为温带大陆性季风气候，春季干旱，夏季温热，秋季凉爽，冬季少雪，年平均气温8℃，年平均降水量480mm。区内资源丰富，物产富饶。

第二节　致密气藏地质特征

一、储层沉积学特征

靖边气田奥陶系风化壳侵蚀古地貌为一近南北向展布的广阔低矮的台地和宽缓浅凹的谷地组成的丘状平原。地震、钻井揭示，靖边气田发育九条深大沟槽，且树枝状支潜沟发育。沟槽及潜沟中充填有石炭系本溪组底部铝土质泥岩，在上倾方向形成遮挡，为靖边气田的成藏条件之一。综合研究表明，靖边下古生界气藏为地层—岩性圈闭气藏。

榆林气田构造位于伊陕斜坡的东北部，构造形态表现为宽缓的西倾单斜，坡降一般为6m/km。基底主体为太古宇和下元古界变质岩系，沉积盖层呈现古生界碳酸盐岩、膏盐岩，上古生界海陆过渡相煤系，以及中新生界内陆碎屑岩三层沉积构造特征。

苏里格气田储层辫状河和曲流河沉积发育，砂体内部结构存在差异，表现为纵向上多期叠置、横向上复合连片，形成宽条带状或大面积连片分布的复合砂体。沉积多呈北东、北西或南北向的透镜状或条带状分布。而且有效砂体分布具有很强的非均质性，分布局限，连续性和连通性都差。

子洲地区位于盆地主体伊陕斜坡之上，上古生界底部与下古生界呈平行不整合接触，中间缺失中上奥陶统、志留系、泥盆系及下石炭统，顶部与中生界整合接触，上古生界内部沉积连续，均为整合接触，以海陆过渡相—内陆湖盆沉积为主。地层自下而上发育着石炭系本溪组、二叠系太原组、山西组、下石盒子组、上石盒子组和石千峰组，上古生界地层厚度在本区比较稳定，平面变化较小。

平面上，山2段砂体沿近南北向呈带状分布。子洲地区内主要发育三支砂带，子洲气田处于三角洲前缘环境，受沉降速率和沉积速率的影响，河道反复交会分叉，沉积物快速堆积造成砂体在局部明显增厚，主砂体由多个单砂体复合而成，厚度一般5~25m，东西向宽度5~15km，复合砂体东西向宽度局部可达30km。主砂体在榆47井—榆30井—榆45井—榆53井—榆76井—洲27-29井—洲30-46井一线最为发育，厚度多在10m以上，最厚28m。南区（清涧）三条大砂带分支形成了沿北南向呈宽带状展布的砂体群。子洲区92口井砂体统计表明，山2段以山2_3小层砂体最为发育，山2_2层次之，山$_2^1$层规模最小，山$_2^3$层砂体在横向上有着很好的连续性，气层分布稳定，是子洲区主要储集砂体。

单个砂体厚度一般较薄，由于砂体间的冲刷、切割和垂向叠置加积，砂体规模比较大，砂体复合厚度一般在5~25m，宽5~15km，在垂向上表现为正粒序和多个正粒序的叠加，缺乏"二元结构"。主砂体在米4井—榆58井—榆73井一线分叉明显。

受沉降速率和沉积速率变化影响，河道反复交会分叉，沉积物快速堆积造成砂体局部明显增厚，复合砂体东西向总宽度局部可达30km。

神木地区上古生界以海陆过渡相—内陆湖盆沉积为主。自下而上发育石炭系本溪组、二叠系太原组、山西组、下石盒子组、上石盒子组和石千峰组。其中太原组、山西组为主力含气层段。

宜川—黄龙气田位于鄂尔多斯盆地东南部，远离北部主力生烃区，但处于南部渭北生烃带和次级生烃区内。渭北生烃带是目前渭北地区主要的产煤区及煤层气产区，区内有铜川、蒲白、澄合、韩城等产煤矿区及中油煤层气公司的部分区块。该区主要含煤层系是太原组，含煤5层，厚度10~20m；其次是山西组及本溪组零星含煤层系，厚度5~30m。渭北生烃带的有机质热演化是伴随着渭北隆起带的构造沉降历史而演化的，自石炭纪—二叠纪含煤地层形成起，该区先后经历了持续深埋—抬升—动荡—深埋—抬升的演化过程，整个埋藏演化呈现"W"形。煤系地层首先在中三叠世末期达到最大埋深，形成第一次生烃、排烃期。之后自晚侏罗世至早白垩世期间，发生第二次大规模沉降，构造应力为东南—西北向挤压环境。此次埋深深度虽不及中三叠世末期最大埋深深度，但燕山运动中期构造热事件导致地温梯度明显上升，有机质演化达到最大规模，R_o分布在2%~4%，属于过成熟阶段，以产干气为主，是该区最主要的生烃、排烃期。燕山运动末期至喜马拉雅期，该区持续抬升进入剥蚀期，构造应力由早期的南北向挤压环境转变为中后期的东南—西北向挤压环境。

宜川—黄龙地区纵向上发育多个含气层位，成藏组合主要以自生自储、上生下储、下生上储等近源组合为主，且处于南部渭北生烃带和次级生烃区内，烃源岩充足，且排烃到达储层的阻力相对较小，供给能力强。因此，烃源岩生烃能力不是导致该区低丰度气藏的成因。

庆阳气田自下而上发育中上元古界、古生界、中生界、新生界沉积地层。盆地西南部晚古生代存在剥蚀古陆，上古生界本溪组、太原组、山西组、石盒子组依次向南超覆沉积，缺失本溪组和部分太原组，局部盒8段沉积厚度薄。石盒子组地层平均厚度230m，盒$_8$段地层厚度45~60m；山西组山1段地层厚度40~50m。庆阳气田主要发育中生界含油层系和古生界含气层系，其中上古生界二叠系石盒子组、山西组是天然气勘探开发的主要目的层。

二、储层综合评价

由于气田储层物性及生产动态的差异性，不同的气田采用的储层评价方法不一，现列举不同研究人员对主要气田的评价方法以做参考。

1. 靖边气田

靖边气田存在储层非均性强，单井、区块开发不均衡的矛盾，主要表现为高渗透区内部存在致密区，致密区气井生产情况差，地层压力高；低渗透区单井控制半径小，井间连通性差，井间加密难度大，局部富水区水体分布和运移规律不清。合理划分气藏流动单元既是气藏精细化管理需要，又是提高气藏开发效果和经济效益的需要。

高远等对靖边气田下古生界气藏地质特征及开发特点进行研究，对其进行流动单元精细划分、分类计算气藏开发指标，建立流动单元指标评价体系，针对各流动单元开发特点提出优化建议实现气藏开发指标优化。

根据流动单元划分原则，从小到大（平面区域）、从前到后（气井投产时间）综合靖边气田地层特征、储层物性、流体性质、生产特征、重点试验等动静态参数将靖边气田下古生界气藏划分为36个流动单元（表2-1）。

表 2-1 靖边气田流动单元分类标准及结果

类型	Ⅰ类	Ⅱ类	Ⅲ类
动静比 /%	> 30	位于富水区	15~30
井均单位压降采气量（10^4m^3/MPa）	> 900		< 900
采出程度 /%	> 10		< 10
井均合理配产 /（10^4m^3/d）	> 2.0		0.5~2.0
井均无阻流量 /（10^4m^3/d）	> 20		< 20
水气比 /（$m^3/10^4m^3$）	< 0.18	> 0.60	< 0.20
生产特征	开采时间长，累计产出气量高，区块稳产能力高，开发效果好。目前开发程度高、地层压力较低	区块开发受到富水区的影响，区块内间歇井、产水井较多，开采难度较大，开发效果不理想，稳产能力较差	区块投产较晚，累计产出气量较低，目前开发程度较低、地层压力较高；多数区块储层物性较差，低产井比例比一类区块高
划分结果 /个	15	6	15

分类评价结果表明，Ⅰ类流动单元整体表现出"四高一低"的特征，即产气能力高、动静比高、采出程度高、单位压降产气量高，地层压力低，该类流动单元井网基本完善，储量动用程度高，开发效果明显好于Ⅱ类、Ⅲ类流动单元，是气田的主力产气区块；Ⅱ类流动单元产水量大，水气比高，受储层物性、水体等因素控制，平面上开发不均衡，存在主体压降漏斗，开发效果较Ⅰ类流动单元差，好于Ⅲ类流动单元；Ⅲ流动单元目前地层压力高、动静比低、采出程度低、单位压降产气量低，井均产气量低、产量低，平面上单井控制半径小，井网不完善[1]（表2-2）。

表 2-2 靖边气田各类流动单元指标统计表

开发单元	特征	地层压力/MPa	动静比/%	采出程度/%	井均累计采气量/10^8m^3	单位压降采气量/$10^4m^3/MPa$	管理措施
Ⅰ类	四高一低	15.27	39.9	20.35	1.3492	916.08	夏季关井,降低采气速度,降低压降速率
Ⅱ类	两高一低	16.77	井均日产水 1.399m³		平均水气比 1.34m³/10⁴m³		严格执行富水区开发管理技术政策
Ⅲ类	四低一高	18.84	12.84	5.39	0.4101	362.94	完善开发井网,提高储量动用程度,提高采收率

2. 榆林气田

徐文等提出层内非均质性在纵向上多表现为渗透率的非均质程度,以此来评价储层的非均质性。三个表征层内渗透率非均质性的定量参数有渗透率变异系数(V_k)、渗透率突进系数(T_k)和渗透率级差(J_k)。其评价标准见表 2-3。

表 2-3 靖边气田各类流动单元指标统计表

渗透率变异系数(V_k)	渗透率突进系数(T_k)	渗透率级差(J_k)	非均质程度
<0.5	<2	由低值到高值	均匀型,非均质程度弱
0.5~0.7	2~3		较均匀型,非均质程度中等
>0.7	>3		不均匀型,非均质程度强

根据上述标准,选取了全区在山$_2^1$、山$_2^3$、山$_2^2$ 的 3 个层位(包括 10 个重点单砂体)都有比较全取心的 30 口井,共计 380 块岩样,应用统计学方法分别计算它们的渗透率变异系数、渗透率突进系数和渗透率级差(表 2-4)。评价结果表明,10 个井层中有 9 个井层评价结果为不均匀型,1 个井层为较均匀型,无均匀型储层,不均匀型所占比例高达 90%,表明本区储层层内非均质性较为严重。其中山$_2^3$ 层、山$_2^2$ 层内单砂体层内非均质性最为严重;山$_2^1$ 层内单砂体层内渗透率相对较均质[2]。

表 2-4 靖边气田山$_2$ 储层层内非均质评价参数表

单砂体层位	渗透率/mD			渗透率非均质评价参数			样本选择		评价结果
	最大值	最小值	平均值	突进系数	级差	变异系数	样品数	代表井	
山$_2^1$	2.89	0.140	1.17	2.46	20.6	0.54	27	陕 118	较均匀型
山$_2^1$	0.38	0.003	0.07	5.20	140.1	1.16	42	榆 18	不均匀型
山$_2^1$	1.99	0.043	0.32	6.15	46.0	1.21	20	榆 24-13	不均匀型
山$_2^2$	1.79	0.045	0.52	3.47	40.1	0.76	25	陕 143	不均匀型

续表

单砂体层位	渗透率/mD			渗透率非均质评价参数			样本选择		评价结果
	最大值	最小值	平均值	突进系数	级差	变异系数	样品数	代表井	
山$_2^2$	2.10	0.014	0.58	3.63	149.7	0.71	47	榆31	不均匀型
山$_2^2$	1.33	0.004	0.26	5.11	358.5	0.93	40	榆41-17	不均匀型
山$_2^3$	38.41	0.281	11.74	3.27	136.6	0.82	20	G24-18	不均匀型
山$_2^3$	13.19	0.060	1.56	8.45	219.8	1.55	48	麒2	不均匀型
山$_2^3$	3.04	0.018	0.45	6.71	168.0	1.19	72	陕203	不均匀型
山$_2^3$	29.40	0.030	3.07	9.58	998.0	1.80	39	陕217	不均匀型

3. 苏里格气田

王娟等研究了苏里格气田西南部储层的地质特征，依据研究区沉积、成岩特征，以及孔隙、物性展布等规律，对储层进行了分类评价，将该地区的储层划分为四类，其划分标准见表2-5。

表2-5 研究区储层分类评价表

参数		Ⅰ类	Ⅱ类	Ⅲ类	Ⅳ类
沉积微相		分流河道	分流河道	分流河道侧翼	分流河道间湾
砂体厚度/m		>15	10~15	6~10	<6
岩性		石英砂岩 岩屑石英砂岩	岩屑石英砂岩 岩屑砂岩	岩屑石英砂岩 岩屑砂岩	岩屑砂岩
面孔率/%		>6	3~6	1~3	<1
孔隙组合		粒间孔—溶孔	溶孔—晶间孔	溶孔—微孔	致密
物性	孔隙度/%	>8	5~8	3~5	<3
	渗透率/mD	>0.5	0.1~0.5	0.1~0.01	<0.01
产量		中高产	中低产	显示—低产	无显示

根据对研究区上古生界储层沉积特征、砂体展布特征、孔渗参数展布、碳酸盐胶结物分布、开采资料和试气成果等因素分析，最终对研究区高孔隙度、高渗透率的有利区块进行了预测。

1）山1段铁边城有利区

砂体累计厚度10~15m，主要为岩屑质石英砂岩，其孔隙度介于4%~6%之间，渗透率介于0.1~0.3mD之间；水云母含量相对较高，显示为Ⅱ类成岩相。该区块储层级别以Ⅱ类为主。

2）盒 8$_下$井区有利区

砂体累计厚度 10~15m，主要为岩屑质石英砂岩，其孔隙度介于 4%~6% 之间，渗透率介于 0.1~0.5mD 之间；水云母、高岭石含量相对较高，显示为Ⅱ类成岩相。试气结果日产气 2.4×10^{4}m^3。该区块储层级别以Ⅱ类为主。

3）盒 8$_上$井区有利区

砂体累计厚度 10~15m，主要为岩屑质石英砂岩，其孔隙度介于 4%~6% 之间，渗透率介于 0.1~0.5mD 之间；硅质、高岭石含量相对较高，显示为Ⅱ类成岩相。该区块储层级别以Ⅱ类为主。

4）盒 8$_上$吴起有利区

砂体累计厚度 10~15m，主要为岩屑砂岩，其孔隙度介于 4%~6% 之间，渗透率介于 0.1~0.5mD 之间；高岭石含量相对较高，显示为Ⅲ类成岩相。该区块储层级别以Ⅲ类为主。

4. 子洲—米脂气田

1）子洲气田

根据气井储层特征，结合生产动态，依据榆林南区气井的分类标准（表 2-6），将子洲气田已投产的 54 口气井分为三类，分类结果见表 2-7。

表 2-6　子洲气田气井分类标准表

类别	层位	标准					
		有效厚度 $H_{有效}$/m	储层导流能力 Kh/(mD·m)	无阻流量 q_{AOF}/ 10^{4}m^3/d	产气量 q_g/ 10^{4}m^3/d	压降速率/ MPa/d	生产压差/ MPa	单位压降采气量/ 10^{4}m^3/MPa
Ⅰ	上古生界	>10	>40.0	>20	>5.0	<0.03	<3.5	>1000
	下古生界	>5	>10.0				<5.0	
Ⅱ	上古生界	6~10	15.0~40.0	6~20	1.5~5.0	0.03~0.08	3.5~6.5	300~1000
	下古生界	4~8	0.8~2.0				5.0~8.0	
Ⅲ	上古生界	<6	<15.0	<6	<1.5	>0.08	>6.5	≤300
	下古生界	<4	<0.8				>8.0	

Ⅰ类 + Ⅱ类气井占总井数的 83.33%，产气贡献率占 94.61%；Ⅲ类气井占总井数的 16.67%，产气贡献率占 5.39%。

Ⅰ类井 1 口，占总井数 1.85%，年累计产气 0.2226×10^{8}m^3，日均产气 6.75×10^{4}m^3，日均产水 0.42m^3，水气比 0.06m^3/10^{4}m^3，历年累计产气量 0.3030×10^{8}m^3，产气贡献率 5.91%。

表 2-7 子洲气田气井分类结果表

类型	井数/口	比例/%	单井产量/$10^4m^3/d$	目前压力/MPa 油压	目前压力/MPa 套压	平均水气比/$m^3/10^4m^3$	压降速率/MPa/d	生产压差/MPa	单位压降采气量/10^4m^3/MPa	历年累计产气量/10^8m^3	气量贡献率/%
Ⅰ	1	1.85	6.75	17.60	17.80	0.06	0.020	1.55	2237.84	0.3030	5.91
Ⅱ	44	81.48	2.32	14.04	14.98	0.08	0.030	2.32	515.91	4.5450	88.70
Ⅲ	9	16.67	0.67	12.61	13.84	0.26	0.015	4.28	138.67	0.2757	5.39
合计/平均	54	100.00	2.44	13.87	14.84	0.11	0.027	2.60	491.45	5.1239	100.00

该类井多处于主砂体带上，储层物性较好，平均有效厚度为12.4m，平均孔隙度为6.3%，平均渗透率为0.398mD，平均含气饱和度为69.7%；产能较高，平均无阻流量为30.85×10^4m^3/d，单井配产为10.0×10^4m^3/d；稳产能力好，在保护Ⅰ类气井上，合理控制生产压差、压降速率等开发指标，并保持连续稳定生产。Ⅰ类气井平均压降速率为0.020MPa/d，平均生产压差为1.55MPa，目前平均油压、套压为17.6MPa、17.8MPa。

Ⅱ类气井共有44口，占总井数81.48%，年累计产气量3.37×10^8m^3，平均单井日产气2.32×10^4m^3，平均单井产水量0.20m^3/d，水气比0.08m^3/10^4m^3，历年产气量4.54×10^8m^3，产气贡献率88.70%，从产量贡献情况来看，是气田的主力生产井。

该类气井多处于主砂带上，储层物性较好，平均有效厚度为7.41m，平均孔隙度为5.85%，平均渗透率为0.48mD，平均含气饱和度为70.54%；产能中等，平均无阻流量为9.27×10^4m^3/d，单井平均配产2.6×10^4m^3/d，稳产能力较好，针对少部分积液气井，进行阶段性泡排[3]。

Ⅲ类井9口，占总井数16.67%，年累计产气量0.1763×10^4m^3，日均单井产气0.67×10^4m^3，平均单井产水量0.17m^3/d，水气比0.26m^3/10^4m^3，历年产气量0.2757×10^8m^3，产气贡献率占5.39%。

该类气井多位于主砂带边部，储层物性差，平均有效厚度为4.26m，平均孔隙度为4.58%，平均渗透率为0.31mD，平均含气饱和度为69.53%；产能低，平均无阻流量为2.76×10^4m^3/d，大部分气井采取泡沫排水措施，能够以0.5×10^4m^3/d保持连续生产，且压降较平缓，为0.015MPa/d，少部分井以0.5×10^4m^3/d间歇生产，目前该类气井平均油压、套压分别为12.61MPa、13.84MPa。

2）米脂气田

根据气井储层特征，结合生产动态，依据苏里格气田气井的分类标准将米脂气田已投产的12口气井分为两类，分类标准和结果见表2-8和表2-9。

米脂气田Ⅱ类气井占总井数的16.7%，产气贡献率占24.19%；Ⅲ类气井占总井数的83.3%，产气贡献率占75.81%。

表 2-8　不同类型井分类标准表

类别	气层厚度	无阻流量 / $10^4m^3/d$	产气量 / $10^4m^3/d$	压降 / MPa/d	单位压降产气量 / $10^4m^3/MPa$
Ⅰ类	单层厚度大于5m，累计厚度大于8m	≥10	≥1.5	<0.02	>60
Ⅱ类	单层厚度3~5m，累计厚度大于5m	3~10	0.8~1.5	0.02~0.04	30~60
Ⅲ类	单层厚度小于3m，累计厚度小于5m	<3	<0.8	—	<30

表 2-9　米脂气田气井分类结果表

类别	井数 / 口	比例 / %	单井产量 / $10^4m^3/d$	目前压力 / MPa 油压	目前压力 / MPa 套压	平均水气比 / $m^3/10^4m^3$	压降速率 / MPa/d	单位套压压降采气量 / $10^4m^3/MPa$	历年累计产气量 / 10^4m^3	气量贡献率 / %
Ⅱ	2	16.7	0.48	14.9	15.1	0.12	0.04	37	599.6	24.19
Ⅲ	10	83.3	0.28	11.2	12.0	0.36	0.15	17	1878.7	75.81
合计/平均	12	100.00	0.31	11.8	12.5	0.32	—	21	2478.3	100.00

Ⅱ类井 2 口（丛式井组），占总井数的 16.7%，年累计产气 313.75×10^4m^3，日均单井产气 0.48×10^4m^3，产气贡献率较低，平均单井产水量 0.12m^3/d，水气比 0.12$m^3/10^4m^3$，历年累计产气量 599.6×10^4m^3，产气贡献率占 24.19%。

该类气井处于主砂体上，储层物性较好，平均有效厚度为 11.2m，平均孔隙度为 5.52%，平均渗透率为 0.37mD，平均含气饱和度为 72.3%；产能较高，平均无阻流量为 7.75×10^4m^3/d，目前以 1.0×10^4m^3/d 配产，具有一定的稳产能力。

Ⅲ类气井共有 10 口，占总井数 83.3%，年累计产气 934.2×10^4m^3，平均单井产气 0.28×10^4m^3/d，平均单井产水量 0.10m^3/d，水气比 0.36$m^3/10^4m^3$，历年累计产气 0.18787×10^8m^3，产气贡献率 75.81%。

该类气井多处于主砂带边部砂体厚度较薄地带，储层物性差，平均有效厚度为 6.8m，平均孔隙度为 6.14%，平均渗透率为 0.42mD，平均含气饱和度为 64.81%；产能低，平均无阻流量为 2.49×10^4m^3/d，目前配产 0.46×10^4m^3/d，稳产能力差，目前多数井以（0.2~0.5）×10^4m^3/d 间歇生产。该类气井由于产能较低，气井携液能力较差，容易造成井筒积液，需适时加注泡排增大气井携液能力，保证气井正常生产[4]。

5. 神木气田

文开丰等结合前期的地震预测结果，并充分应用沉积相分析、砂体分布规律分析及储层特征分析，选取能够体现储层发育特征、物性特征的相关参数，建立了静态富集区筛选标准[5]（表 2-10）。

表 2-10 神木气田有利区筛选标准

层位	类别	孔隙度/%	渗透率/mD	饱和度/%	岩性	孔隙结构			
						面孔率/%	中值喉道/mm	排驱压力/MPa	最大连通喉道/mm
太原组	Ⅰ类	>10	>0.4	>63	岩屑石英砂岩	>4.0	>0.5	<0.5	>1.5
	Ⅱ类	8~10	0.1~0.5	50~63	岩屑石英砂岩、岩屑砂岩	1.5~4.0	0.1~0.5	0.5~1.0	0.5~1.5
山2段	Ⅰ类	>8	>0.5	>65	石英砂岩、岩屑石英砂岩	>4.0	>0.5	<0.5	>1.5
	Ⅱ类	5~8	0.1~0.5	50~65	岩屑石英砂岩、岩屑砂岩	1.5~4.0	0.1~0.5	0.5~1.0	0.5~1.5

依据筛选标准及以上认识对储层进行综合评价，在太原组、山西组的探明区及控制区筛选有利区。

同时对有利区域进行估算，其含气面积为 563.6km^2，地质储量为 765.7×10^{8}m^3，见表 2-11。

表 2-11 神木气田叠合有利区筛选结果

层位	有利区面积 /km^2		
	Ⅰ类	Ⅱ类	Ⅰ类 + Ⅱ类
太原组	104.1	406.7	510.8
山2段	34.7	160.0	194.7
叠合面积	101.2	462.4	563.6

6. 宜川—黄龙气田

何身焱等针对宜川马家沟组上组合气藏进行了研究，根据对研究区内烃源岩、储层特征、盖层条件等成藏主控因素的分析研究，上组合马五$_{1+2}$亚段含硬石膏白云岩坪，硬石膏白云岩坪经历风化壳期淋滤溶蚀，易形成溶蚀孔洞型储层，也有利于不整合面、剥蚀沟槽、裂缝等"源—储"输导体系的形成，上覆地层气源可通过不整合面、古沟槽等垂向运移至该小层聚集成藏，靖边气田马五$_{1+2}$亚段探明储量基本上都是在岩溶斜坡上，从目前的试气结果来看，在研究区马五段上组合划分出三个有利区（图 2-1）。

1）富县地区

富县有利区面积将近 2000km^2，上古生界生气强度为（25~30）×10^{8}m^3/km^2，下古生界生气强度为 7.5×10^{8}m^3/km^2，生气强度高，具有生成大型气田的基础。富县地区主要位于硬石膏结核白云岩坪和岩溶斜坡上，处于有利的沉积相带和古地貌上，马六段不发育，马家沟组上组合地层直接与不整合面相接触，区内沟槽、裂缝等输导体系发育，富古4井、富古7井、新富4井等多口井都有良好的油气显示。

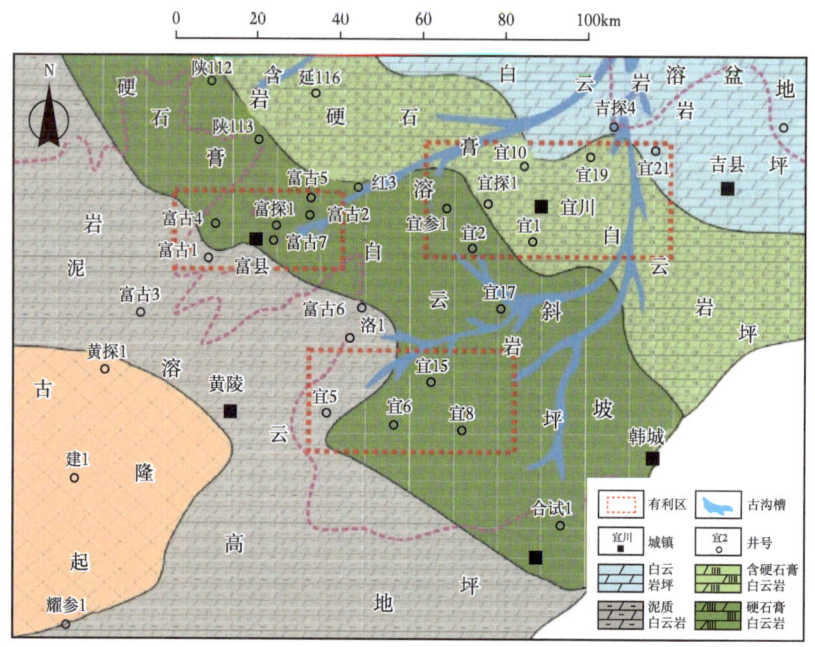

图2-1 宜川地区马家沟组上组合有利区分布图

2）宜川地区

宜川有利区面积将近4000km²，上古生界泥质烃源岩有机碳含量为2.0%~2.5%，上古生界生气强度为（30~40）×10⁸m³/km²，下古生界碳酸盐岩烃源岩有机碳含量0.20%左右，下古生界生气强度为5×10⁸m³/km²，生气强度高，具有生成大型气田的基础。宜川地区主要位于硬石膏结核白云岩坪和含硬石膏结核白云岩坪有利沉积相上，处于有利的岩溶斜坡上，处于有利的沉积相带和古地貌上，区内沟槽、裂缝发育，宜参1井、宜10井、宜2井为工业气流井。

3）宜川—富县南部地区

宜川—富县南部有利区面积将近3000km²，上古生界生气强度为（20~30）×10⁸m³/km²，下古生界生气强度为10×10⁸m³/km²，生气强度高。区内马五$_{1+2}$亚段厚度较大，主要位于硬石膏白云岩坪岩溶斜坡上，为有利的沉积相带和古地貌，区内沟槽、裂缝、溶孔发育，宜15井、宜6井、宜8井、宜5井等都有良好油气显示，是成藏的有利区块[6]。

7. 庆阳气田

段志强等通过沉积微相、储层物性、成岩相、构造特征、生产数据等综合分析，建立了研究区储层的分类标准（表2-12）。通过井震结合及砂体精细刻画，研究区西部和南部砂体较为富集，其中西南部为明显的砂体富集区［图2-2（a）］。由于含气砂岩的纵横波速度比明显小于未含气砂岩储层，所以纵横波速度比可以很好地反映储层的含气性，研究区南部及中部井区整体含气性较好[图2-2(b)]。综合分析砂体分布规律、含气性及构造特征,将研究区划分为2个Ⅰ类储层区,3个Ⅱ类储层区和2个Ⅲ类储层区[图2-2(c)],南部和中部的Ⅰ类储集区为后续气田开发的优先目标区。

表2-12 庆阳气田山$_1$段储层综合分类标准

储层类型	亚段	沉积相区带	沉积微相	砂体厚度/m	孔隙度/%	渗透率/mD	含气饱和度/%	有效砂体厚度/m	成岩相带	构造部位	研究区位置	综合评价
Ⅰ类	山$_1^3$	三角洲前缘	水下分流河道中心、水下分流河道侧翼	>10	>5.70	>0.52	>65	>6.5	溶蚀相+绿泥石胶结相区	北部鼻隆、微幅背斜	北部,南部	好储层
Ⅱ类	山$_1^2$	平原—前缘过渡区	分流河道侧翼、河口坝	8~10	1.88~5.70	0.14~0.52	>60	4.0~6.5	溶蚀相区	中部微幅背斜	中部	中等储层
Ⅲ类	山$_1^1$	三角洲平原、滨浅湖	分流河道侧翼、滨浅湖	6~8	<1.88	<0.14	>55	<4.0	强压实—胶结、弱溶蚀相区	中—西部斜坡区	东北部	差储层

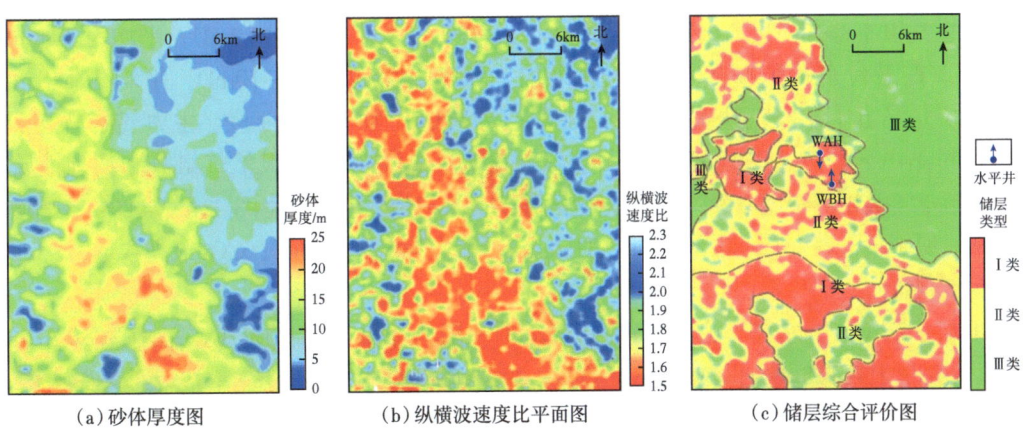

(a)砂体厚度图 (b)纵横波速度比平面图 (c)储层综合评价图

图2-2 庆阳气田山$_1^3$井震结合储层综合评价

第三节 致密气藏类型及特征

一、致密气藏类型

靖边气田地貌为一近南北向展布的广阔低矮的台地和宽缓浅凹的谷地组成的丘状平原,该地貌为奥陶系风化壳侵蚀古地貌。地震、钻井揭示,靖边气田发育九条深大沟槽,且树枝状支潜沟发育。沟槽及潜沟中充填有石炭系本溪组底部铝土质泥岩,在上倾方向形成遮挡,为靖边气田的成藏条件之一。综合研究表明,靖边下古生界气藏为地层—岩性圈闭气藏。

榆林气田的主要含气层为下二叠统山西组山 2 段，次要含气层为中二叠统下石盒子组盒 $_8$ 段和奥陶系下统马家沟组。根据岩心分析结果，结合试气、试采、相渗曲线及毛细管压力等特征，该气田为低孔隙、中低渗透气藏。驱动类型属于定容弹性驱动气藏。

苏里格气田系鄂尔多斯盆地复杂岩性气藏，主力产气层为下二叠统山西组山 1 段至中二叠统下石盒子组盒 $_8$ 段，埋藏深度 3200~3500m，厚度 80~100m，为砂泥岩地层。是一个低压、低渗透、低丰度，以河流砂体为主体储层的大面积分布的岩性气藏。

庆阳气田属于岩性复合圈闭，无边底水、弹性驱动定容气藏。储渗空间类型主要以岩屑溶孔、杂基溶孔、晶间孔为主。储层物性致密，以低渗透为主[7]。

子洲—米脂气田属于砂岩圈闭定容弹性驱动气藏类型。子洲与米脂区块主力产气层不同，但都具有低孔隙低渗透特点[8]。

神木地区烃源岩主要位于石炭系、二叠系，物理性质相对稳定。神木气田气层分析表明，气藏属干气气藏。

宜川—黄龙地区上古生界气藏为干气气藏，下古生界气藏甲烷含量 91.82%~95.88%，平均为 93.2%[9]。

二、储层及流体性质

靖边气田本部孔隙度 2.0%~8.3%，平均为 5.47%，渗透率 0.3~15.2mD，平均为 3.48mD。靖边气田古潜台东孔隙度 2.0%~8.0%，平均为 5.3%，渗透率 0.1~10mD，平均为 1.81mD。主力产层是马五 1 亚段，其次是马五 2 亚段，局部地区为马五 4 亚段。主力气层马五 1 亚段以细粉晶白云岩为主，马五 $_{1+2}$ 气藏埋藏深度为 2960~3765m，天然气组分和物理性质稳定，马五 $_1$ 气藏相对密度 0.589~0.631，全区平均为 0.610。甲烷含量 93.23%~94.89%，平均为 93.89%，属干气气藏。H_2S 含量最高为 31.2g/m^3，平均为 691.1mg/m^3；CO_2 最高含量为 9.05%，平均为 5.14%。

地层水属 $CaCl_2$ 水型，总矿化度分布范围一般介于 24.7~115.2g/L，平均为 50.27g/L，pH 值一般介于 4.7~5.8，平均为 5.3。

截至 2003 年底，靖边气田已发现下古生界马五 $_{1+2}$、马五 4 亚段和上古生界盒 8 段、山 1 段、山 2 段等多套含气层段，靖边气田下古生界动用含气面积 3719.6km^2，动用地质储量 2646×10^{8}m^3，动用程度 92.17%；上古生界动用地质储量 197×10^{8}m^3，动用含气面积 203km^2，动用程度 38.89%。

榆林气田甲烷体积含量在 94% 左右，非烃类气体（N_2、CO_2、H_2S）含量低，平均为 2.085%，H_2S 平均含量为 5.3mg/m^3，属于微含硫级别，CO_2 含量在 1.7% 左右，微含凝析油，天然气组分平面分布比较稳定，天然气品质优良。气藏 Cl$^-$ 含量在几十至几万毫克/升，平均为 2267mg/L，总矿化度平均为 4328mg/L，不属于地层水的范围，且水气比稳定在 0.082m^3/10^{4}m^3 左右，属于凝析水[10]。

榆林气田主力气层为山 2 段，2000 余块岩心分析渗透率分布在 0.01~10mD，平均 8.865mD；孔隙度分布范围 2%~12%，平均 6.2%；储集空间以残余粒间孔为主，其次为高岭石晶间孔，溶孔不发育。

苏里格气田主力气层盒 8 段砂层厚度 15~45m，平均有效厚度 8.2m，气藏深度 3170.2~3592.3m。据 71 口取心井气层段岩心分析统计：盒 8 段气层孔隙度 5%~12%，平均 8.95%，渗透率 0.06~2mD，平均 0.73mD；山 1 段气层孔隙度 5%~11%，平均 8.5%，渗透率 0.06~1.0mD，平均 0.589mD；属低孔隙、低渗透型气藏。气藏压力 27.6~32.6MPa，压力系数 0.771~0.914，平均 0.87，属于正常压力系统。地温梯度 3.06℃/100m，气层段温度 100~115℃[11]。

苏里格气田天然气组分中甲烷平均含量 92.5%，乙烷平均含量为 4.525%，CO_2 平均含量 0.843%，不含或微含 H_2S，气体相对密度为 0.6037，凝析油含量 2~5g/m³。

子洲—米脂区块主力产气层不同，但都具有低孔隙低渗透特点[12]。子洲气田主力气层山 2 段储层孔隙度为 2%~10%，平均 3.87%，集中分布在 2%~8%，占比达到 71.3%；渗透率为 0.001~10mD，平均 0.208mD，集中分布在 0.1~1mD，占比达 53.71%。米脂气田主力气层为盒 8 段，孔隙度为 2%~10%，平均为 5.67%，集中分布在 2%~8%，占比达 77.0%；渗透率为 0.001~10mD，平均 0.3086mD，集中分布在 0.1~1mD，占 77.9%。

子洲—米脂气田天然气组分中甲烷含量一般 94% 左右，属干气。H_2S 平均含量为 5.27mg/m³，属于微含硫级别，CO_2 含量在 2.5% 左右，产少量凝析油（0~1.298m³/d、榆 53 井水气比为 0.0486m³/10⁴m³，天然气组分平面分布比较稳定，品质优良[13]。

神木气田甲烷体积含量 81.35%~95.40%，平均 90.56%，乙烷体积含量 1.20%~10.32%，平均 4.49%，CO_2 含量 0~3.95%，平均 1.52%。天然气组分中无 H_2S 气体，山 1 段气藏平均甲烷化系数 0.951，山 2 段气藏平均甲烷化系数 0.931，太原气藏平均甲烷化系数 0.959，均属无硫干气[14]。

宜川—黄龙地区上古生界目的层埋藏较浅（1500~2500m），气藏整体保存条件较好，盒 2 段、盒 5 段、盒 8 段、山 1 段、山 2 段及本溪组等近源或源内成藏组合均具较好的含气性，气藏叠合发育，目前已有 20 口井在上古生界获 2×10⁴m³/d 以上工业气流。

宜川—黄龙本溪组储集砂体物性、含气性较好，储层孔隙度 4.09%~8.30%，平均 6.99%，渗透率 0.47~2.91mD，平均 0.96mD，含气饱和度 10.17%~82.32%，平均 58.29%，本溪组基本不产水。宜川地区山 1 段储层孔隙度 3.5%~10.9%，平均 5.8%，渗透率 0.12~1.27mD，平均 0.55mD，含气饱和度 1.08%~79.70%，平均 39.15%；山 1 段基本不产水。盒 8 段多期砂体叠置，复合连片，平面分布规模较大，储层孔隙度 3.37%~12.8%，平均 7.38%，渗透率 0.21~1.44mD，平均 0.59mD，含气饱和度 2.74%~69.27%，平均 38.31%，盒 8 段基本不产水。

宜川—黄龙地区甲烷含量 91.82%~95.88%，平均为 94.2%；CO_2 含量 0.13%~1.38%，不含 H_2S[15]。宜川—黄龙地区下古生界气藏甲烷含量 91.82%~95.88%，平均为 93.2%；CO_2 含量 0.48%~1.50%，平均为 1.0%；该区块微含 H_2S。宜 6-2 井太原组+马五$_1^4$ 层位试采，三次测试 H_2S 含量分别为 3.04mg/m³、3.19mg/m³、2.19mg/m³。宜 6 井盒$_8$+马五$_1^2$+马五$_1^1$+马五$_2^2$ 合试层位测试为 H_2S 含量 2.68mg/m³。

庆阳气田自下而上发育中上元古界、古生界、中生界、新生界沉积地层。盆地西南部晚古生代存在剥蚀古陆，上古生界本溪组、太原组、山西组、石盒子组依次向南超覆沉积，缺失本溪组和部分太原组，局部盒 8 段沉积厚度薄[16]。石盒子组地层平均厚度 230m，盒 8 段地层厚度 45~60m；山西组山 1 段地层厚度 40~50m[17]。庆阳气田主要发育中生界含油层系和古生界含气层系，其中上古生界二叠系石盒子组、山西组是天然气勘探开发的主要目的层[18]。

庆阳气田储渗空间类型主要以岩屑溶孔、杂基溶孔、晶间孔为主。储层物性致密，以低渗透为主，层间主力气层为山 1 段、盒 8 段，气藏埋深 4000~5100m。储层主要以石英砂岩、岩屑石英砂岩为主，石英含量占碎屑总量 85% 以上[19]。岩屑成分以火成岩、变质岩为主，火成岩屑主要为喷发岩、隐晶岩。填隙物以水云母为主，硅质、高岭石次之[20]。孔隙类型主要以粒间溶孔、岩屑溶孔、晶间孔为主。岩心分析表明，储层孔隙度一般 4%~8%，平均孔隙度 5.33%，渗透率一般 0.1~0.5mD，平均渗透率 0.47mD，为典型的致密储层[21]。

庆阳气田为干气气藏，不含 H_2S，CH_4 平均含量 94.7%，CO_2 平均含量 1.01%。其中城探 3 井区盒$_8$ 气藏天然气相对密度 0.57~0.58，平均 0.58；甲烷含量 92.28%~96.49%，平均 94.08%。庆探 1 井区山$_1$ 气藏天然气相对密度 0.54~0.73，平均 0.64；甲烷含量 91.50%~95.17%，平均 92.70%。根据陇东地区试采水质分析统计，产出水氯根 80~173304mg/L，平均 39774mg/L，矿化度 9~346g/L，平均 69g/L。

三、温度压力特征

靖边气田各区原始地层压力在 30.99~31.92MPa 之间，平均 31.42MPa。平均压力系数 0.95。压力分布总趋势是西部高、东部低，南部高、北部低，由北向南平均值依次变小[22]。平均地层温度 107°C，温度梯度为 2.94°C/100m。

榆林气田气藏埋藏深度为 2650~3100m，地层压力范围在 22.93~28.87MPa 之间，平均为 26.71MPa，压力系数在 0.78~1.03 之间，平均为 0.94。

榆林气田 64 口井地层测温资料统计表明山 2 段地层温度一般为 75.8~97.8°C，平均 86.0°C。

苏里格气田气藏压力 27.6~32.6MPa，压力系数 0.771~0.914，平均 0.87，属于正常压力系统。地温梯度 3.06°C/100m，气层段温度 100~115°C。

子洲—米脂气田气层埋藏深度为 2300~2900m，地层压力在 22.92~24.87MPa 之间，压力系数在 0.90~1.02 之间，平均 0.96，属于正常压力系统。气藏温度一般在 70.0~85.0°C。

神木气田太原组气藏中部埋深在 2600~2885m 之间，气藏中部海拔 -1660~-1400m，地层压力在 20.953~26.875MPa 之间，平均压力系数 0.83；山 2 段气藏中部埋深在 2745~2780m 之间，气藏中部海拔 -1530~-1440m，地层压力在 19.2995~24.3191MPa 之间，平均压力系数 0.85；山 1 段气藏中部埋深在 2640~2740m 之间，气藏中部海拔 -1660~-1340m，地层压力在 19.0389~21.8662MPa 之间，平均压力系数 0.76。总体来看，压力系数在 0.72~0.98 之间，平均值 0.83，属于低压压力系统[23]。神木地区山 1 段、山 2 段、太原组气藏的地层温度在66.2~84.8℃之间，利用实测地层温度与深度资料拟合[24]，相关性较好，相关系数为0.92，由此所得的地温梯度为2.82℃/100m。

宜川—黄龙地温梯度为4℃/100m。宜川—黄龙地区气藏压力系数为0.7，明显低于周边榆林南区及子洲气田，属超低压气藏[25]。这表明研究区气藏封堵条件存在一定程度的破坏，而气藏封堵条件破坏的直接原因就是断层，无论是通天断层还是潜伏断层，均不同程度地降低了气藏的原始压力系数（表2-13）。同时，该区各井压力系数变化幅度大，表明受低渗透致密砂岩气藏非均质强的影响，断层对穿过圈闭的气藏影响较大，可造成局部区域压力明显降低；而对远离断层面的岩性圈闭影响较小，气藏仅受到局部微裂缝的影响，压力损失不大[26]。压力系数的变化也指示了气田内部存在多个压力系统，压力系统之间被断层分隔，形成相对独立的单元[27]。

表2-13 宜川—黄龙地区及周边气藏压力系数统计

气田	气藏中深/m	原始压力/MPa	压力系数	气藏类型
宜川—黄龙地区	2167.1	14.8	0.70	超低压
榆林气田（南区）	2971.2	27.5	0.95	常压
子洲气田	2660.7	23.9	0.91	常压

庆阳气田的主要目的层二叠系石盒子组、山西组，测试8口气井原始地层压力23.29~40.49MPa，地层压力系数0.62~0.98，平均地层温度120.27℃。

第三章 国内外气田智能化生产技术概况

本章主要围绕人工智能技术在气田智能化生产中的应用进行调研和分析。简要介绍了人工智能的基本概念、研究领域及其历史发展，重点探讨了专家系统、神经网络等人工智能算法模型的原理及应用。其次，详细论述了人工智能在油气勘探开发中的具体应用，特别是在地震层位解释、工况诊断和单井产量递减预测等方面的实际应用成果，展示了人工智能如何提高油气田的生产效率和减少维护成本。最后，针对国内外智能气井技术的现状进行了对比分析，深入探讨了各国在智能化气田技术研究和应用方面的进展与差距。本章旨在为气田智能化生产技术的研究与实践提供理论依据与技术参考。

第一节 人工智能简介

一、人工智能的定义

人工智能就是要让机器的行为看起来像是人所表现出的智能行为一样。作为世界三大尖端技术（空间技术、能源技术、人工智能）之一，人工智能是一门极富挑战性的系统的技术科学，从事这项工作的人必须懂得计算机知识、统计学、心理学和哲学。人工智能由不同的领域组成，如机器学习、计算机视觉、知识表示与处理、自动推理与搜索、自然语言理解等。总的说来，人工智能的目的就是让计算机这台机器能够像人一样思考[28]。

二、人工智能的研究领域

人工智能的研究更多的是结合具体领域进行的，主要研究领域有专家系统、机器学习、模式识别、自然语言理解、自动定理证明、自动程序设计、机器人学、博弈、智能决定支持系统和人工神经网络。它总的来说是面向应用的，也就是说什么地方有人在工作，它就可以用在什么地方。

专家系统是目前人工智能中最活跃、最有成效的一个研究领域，它是一种具有特定领域内大量知识与经验的程序系统，它应用人工智能技术，模拟人类专家求解问题的思维过程求解领域内的各种问题，其水平可以达到甚至超过人类专家的水平[29]。

三、人工智能发展的历史阶段

1.人工智能的诞生

1956年，约翰·麦卡锡（John McCarthy）、克劳德·香农（Claude Shannon）等科学家在美国达特茅斯学院开会研讨"如何用机器模拟人的智能"，首次提出"人工智能"这一概念，标志着人工智能学科的诞生。随后的 20 年，进入人工智能的黄金时代。

人工智能在很多领域都出现了应用，在 1956 年的达特茅斯会议上，阿瑟·萨缪尔（Arthur Samuel）研制了一个跳棋程序[30]。1959 年，该跳棋程序打败了萨缪尔本人。同年，萨缪尔创造了"机器学习"一词[31]。1956 年，奥利弗·萨尔弗瑞德（Oliver Selfridge）研制出第一个字符识别程序，开辟了模式识别这一新的领域[32]。

1958 年，约翰·麦卡锡开发编程语言 Lisp，至今仍是人工智能研究中流行的编程语言。数学定理的证明、聊天机器人、跳棋、字符识别等程序的成功，掀起了人工智能发展的第一个高潮。人工智能发展初期的突破性进展致使人们对人工智能的期望过高，随后遭遇了接二连三的失败。在人工智能上的科研经费逐渐被削减，并且由于当时的计算机性能不足，人工智能的发展走向低谷[33]。

2. 人工智能步入产业化

随着美国、日本等国家立项支持人工智能研究，以及以知识工程为主导的机器学习方法的发展，出现了具有更强可视化效果的决策树模型和突破早期感知机局限的多层人工神经网络，由此带来了人工智能的又一次繁荣期。

1980 年起，卡耐基梅隆大学为 DEC 数字设备公司设计了专家系统——XCON。这是一套具有完整专业知识和经验的计算机智能系统。该系统在 1986 年前，每年为该公司节省 4000 万美元。同期专家系统上的投资加大，并且在医疗、化学、地质等领域取得了成功，人工智能逐渐步入产业化。1986 年，深度学习之父杰弗里·辛顿（Geoffrey Hinton）等提出了一种适用于多层感知器的反向传播算法。同年，罗斯·昆兰（Ross Quimlan）提出了 ID3 决策树算法。专家系统、决策树、多层人工智能神经网络的发展，带来了人工智能的又一次繁荣期[34]。

但从 1987 年开始，人工智能硬件市场受到了 PC 市场的冲击。苹果公司和 IBM 生产的台式计算机性能不断提升。这些计算机没有使用到人工智能技术，但性能却远远超过了 Symbolics 和其他厂家生产的昂贵的 LISP 机。LISP 机市场崩塌，人工智能硬件的市场急剧萎缩。随着人工智能的应用领域不断拓展，专家系统也逐渐暴露出很多问题，人工智能的发展再次进入低谷。

3. 人工智能迎来爆发期

互联网的快速发展和计算机算力的提升加速了人工智能技术进一步走向实用化。在算法、算力和数据的加持下，1997 年 IBM 开发的人工智能系统"深蓝"战胜国际象棋世界冠军加里·卡斯帕罗夫（Garry Kasparov），成为首个在标准比赛时限内击败国际象棋世界冠军的电脑系统。这是一次具有里程碑意义的成功，它代表了基于规则的人工智能的胜利[35]。

2006 年，李飞飞教授意识到了专家学者在研究算法的过程中忽视了"数据"的重要性，于是开始牵头构建大型图像数据集——ImageNet，图像识别大赛由此拉开帷幕。同时，支持向量机、最大熵、随机森林等机器学习算法被提出，标志着现代机器学习的成形[36]。

2012 年，谷歌公司研究人员忝夫·迪恩（Jeff Dean）和吴恩达从 YouTube 视频中提取

1000万个未标记的图像，通过无监督深度学习的方式，成功学习到识别出一只猫的能力。2014年，Facebook公司基于深度学习技术的DeepFace项目，在人脸识别方面的准确率已经能达到97%以上，跟人类识别的准确率几乎没有差别。这样的结果也再一次证明了深度学习算法在图像识别方面的一骑绝尘[37]。

随着人工智能一次次获得优秀成绩，世界各国都开始重视人工智能的发展，全球产业界充分认识到人工智能技术引领新一轮产业变革的重要意义，纷纷转型发展人工智能，人工智能迎来爆发期。

从上述人工智能的发展历史可以发现，人工智能技术上的突破或专注于知识驱动，如早期的专家系统、知识推理等，或专注于数据驱动，如近年来火热的深度学习。如何融合第一代的知识驱动和第二代的数据驱动？这也是很多专家、学者在思考的人工智能技术的未来。

清华大学人工智能研究院院长、中国科学院院士张钹首次全面阐述第三代人工智能的理念，提出第三代人工智能的发展路径是融合第一代的知识驱动和第二代的数据驱动的人工智能，同时利用知识、数据、算法和算力等4个要素，建立新的可解释和鲁棒的人工智能理论与方法，发展安全、可信、可靠和可扩展的人工智能技术，这是发展人工智能的必经之路。第三代人工智能强调数据与知识的结合，建立数据驱动、认知计算模型，形成从大数据到知识、从知识到决策的能力[38]。

四、人工智能算法模型

1. BP神经网络

BP神经网络（Back-Propagation Neural Network）即误差回传神经网络，它是一种无反馈的前向网络，网络中的神经元分层排列。除了有输入层、输出层之外，还至少有一层隐蔽层，每一层内神经元的输出均传送到下一层，这种传送由联接权来达到增强、减弱或抑制这些输出的作用，除了输入层的神经元外，隐蔽层和输出层神经元的净输入是前一层神经元输出的加权和。每个神经元均由它的输入、活化函数和阈值来决定它的活化程度[39]。

BP神经网络的工作过程分为学习期和工作期两个部分。学习期由输入信息的正向传播和误差的反向传播两个过程组成。在正向传播过程中，输入信息从输入层到隐蔽层再到输出层进行逐层处理，每一层神经元的状态只影响下一层神经元的状态，如果输出层的输出与给出的样本希望输出不一致，则计算出输出误差，转入误差反向传播过程，将误差沿原来的联接通路返回。通过修改各层神经元之间的权值，使得误差达到最小。经过大量学习样本训练之后，各层神经元之间的联接权就固定了下来，可以进入工作期。工作期中只有输入信息的正向传播，正向传播的计算按前述神经元模型工作过程进行。因此，BP网络的计算关键在于学习期中的误差反向传播过程，此过程是通过使一个目标函数最小化来完成的。通常目标函数定义为实际输出与希望输出之间的误差平方和（当然也可以定义为熵或线性误差函数），可以使用梯度下降法导出计算公式。

BP算法是一个很有效的算法，许多问题都可由它来解决，其主要特点如下：

（1）BP算法把一组样本的I/O问题变为一个非线性问题，使用了优化中最普通的梯度下降法，用迭代运算求解权值，使系统误差达到要求的程度。加入隐节点使优化问题的可调参数增加,从而可得到更精确的解。

(2)实现 I/O 非线性映射。BP 网络可实现从输入空间到输出空间 N4 b 线性映射。若输入节点数为 n,输出节点数为 m,则实现的是 n 维到 m 维空间的映射,即:

$$T: R^n \to R^m \tag{3-1}$$

可见,BP 网络通过若干简单非线性处理单元的复合映射,可获得复杂非线性处理能力。

(3)全局逼近网络。由所取的激活函数可知,BP 网络是全局逼近网络,即 $f(x)$ 在 x 相当大的域为非零值。

(4)泛化能力。对于 BP 网络,为了得到较好的泛化能力,除了要有训练样本集外,还要有测试样本集。有时随着网络学习训练次数的增加,训练样本的系统误差会减小,而测试样本的系统误差有可能不减小或增大,这说明泛化能力减弱。因此可取测试样本的系统误差极小点对应的网络权值,以使网络具有较好的泛化能力。泛化能力还与网络结构有关,即与网络的隐层数和隐层的节点数有关,选择的原则是:结构尽量简单且具有较强的泛化能力[40]。

BP 网络模型已成为神经网络的重要模型之一,在很多领域得到了应用,但它也存在一些不足。如从数学上看,它是一个非线性优化问题,这就不可避免地存在局部极小点问题;BP 网络的学习算法收敛进度较慢,且收敛速度与初始权值的选择有关;网络的结构设计,即隐层及节点数的选择尚无理论指导,而是根据经验选取。

2. 长短期记忆神经网络 LSTM

LSTM 全称 Long Short Term Memory(长短期记忆),是一种特殊的递归神经网络。这种网络与一般的前馈神经网络不同,LSTM 可以利用时间序列对输入进行分析。简而言之,当使用前馈神经网络时,神经网络会认为 t 时刻输入的内容与 $t+1$ 时刻输入的内容完全无关,对于许多情况,例如图片分类识别,这是毫无问题的;可是对于一些情景,例如自然语言处理(Natural Language Processing,NLP)或者需要分析类似于连拍照片这样的数据时,合理运用 t 时刻或之前的输入来处理显然更加合适。为了运用到时间维度上的信息,人们设计了递归神经网络(Recursion Neural Network,RNN),图 3-1 所示为一个简单的递归神经网络。

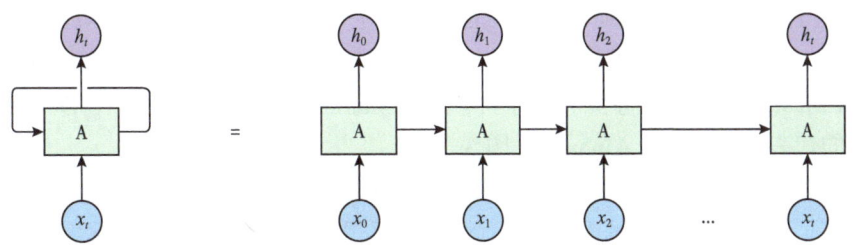

图 3-1 递归神经网络原理

在图 3-1 中,x_t 是 t 时刻的输入信息,h_t 是 t 时刻的输出信息,可以看到神经元 A 会递归地调用自身并且将 $t-1$ 时刻的信息传递给 t 时刻。递归神经网络在许多情况下运行良好,特别是在对短时间序列数据分析时十分方便[41]。

3. 卷积神经网络 CNN

卷积神经网络最初是受到视觉系统的神经机制启发、针对二维形状的识别设计的一种生物物理模型,在平移情况下具有高度不变性,在缩放和倾斜情况下也具有一定的不变性。这种生物物理模型集成了"感受野"的思想,可以看作一种特殊的多层感知器或前馈神经网络,具有局部连接、权值共享的特点,其中大量神经元按照一定方式组织起来对视野中的交叠区域产生反应。

在理论上,卷积神经网络是一种特殊的多层感知器或前馈神经网络。标准的卷积神经网络一般由输入层、交替的卷积层和池化层、全连接层和输出层构成,如图3-2所示。其中,卷积层也称为"检测层","池化层"又称为下采样层,它们可以被看作特殊的隐含层。卷积层的权值也称为卷积核。虽然卷积核一般是需要训练的,但有时也可以是固定的,比如直接采用Gabor滤波器。作为计算机视觉领域最成功的一种深度学习模型,卷积神经网络在深度学习兴起之后已经通过不断演化产生了大量变种模型[42]。

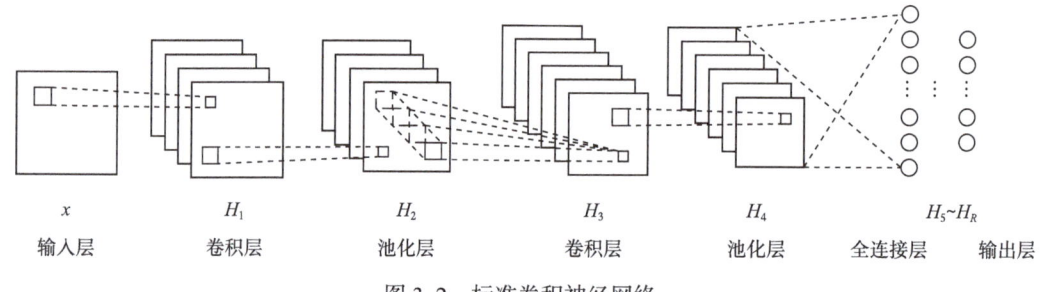

图3-2 标准卷积神经网络

卷积神经网络是当前深度神经网络发展的主力军,其比人类可以更准确地识别图像。卷积神经网络是一种前馈神经网络结构,其响应于相关图像部分周围的像素,且卷积神经网络擅长大型图像处理。当前大量的应用实践已经证明,神经网络可以具有强大的图像分类能力[43]。

现代卷积网络以LeNet为雏形,在经过AlexNet的历史突破之后,演化生成了许多不同的网络模型,主要包括:加深模型、跨连模型、应变模型、区域模型、分割模型、特殊模型和强化模型等。加深模型的代表是VGGNet-16、VGGNet-19和GoogLeNet;跨连模型的代表是HighwayNet、ResNet和DenseNet;应变模型的代表是SPPNet;区域模型的代表是R-CNN、Fast R-CNN、Faster R-CNN、YOLO和SSD;分割模型的代表是FCN、PSPNet和Mask R-CNN;特殊模型的代表是SiameseNet、SqueezeNet、DCGAN、NIN;强化模型的代表是DQN和AlphaGo(图3-3)。

自从卷积神经网络在深度学习领域闪亮登场之后,很快取得了突飞猛进的进展,不仅显著提高了手写字符识别的准确率,而且屡屡在图像分类与识别、目标定位与检测等大规模数据评测竞赛中名列前茅、战绩辉煌。此外,卷积神经网络在人脸验证、交通标志识别、视频游戏、视频分类、语音识别、机器翻译、围棋程序等各个方面也获得广泛的成功应用这[44]。

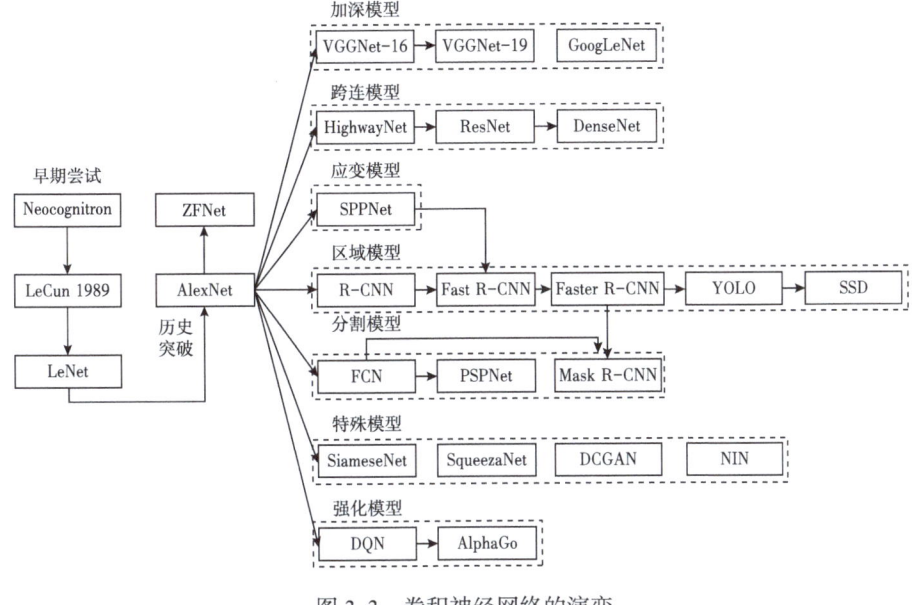

图 3-3　卷积神经网络的演变

第二节　人工智能在油气勘探开发中的应用

一、人工智能在地震层位解释中的应用

人工智能技术在地震解释中的规模化应用方案实现了对 Python 算法的无缝集成，可以将现有 Python 算法形成软件产品，进行推广应用。目前断层预测、溶洞识别、层位预测、地质体识别等算法已通过该方案实现了软件集成，并形成了规模化应用能力，取得了一定的生成应用效果。

通过该方案形成的解释软件产品提供了在 Python 语言中读写软件中各种数据功能，研究人员能够实时对工区中地震、层位、测井等数据进行访问和修改，并在软件底图、剖面、3DV 等模块中实时显示。能够大幅减少方法研究人员对数据编码、解码、质控等操作花费的时间，极大提高方法研究的工作效率。

EzTrack 是一款基于现代计算机技术发展和地震勘探的快节奏需求开发的一款移动环境下地震资料解释软件，其中基于人工智能深度学习算法的快速地震资料解释模块，能很好地适应现代石油勘探中数据量大、解释精度高、勘探节奏快的使用要求[45]。

EzTrack AI 智能解释模块的实际应用表明：深度学习神经网络相比于传统的网络增加了卷积层和池化层，有效提高了网络学习训练效率和网络稳定性；深度学习神经网络层位自动追踪需要的训练样本较少，有利于减少人为影响，层位追踪效率高，可靠性强，能极大提高解释效率；深度学习神经网络断裂自动识别网络预测性好，能合理识别次一级断裂细节，断裂识别地质规律性强，抗噪性好，断裂识别效率高，能极大降低断裂解释工作量[46]。

人工智能技术在地震解释中的应用主要有以下几个方面：

（1）断层预测。

利用一种端到端的深度神经网络，通过卷积网络对地震数据进行特征提取，最终预测相应的断层数据体。该方法与传统方法相比，减少了人为干预的工作量，提高了断层解释效率与准确率，为后续地质建模及储层预测提供可靠数据。具体过程是首先通过正演模拟建立海量标签，然后训练网络，将训练成熟的网络集成到软件产品中，实现断层预测[47]。软件预测结果与传统相干相比较如图3-4所示。

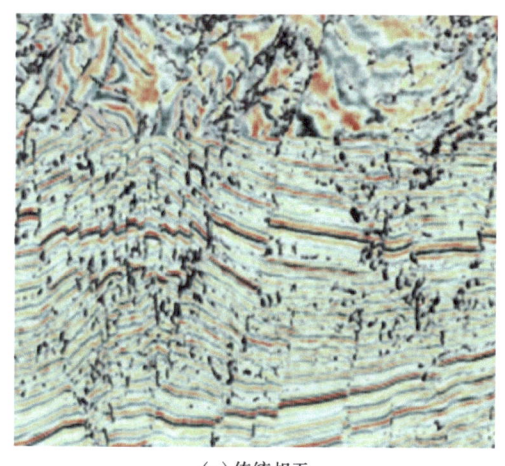

(a) 传统相干　　　　　　　　(b) 智能化断层预测

图3-4　智能化断层预测与传统相干比较

（2）溶洞识别。

与断层预测类似，对于碳酸盐岩溶洞的识别也需要通过正演模拟构建海量溶洞标签数据，然后搭建适用于溶洞识别的深度学习网络，并使用这些标签对网络进行训练，最终使用该网络进行溶洞识别。目前已将该网络使用集成方案进行了软件集成，形成了软件产品[48]，识别效果如图3-5所示。

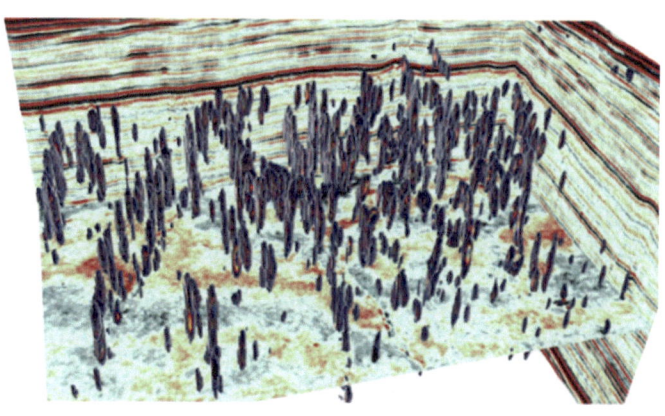

图3-5　溶洞预测结果

（3）构造解释。

地震层位追踪是地震资料解释中最基础的工作，传统的地震层位追踪大多由人工加种子点自动追踪方式来完成，需要人工解释比较密的骨架剖面才能完成整个解释工作。随着油气勘探的不断深入，地震资料数据也随之增多，传统解释的效率已经难以满足生产需求。基于深度学习技术实现的层位自动解释方法，利用深度学习神经网络，通过卷积网络对地震数据进行特征提取，最终预测层位概率体，并通过概率体提取层位，如图3-6所示。减少层位追踪过程中人为干预与工作量，提高了层位解释效率与准确率[49]。

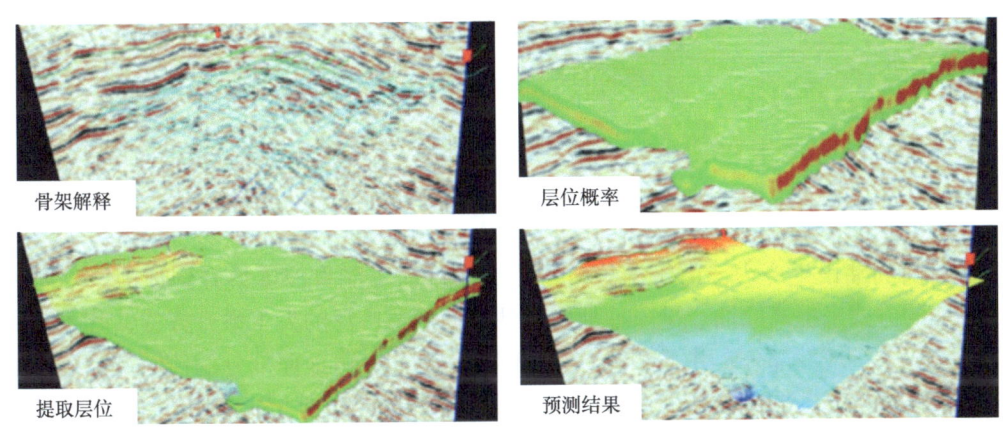

图3-6 层位预测结果

（4）地质体识别。

智能化地质体识别过程和层位解释类似，也需要两步，首先需要通过人工方式在剖面上解释一些地质体，如图3-7所示，使用人工解释的地质体标签进行网络训练。然后使用训练成熟网络对整个地质体进行预测，实现全区地质体识别[50]，最终效果如图3-8所示。

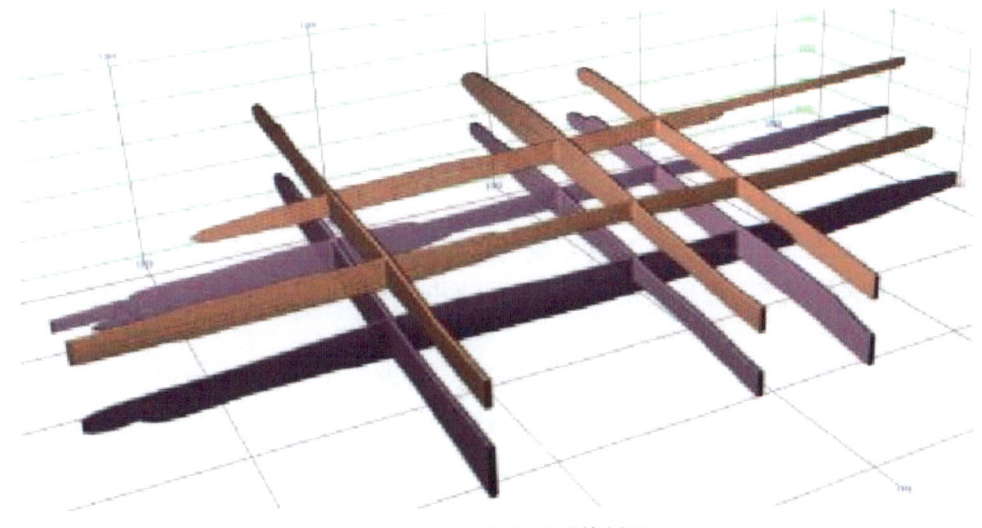

图3-7 人工解释地质体剖面

图 3-8 地质体识别效果

二、人工智能在工况诊断中的应用

在目前的油田生产中，由于油藏自身能量太低而不能将液体举升到地面，主要采用机械采油的方式来提高原油产量。抽油机是油井使用最广泛的人工举升方式，其主要由两个部分构成——地面部分及井下部分。在实际工作期间，由地面部分的传动带系统、电动机系统、连杆系统、减速箱系统，以及井下部分的功能泵、抽油杆、组合油管等方面共同工作，协调完成采油的任务。由于油藏类型复杂，在开采过程中，油井不可避免会出现出砂、结蜡、腐蚀、偏磨、油稠等故障。油井故障不仅产生维修作业费用，同时又由于停产导致原油产量减少，经济效益降低。因此能够准确地识别油井故障，并提前合理安排维护作业日程，将大幅减少不恰当的维修、最小化停工时间，大幅提高油田的经营效益。

目前现场只能通过抽油机井示功图进行单井工况定性诊断、单点静态分析，但对于油井工况的严重程度及发展趋势研究缺乏科学手段，无法进行量化评估及预测。现阶段油井工况的定量识别、趋势预测工作主要依赖于采油工程专家。专家们通过分析各种参数的变化并结合物理模型来判断油井是否会出现故障，是否需要进行维护作业。这类方法完全依赖专家经验，且不能够做到24h实时识别，通常都是故障发生后才采取维护作业，因此不能够及时发现潜在的油井故障。人工方法判断精确度不够，并且维修作业安排不合理，事后安排维修，供应链跟不上往往造成延迟作业，增加停机时间，严重影响了油井生产和油田整体效益。

因此，及时准确地了解抽油机井系统的工作状况并进行综合诊断，对于保证抽油效率、降低机械采油成本、提高油井设计质量及油井产量、实现油田数字化和自动化具有重要的意义[51]。

利用人工智能技术，综合考虑油井生产动态、油藏物性、示功图数据、机抽设备等相关数据，建立基于时间序列多参数的油井工况诊断模型和工况趋势预测模型，实现抽油机井工况精细量化诊断及变化趋势预测，可以进一步提高工况诊断准确率，为合理安排维护作业日程、减少维修作业量提供科学决策依据，从而大幅提高油田的经营效益。人工智能在工况诊断应用中的具体技术路线如下：

（1）建立工况诊断分析参数体系。

①梳理相关参数项。综合考虑油井生产动态、油藏物性、示功图数据、机抽设备等相关数据，梳理参与分析的参数项。

②数据预处理方法研究。

根据不同数据量、数据类型、数据质量等情况，针对不同类型数据进行清洗、集成、变换预处理方法筛选，建立每个数据项的预处理方法。

③参数相关性分析。

通过相关性分析，识别影响工况诊断的主要关键参数，为构建认知计算模型奠定数据基础。

（2）基于认知计算工况定量诊断模型研究。

①构建典型示功图样本库方法研究。确定研究抽油机井生产主要工况类型；人工识别典型工况的标准示功图，以及不同程度的异常工况示功图，建立基于图形识别工况的示功图样本库。

②工况诊断业务规则研究。结合专业认识和专家经验，分析体现油井工况变化的生产参数，比如产液量、动液面、载荷等参数，建立工况诊断的业务规则体系。

③建立工况定量诊断模型。综合考虑示功图图形特征和业务规则，建立基于时间序列的多核 CNN 工况诊断模型，实现异常工况严重程度的量化诊断。

（3）工况趋势预测模型研究。

基于工况定量诊断模型，结合油井液量、动液面等生产参数，对油井未来生产工况变化趋势进行预测，对可能造成油井故障原因、预计故障发生时间进行预警[52]。

三、人工智能在单井产量递减中的应用

油田投入全面开发以后，随着地下剩余可采储量的减少，以及地层能量的不断消耗，到了一定时期，必然会出现产量递减、含水上升现象。合理而准确地预测油田单井未来产量，是实现原油产量稳定发展及制定减缓产量递减合理对策的重要基础。

目前针对产量递减规律预测产量，国内外主要采用的传统方法包括 Arps 递减曲线、递减曲线典型图版法等；含水上升规律分析传统方法包括相渗曲线法、图版法、水驱特征曲线法等。随着油田开发形势发生变化，给油田开发规律研究和预测带来了新的问题和要求，根据新形势下的油田开发状况和生产需求，尤其需要开展产量递减和含水预测的研究。针对不同油藏特点、不同驱替方式、不同开发阶段，建立相应的单井产量递减和含水预测方法，满足油田动态分析、开发规划和决策的需要。

天然开发或者注水开发的油藏，在生产的过程中，主要靠水渗入油区来驱替原油；在油井见水后，根据相渗曲线反映出的储层渗流规律，随着水线的推进、含水饱和度的增加，油井的油相相对渗透率 K_{ro} 下降、水相相对渗透率 K_{rw} 上升；反映到单井的产量变化规律：在自然递减的条件下（不进行人为干预），油井产油量会逐渐递减、含水率会逐渐上升，同时不同含水阶段产量递减率和含水上升率是变化的。

目标油田自 2004 年进入特高含水期以来，措施规模不断加大，传统的指标预测方法

无法准确表征单井产量和含水的变化趋势。如何科学、准确预测目标油田不同水驱类型的单井产量递减和含水变化趋势是亟待解决的技术难点。在开发过程中，针对不同油藏特点、不同驱替方式、不同开发阶段，都建立了相应的指标预测方法，满足了油田规划和决策的需要。随着油田开发形势发生变化，给油田开发指标预测带来了新的问题和要求。目标油田自2004年进入特高含水期以来，水驱曲线出现上翘，而且措施规模等影响也不断加大，原有的水驱特征曲线预测方法要么无法应用，要么预测精度大幅降低，无法满足油田生产需求，而且常规的油藏工程方法考虑的影响因素少，油藏数值模拟等方法的时效性不强，因此需要一种能够提高工作效率、提高预测精度的指标预测方法，为油田开发指标预测提供一套切实可行的方法。

综合考虑单井静态地质数据、生产数据、作业数据等历史数据，运用人工智能方法，建立不同含水阶段、不同措施类型等的单井产量递减和含水预测模型，实现多维度的单井产量递减和含水预测，准确支撑油井产量预测和配产。形成中高渗透稀油砂岩油藏的开发知识体系，数据查询时间提升到秒级。形成不同含水阶段、不同措施类型等单井产量和含水快速预测方法。大幅提升单井指标预测准确率，使单井产量和含水预测精度达到90%~95%。提高油井生产动态管理水平、提高单井措施决策的准确性，最终实现油田最终采收率和生产效益的提升。单井产量递减和含水率预测技术路线如图3-9所示。

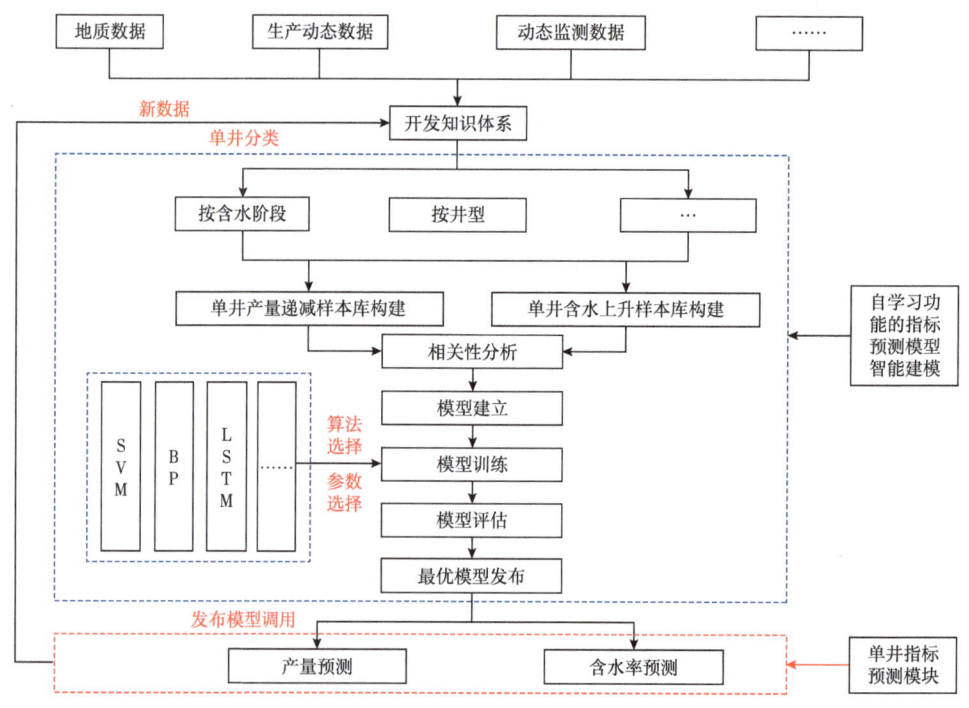

图3-9 单井产量递减和含水率预测技术路线

（1）数据收集及预处理。

①梳理相关参数项。综合考虑单井地质数据、生产动态、措施数据、动态监测等相关数据，梳理参与分析的数据项。

②数据预处理方法研究。根据不同数据量、数据类型、数据质量等情况，针对不同类型数据进行清洗、集成、变换预处理方法筛选，建立每个数据项的预处理方法。

（2）构建油田开发知识体系。

将不同开发方式、不同开发阶段、不同含水阶段等油田开发相关数据进行梳理，建立油气藏、区块、开发井之间的关系，以及梳理各单元及井的属性信息：单井井别、井型、采出方式、驱动类型、油气品种、产量等信息，最终形成试点区块的开发知识体系，实现数据的可视化查询。

（3）建立多参数的单井指标智能预测模型。

①构建典型单井产量递减和含水样本库。结合专业认识和专家经验，建立单井分类的业务规则体系。确定长垣水驱单井产量递减和含水上升涵盖的全部类型，建立基于不同类型的单井数据样本库。

②单井产量和含水影响因素指标体系。通过相关性分析，识别影响不同类型单井产量递减和含水上升的主要关键参数，为构建认知计算预测模型奠定数据基础。

③模型构建。根据不同的分析目标（单井产油量预测、单井含水预测），结合单井历史产油量数据、综合含水率数据，分别构建不同类型单井产油量、含水率预测模型。

④模型训练。系统自动选择不同算法，如支持向量机、神经网络、长短时记忆神经网络等；算法参数配置，进行模型训练。

⑤模型评估。根据模型预测数据与实际数据的误差、均方根误差等参数，进行模型优选，为单井产油量预测、含水预测提供最优模型。

用 Excel 进行单井生产数据统计，再导入 Grafer 等成图软件实现可视化，产量预测用 Arps 递减法，含水预测通过数模手段，各项工作采用不同方法分别开展，各类数据无法统一管理，没有统一的应用平台。而基于认知平台的工作流程与传统方法完全不同，可以实现在一个平台上完成所有工作。首先是各类数据可以统一管理，通过开发数据智能工作辅助系统模块，实现开发数据的自动化提取和曲线生成；在单井分类体系的基础上，构建单井样本库，通过智能建模建立单井产量预测模型、单井含水预测的最优模型，最终实现不同类型单井指标的智能预测。

通过目标油田 LB 块、BR 东、BS 西 3 个水驱砂岩区块，3045 口油水井现场实际应用，单井产量递减和含水预测系统产生的价值和收益包括满足水驱砂岩油藏特点的智能单井指标预测，预测精度达 90%~95%；形成以 DQ 中高渗透水驱砂岩油藏为例的指标预测方法及工具，提高工作效率 80%；建立不同含水阶段、不同井型等的预测模型，为同类型油藏提供借鉴。

人工智能技术应用发展前景广阔，加速勘探开发业务与人工智能技术的深度融合发展，能够大幅度提升研究效率、提升解释精度、提升预测能力，降低综合研究与管理成本，将推动实现油气上游行业的数字化转型和智能化发展，为提质增效和高质量发展提供不竭动力。

面对当前复杂环境，要加快数字化转型步伐，深化人工智能、大数据、物联网等新一代信息技术在油气全产业链的应用，努力提高油气及服务业务的数字化、可视化、自动化、智能化水平，促进流程优化和降本增效。

加速人工智能技术在传统油气行业的全面融合应用，是全面驱动勘探开发业务转型发展的最佳选择，对实现石油工业提质增效和创新发展具有非常重要的战略意义[53]。

第三节　国内外智能气井技术现状

气井生产过程中的积液问题是当前国内外天然气开采过程中普遍面临的难点之一，排水采气是解决这一问题的有效手段。目前常用的排水采气工艺有优选管柱法、泡沫法、气举法、电潜泵法、抽汲法等，这些排水采气方法可以单独使用，也可以综合运用。无论采用哪种排水采气技术，其原理主要有两类，一是排出井筒中的积液，二是减少或阻止地层水进入气藏。针对第一类排水采气原理，基于两相混合物的流体动力学主要形成三种方法，一是通过向井筒注入泡沫活性剂从而实现排水目的的化学法，二是像泵抽、柱塞气举等的机械法，三是如周期性放喷、虹吸管吹洗等的气体动力学法。由于受到产气量、排液量、井筒几何尺寸、井深、井底流压、储层温度、流体成分、地面管汇、经济能力、电力情况、气举所需气源、是否出砂等因素的限制，每种排水采气方法都有一定的局限性、都存在一些需要解决的问题。因此在实际应用中应针对具体井况选择适宜的排水采气工艺技术。近年来发展迅速的智能化技术为气井生产，尤其是排采技术优化提供了很好的解决方案。随着数字化的加速发展，气井在智能化建设方面在加速进步。

一、国外气田智能气井技术现状

国外在气井智能化方面的起步较早，当前已发表文献的气井智能化应用集中在气井排采工艺和完井工艺方面。

1. 气井智能柱塞系统

早在20世纪50年代，苏联学者Muraviev和美国的Beeson、Knox、Stoddard等针对气井相继研究了柱塞气举的生产规律，但这些早期研究只是停留在设计之上，理论较为简单，方法具有一定局限性。1965年，Foss和Gaul通过对Vbntura Avenve油田85口试验井的生产资料的研究，建立了柱塞气举工艺的力学分析方法，导出了一系列柱塞举升运行图版，使之成为应用广泛的权威柱塞举升设计方法。该分析方法使用的重要参数都取自试验井，并做了大量假设，因而缺乏普遍适应性。1985年，Mower、Beauregard等学者在约224m的试验井中做了柱塞上行与下行试验研究，得出了不同类型的柱塞运动过程的关系图版。1987年，Gordon设计了用于柱塞举升的控制器并申请了专利，Griffin随后又进行了改进。同年，Beeson和Knox又通过对柱塞实际生产资料的分析发展了他们的理论，通过相关方程绘制出了描述柱塞气举压力与最大产能关系的诺莫图。20世纪90年代，国外学者更多地转向对柱塞工具设备及工作制度的研究。1995年，Baruzzi和Alhanati提出了柱塞气举最优工作制度的设计方法。1999年，Majek和Fields设计了基于微处理器的柱塞控制器，大大加强了柱塞气举的自动化能力。进入21世纪，柱塞气举工艺在国外应用更为广泛。2000年，Maggard等研究了柱塞气举工艺在致密气井中的应用可能。2001年，Gasbarri等也提出了一种柱塞气举的动态模型，该模型与油藏特征及柱塞本身的机械特性做了耦合。模型同时也考虑了前人的研究，将柱塞液柱的摩擦及柱塞上下的气柱膨胀效应耦合在一起。同时模型也考虑了地面分离器和地面管线，以及柱塞上面液柱到达井口后的生产瞬态变化情况。2008年，Chava等学者对间歇柱塞举升的智能化方面做了研究。2010年，Sask等学者研究了柱塞工艺在水平井中的应用。2011年，Kravits等学者对柱塞气举在页岩气井中的应用进行了研究。2013年Parsa等学者对柱塞气举工艺在非常规天然气井中的应用进行了研究。2017年，Gupta等创建了一种在页岩气中应用的柱塞井的动态运动模型。模型综合考虑了环空中和井中心油管段的压力和流动动力学，以及柱塞升降力学。柱塞在整个过程中可以实现自主控制开关生产阀的功能。研究者首次提出了一个考虑9种状态的非线性复合模型，该模型通过6种不同操作模式进行切换。该模型是在标准复合模型框架下首次提出，可以帮助工程师对柱塞的运动状态有一个更加深刻的理解。同年，Zhao等提出了一种柱塞气举在液体举升过程中的液体漏失模型。基于力平衡原理，研究者建立了柱塞举液过程中的液体漏失物理模型。考虑到油管压力损失，研究者提出了一个在最优柱塞/油管下的液体漏失无量纲模型。模型中对影响举升的关键参数，如液体欧拉常数、气液密度比、气液弗劳德数、液体雷诺系数、举升距离和积液高度比，都做了详细的研究。最终研究者认为，降低液柱初始高度和增加产气量可以有效地降低液体漏失量。

随着近年来人工智能技术和油田信息化的发展，目前柱塞气举工艺技术正朝着简化流程及生产智能化方面发展，都在努力解决生产不连续所带来的一些问题，如采用双管柱进行生产、采用球塞进行气举、考虑智能算法的柱塞气举系统等。美国休斯敦eProduction Solutions公司结合新型的超低功率电子技术和已经成熟的远程终端设备，设计了一种新型的柱塞举升系统，实现了柱塞举升井的精确控制。这种举升系统的特点是优选出四种不同控制状态下的时间和压力参数配置。为保证举升井的正常工作，该公司研制出的举升控制器可以监测速度，主要是柱塞速度，并且能进行从井底到地面的连续监测。当速度发生变化时，柱塞上的流体负载或气量变化使流入井内的液量和压差发生变化，主要特点是利用防喷盒控制器内的传感器监测柱塞速度，控制器自动调节周期时间。MGM油井服务公司研发了柱塞下行不需要关井的一种新型柱塞，该种柱塞由空心活塞和球两部分组成，即使在油井产气量很大时柱塞也能下行到井底。FB公司在原成熟产品系列基础上，新研发的旁通式柱塞、连续流柱塞、复合式柱塞等都可不更换以往防喷管、捕捉器总成，对于高气液比气井能缩短关井时间，提高单井产能。斯伦贝谢公司的Tang等介绍了一种在中国鄂尔多斯盆地致密砂岩中应用的智能柱塞系统和分析方法。该智能柱塞排液采气工艺在该区块共计应用了12口井并取得了很好的应用效果。该智能柱塞系统不但具有常规柱塞系统的优点，如降低液体回落、无须外部能量、清理油管内壁等，而且该系统借助其自身的传感器，可以做到数据的实时传输。研究者通过建立优化算法，实现了基于实时数据对柱塞的智能控制算法。该文献是近年国内少有的介绍气井排采智能化进展的文献之一。

2. 气井智能气举系统

沙特阿拉伯的卡夫吉油田为了使油藏递减减弱，自 1988 年开始引进气举工艺技术来帮助生产。但是，由于现场的气站压缩机的处理能力受限，现场气举系统的气体分配也受到限制，因此卡夫吉油田的油气井产能分配非常不平衡。为此，油田引入了数字化智能举升系统 DIAL 来克服由于气举生产系统过程中的气体分配受限而导致的产能受限问题。DIAL 系统（图 3-10）不依赖套管压力来开启和关闭阀门，完全由地面控制，与注压式气举阀（IPO）不同。因此，DIAL 系统可以利用完整的套管压力，无须阀门间隔引起压力下降，从而实现更深的注气和增加产量。因为智能系统的井下气举阀的开启是通过数字控制的，所以 DIAL 气举阀的间距受控制于最大的可用地面气体注入压力，但不受井下压力或温度的影响。

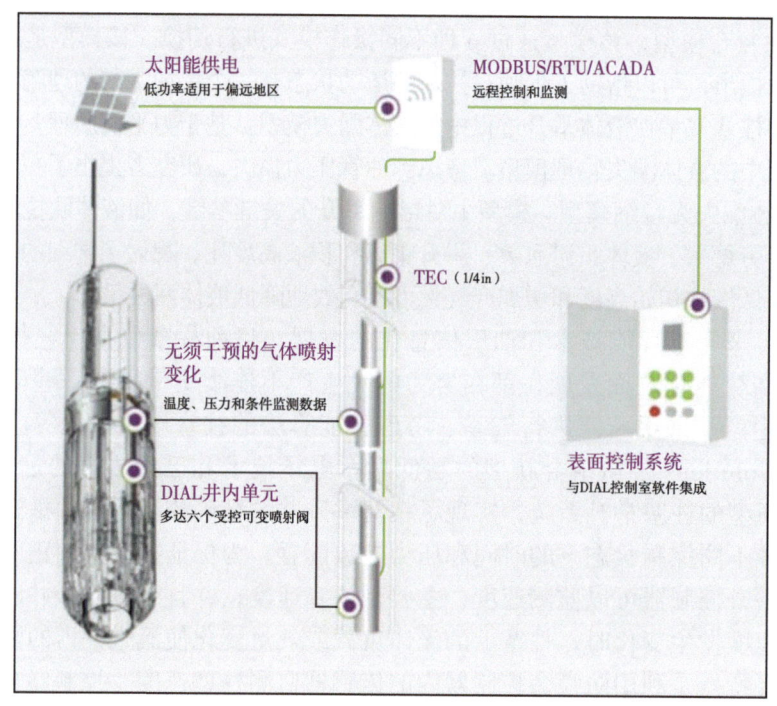

图 3-10　DIAL 系统结构示意图

3. 气井智能完井系统

斯伦贝谢在尼日利亚 Delta 项目组针对油井和气井采收率和产量低下的问题，利用智能控水设备 ICD 和 ICV 等，通过正确拟合生产测试数据，以智能分析软件为基础建立了油气井智能单井分析模型（图 3-11），预测了尼日利亚 Delta 区块的油气井生产情况。系统通过敏感性分析的方法得到的计算预测结果与实际结果具有一致性（误差小于 10%），从而证明了基于智能控水设备及相关分析流程的准确性。

康菲石油在印度尼西亚的西纳土纳海的海上区块开展了多层智能控水技术应用。该公司采用的智能完井系统 IWS（Intelligent Well System）采用的是包含隔离密封件、地面控制的层间分隔阀、井下温度压力计的套管外砾石充填完井方法（图 3-12）。IWS 通过内置相关仪器来监测气井流动能力,并在含水达到很高的水平时实现关井的目的。该技术可以极大地减少气层过早见水导致其他低压气层无法生产的问题,从而提高了气井的采收率。

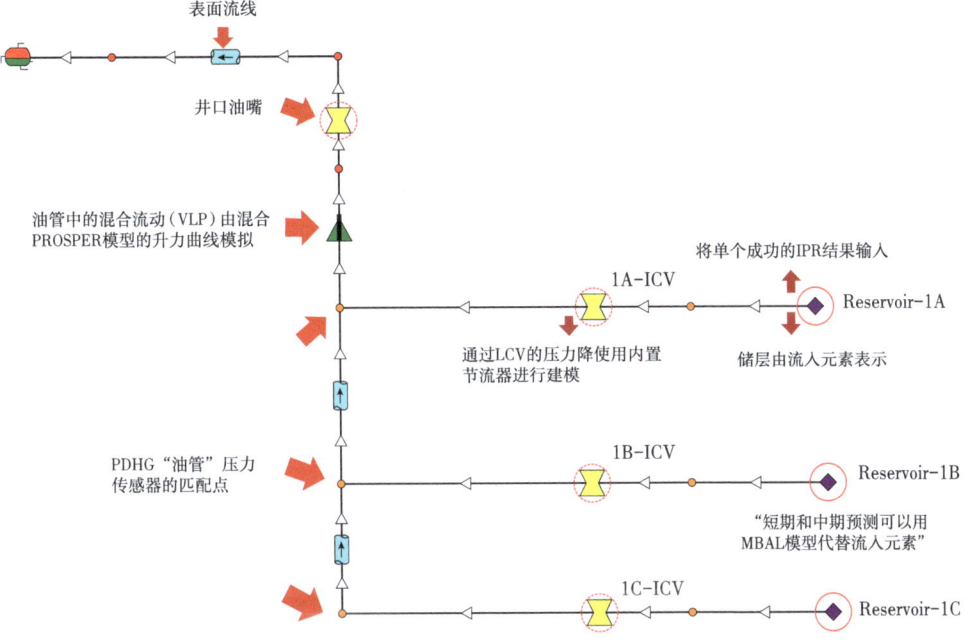

图 3-11 智能单井分析模型设计示意图

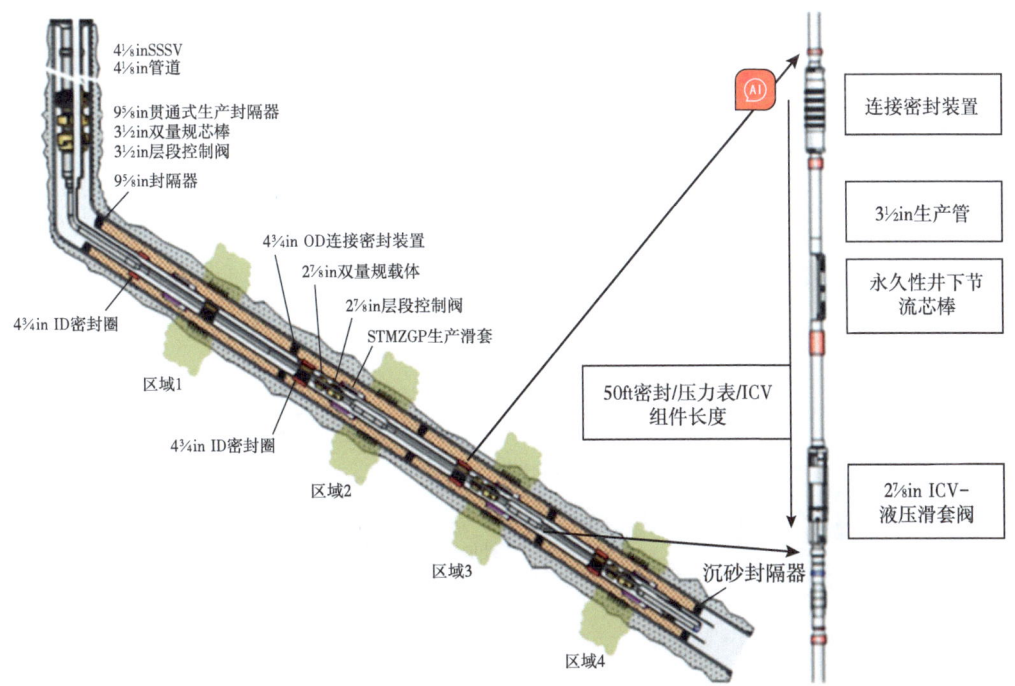

图 3-12 单趟多段砾石充填智能完井系统

美国的阿空加瓜油田（密西西比的峡谷305区块）是一个高渗透、胶结程度不高的砂岩气藏，同时气藏存在边底水。气田生产历史表明，气井在开井生产之后很快就面临见水的风险。因此如何最大程度地驱动不同的含气砂岩层和不需要人工介入情况下关闭出水层，是气井完井设计过程中的核心考虑要素。智能完井控制系统 IWCS（Intelligent Well Completion System）是油田运营方道达尔石油的重点考虑技术（图3-13）。该技术包含一个封隔器坐落装置、一个可打捞的生产封隔器、一个偏心工作桶（含三个传感器）、三个通过控制线控制的智能流动控制阀。该系统被设计用来智能关闭高含水气层。ICV可以通过在采气树上面的控制模块，利用水力的方式激活[54]。

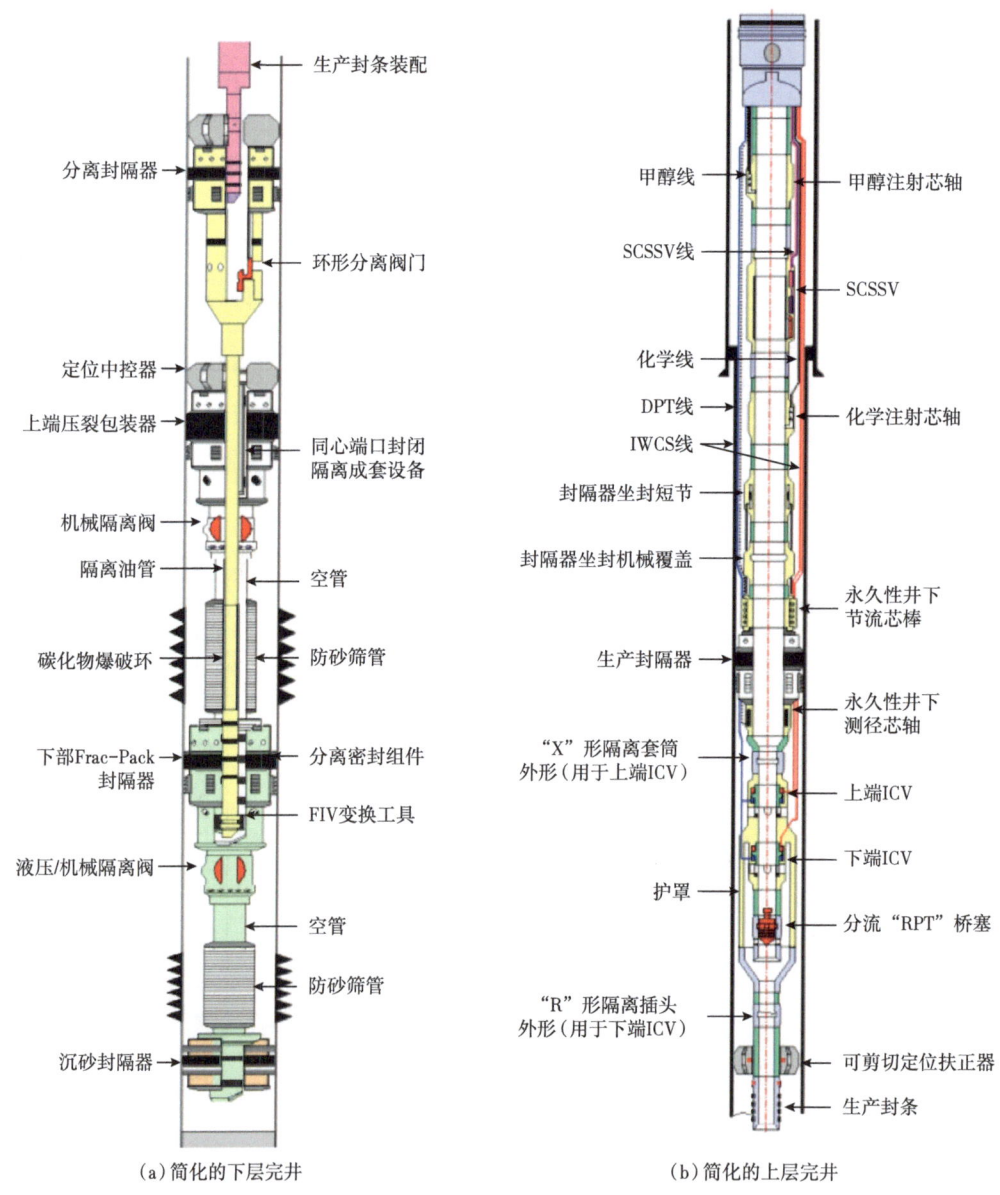

(a) 简化的下层完井　　(b) 简化的上层完井

图3-13　智能完井控制系统IWCS控制示意图

二、国内气田智能气井技术现状

就常规的排采方式来说,国内各大气田近年来通过对气井的开发,积累了丰富的排采经验,形成了包括气举工艺、优选管柱工艺、泡沫排水采气工艺、柱塞排水采气工艺,以及复合排采工艺等多种工艺措施。但是,在智能化排采的探索方面,当前国内的排水采气智能化实践多集中在煤层气井、部分集中在页岩气井和致密气井。气田的智能化尝试多以在生产中的智能巡检、智能监控、设备智能在线分析、设备故障诊断、远程控制等为主,在气井排水采气工艺的智能化应用尚处于初期探索阶段。

1. 大港油田煤层气区块

大港油田在其煤层气区块大量使用抽油机进行排水采气作业。为了降低抽油机能耗、提高系统效率,持续开展了抽油机排采系统节能降耗技术研究,形成了包括功图智能调控和压力闭环智能调控的智能控制方法。

功图智能调控法是利用在抽油机上安装的载荷、位移传感器计算得到抽油机的井口示功图。示功图面积与油井产量成正比,通过自动控制程序分析不同抽油机冲次下示功图面积的变化规律,控制系统通过变频器或永磁涡流传动系统等装置自动调整抽油机冲次,使示功图面积和单井产液量趋于最大化,也就是油井动液面始终保持在合理范围内。这种控制系统可利用油田现有的远程监控装备,投入成本较低,节能效果明显。建议油井采用功图分析的方式实现智能调整抽油机冲次的目的。

压力闭环智能调控法是在井下抽油泵吸入口安装压力传感器,通过检测到的压力推算泵的沉没度,再根据压力的变化自动调节抽油机的冲次,使泵的沉没度保持在最佳范围内,使油气井系统效率达到最优。由于该方式需要安装一套井下压力监测装置及信号传输电缆,成本投入较高,但该方式控制精度最高,比较适用于需要精确控制动液面的煤层气井开采。建议煤层气开采井采用压力直测的方式实现智能调整抽油机冲次。抽油机智能排采系统如图3-14所示。

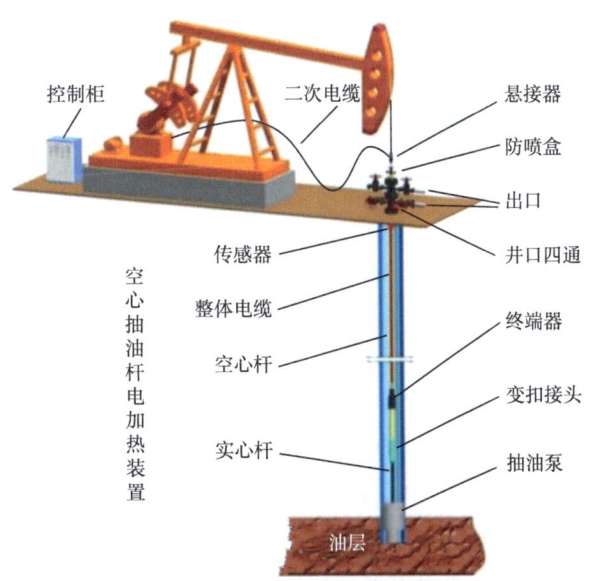

图3-14 抽油机智能排采系统

2. 山西煤层气区块

山西蓝焰煤层气集团针对现有煤层气抽油机排采系统存在的控制精度不足、生产成本高等问题,设计了一种智能控制的煤层气排采系统。通过计算井底流压的测量值与设定值差值,控制排采设备的工作频率,进而实现排采系统的调节。利用无线传输方式将信号发送至排采单元，可以实现排采工作的全程监控。以胡底工区项目为系统试验对象，结果显示该系统可以达到精确调节井底流压的目的，并且误差均值在0.5%左右，满足控制要求。

中联煤层气有限责任公司（简称中联煤）在山西煤层气区块的智能化探索有一些早期经验。现场结合煤层气排采特点和排采控制要求，在传统油气田自动化技术的基础上，规划了一套基于PLC技术的煤层气井智能排采系统，将排采制度程序化实现了按照控制目标自动调整生产参数的目的。智能排采系统将采集到的抽油机载荷参数绘制成示功图，利用工况诊断模块分析判断井下工况，及时判断可能发生的不良状况，是实现煤层气井长期、连续、稳定排采的关键。按照煤层气井智能排采控制系统规划思路，在现场选取试验井进行试验，经过一段时间的运行，系统运行稳定，效果良好。

山西沁南煤层气针对高阶煤的排采，提出了智能控制技术，该技术主要依托计算机实时监测与分析气井运行状态，并及时做出调整，大大提高员工和排采设备的运行效率。以液面控制为例，将液面下降速度的设定值赋值给传感器，当液面下降速度变化超过临界值后，传感器捕捉信息，传递给变频器，变频器控制电机运转进而控制煤层气井排水量，煤层气井液面下降速度变化后，传感器捕捉信号，当信号下降至临界值以下后自动维持（图3-15）。现场应用实践表明，通过智能控制技术，流压降低平稳，生产情况稳定，气量呈上升趋势。

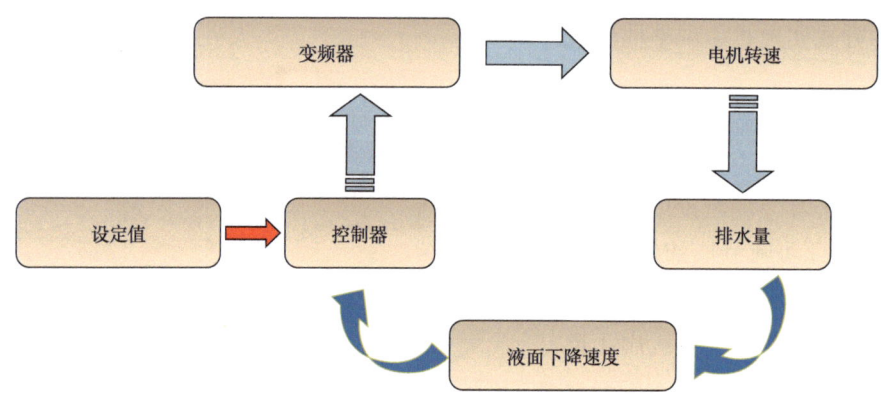

图3-15 智能排采控制技术原理图

中联煤山西煤层气保德区块针对煤层气产量日益下降的问题，以及为了使老井实现再次稳产，提出了以科技创新来推动技术应用，达到老井二次稳产的目的。因此，自主开发了煤层气负压排采智能评价系统（图3-16），弥补当前负压排采参数与井况适应性评价方法的不足，弥补井底流压监测手段的不足。

煤层气井负压排采智能评价系统具有采集、控制、通信、分析等功能，能够实现对压缩机转速、排采井的套压、产气量、井底流压、示功图等生产参数的自动采集与无线传输，控制模块能够对抽油机冲次、阀门开启角度、压缩机转速等生产参数远程调节。提供及时、准确的动态数据，分析总结工作参数调整后井场数据变化规律，根据数据规律变化寻找更适合煤层气井生产的排采制度。对比稳压排采、定产排采对煤层气开采方法与井况适应性，以便更好地服务煤层气排采生产。系统为模块化组合式系统，集先进成熟的计算机软件技术、网络技术、无线通信技术、数据采集技术，以及领先的传感器技术于一体，是一套完整的负压排采智能分析系统。

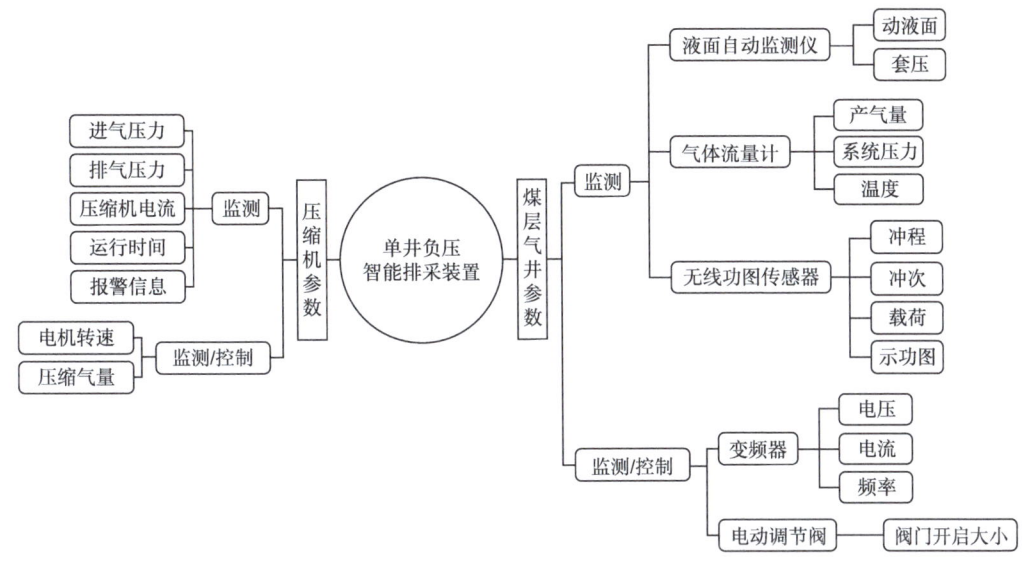

图 3-16　煤层气井负压排采智能评价系统现场监控部分结构图

经过多次现场调研，对排采装备产品的机械、电气、信息、控制一体化方案进行研究，通过两套系统一年多的连续运行，在保德区块选择产气量呈明显衰减趋势、接近煤矿采空区的老井开展煤层气井负压排采试验，各项技术指标均达到了设计要求。

山西煤层气勘探开发分公司针对射流泵控制复杂、需要控制注水压力和井底流压、控制不好气量会大幅波动的问题，依托自动化系统，同时对水平井排采深入研究，建立了一套"双回路单 PID 控制"煤层气水平井智能排采控制技术，现场应用控制精细，气量平稳。通过对煤层气水平井排采控制设备和排采控制方法的研究，依托自动化系统，采用智能排采技术，形成了一套以井底流压稳定为核心的煤层气水平井智能排采控制思路。将该套控制思路编写成程序，形成了一套功能完善的煤层气水平井智能排采控制程序，该程序以"井底流压"控制为中心，采取"双回路单 PID 控制"，在自动化上位机软件系统预先设定井底流压下降速度值，结合智能排采技术，根据井下压力计采集的井底流压变化情况，控制程序通过自动计算来控制变频器调整电机转速和泵注入压力，保证井底压力稳定，该程序流程图如图 3-17 所示。华北石油公司也采用类似的智能化方案，为现场的无杆排采工艺提供智能化排采控制等功能。

通过在长治地区已试验 1 口井可以发现，煤层气水平井智能控制技术在三方面有明显优势：（1）控制简单，只需要通过上位机提交指令，程序自动调节变频器频率即可控制水平井，依托智能排采系统，排采人员无须值守。（2）控制精度高，日气量误差不超过 200m³，保证了气量的稳定。（3）采用"双回路单 PID 控制"调节模式，提高了设备利用率，达到节能降耗的目的，为水平井排采控制提供了新思路。

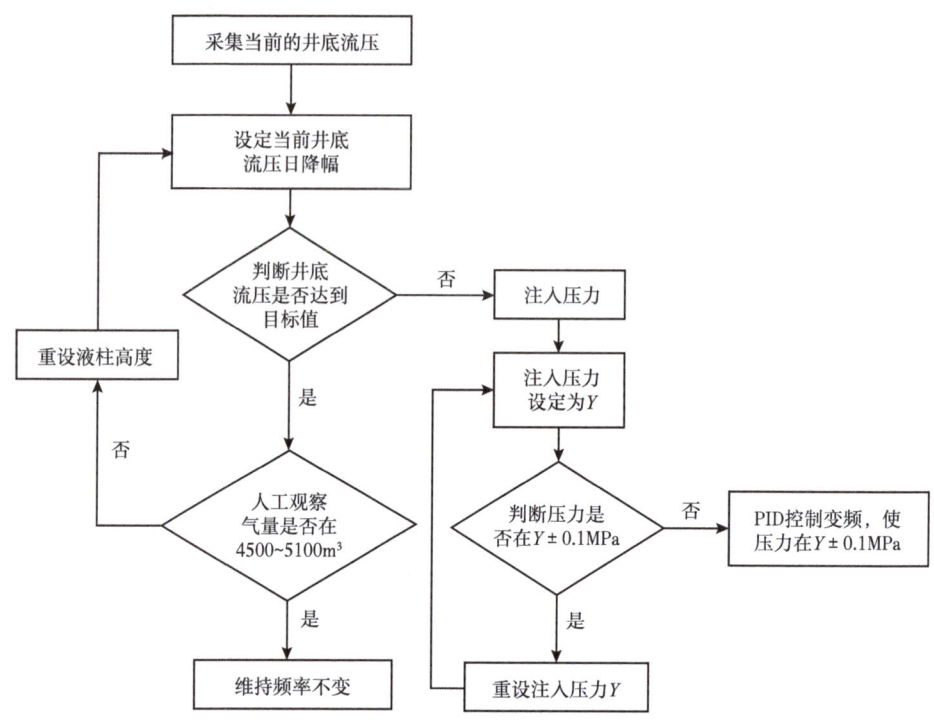

图 3-17 煤层气水平井智能排采控制流程图

3. 中国石油华北油田煤层气区块

中国石油华北油田公司在沁水盆地樊庄—郑庄煤层气区块针对水力柱塞泵自动化程度低、控制模型精度低的问题，研制了一套煤层气水平井水力柱塞泵配套的智能排采控制系统。现场把智能排采控制中的 PID 调节结合现场实际情况来完成。控制流程为：设定值—智能排采控制器—水力管式泵冲次—排水量—流压下降速度—控制器，形成整体的闭环控制。同时，针对现场需求，建立了井筒智能降流压排采算法，从而实现了在煤层气排采的生产过程中，通过稳定地降低井底压力来达到降压排水、直到煤层气井可以稳定地产出煤层气为止的目的。

经过 6 个月试验，系统应用总体效果良好，降压曲线整体呈线性下降，产气量逐渐上升。井底流压由 3500kPa 降至 1400kPa，实现降压 2100kPa。随着井底流压平稳下降，产气量逐渐上升，最高达到约 1200m³/d。

4. 中国石化涪陵页岩气区块

国内最大的页岩油气生产单位中国石化涪陵页岩气公司，针对涪陵页岩气田部分老井积液日渐明显这一现象，为探索合适的排水采气工艺，在页岩气田区块若干气井中开展了柱塞气举先导试验。

为顺利通过生产管柱的"X"形工作筒，并充分考虑通过柱塞井口装置时的密封性和扶正性，创新设计了弹块式组合柱塞。弹块式组合柱塞主要由左右两组弹块及中间的连接杆组成，如图 3-18 所示。该弹块式组合柱塞的优点在于：（1）当柱塞进入井口变径段的时候，至少有一组弹块能保证在小通径内扶正柱塞，使柱塞能顺利通过；（2）当一组弹块在通过变径发生收缩时，可以保证另一组弹块始终可以正常工作，从而最大程度地降低漏失率。

图 3-18 组合柱塞结构示意图

柱塞气井激活初期，为排除井筒及近井地带的积液，依据载荷因数和现场压力变化，采集数据逐渐增多。经过编制的智能控制软件分析优化，制度不断优化，最终达到稳定生产状态，如图 3-19 所示。现场实践表明，智能软件控制的柱塞系统单井排水采气效果明显，如图 3-20 所示。

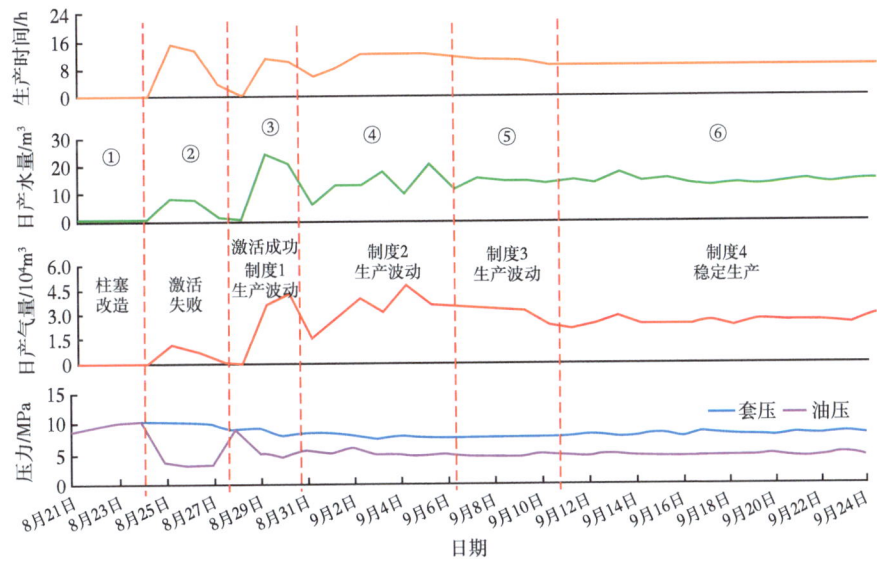

图 3-19 柱塞井制度智能优化结果

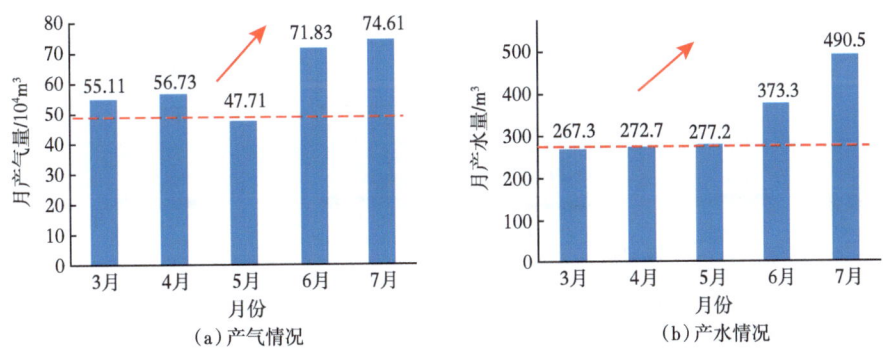

（a）产气情况　　　　　　　　　（b）产水情况

图 3-20 涪陵气田柱塞井排采效果

5. 延长气田

随着延长气田的快速发展，地面建设工作量巨大，在工程管理上已建及在建工程的数据没有随时采集，日常管理与业务流还处于纸面或者口头传递阶段，数据使用效率低，历史数据不能高效用于决策，难以适应大规模建设的需要。鉴于这些问题，基于气田地面工程数字化、信息化、标准化的要求，延长气田亟须建立适应气田地面建设管理需求的场、线、站、库地面工程数字化网络，实现按某一或诸多参数直观显示、便于生产指挥调度、满足井口优化操作、地面工程生产设备控制方案优化、气田地面工程维护管理等，并能实现流程再造。这样才有利于降低气田生产成本，提高生产效率，降低能耗，满足大规模生产的需要。

罗克韦尔自动化为延长气田的数字化建设提供了全方位 SCADA 系统解决方案，从井口数字采集系统 RTU 自动上传井口信息；集气站的 PCS 控制系统和 SIS 仪表安全控制系统提供先进的、开放的、稳定的技术，以实时监控站场各种工艺参数，确保生产设备和人员安全；生产调度指挥中心通过以太网把生产控制和生产信息有机融合，大大提高了气田的生产管理效率，改善了气田的工作环境，减轻了劳动强度，降低了安全风险。

延长气田井区 SCADA 系统的详细配置架构图如图 3-21 所示。气田分布式生产指挥调度系统由两级调度中心，即井区调度中心和总公司调度中心构成，采用罗克韦尔自动化

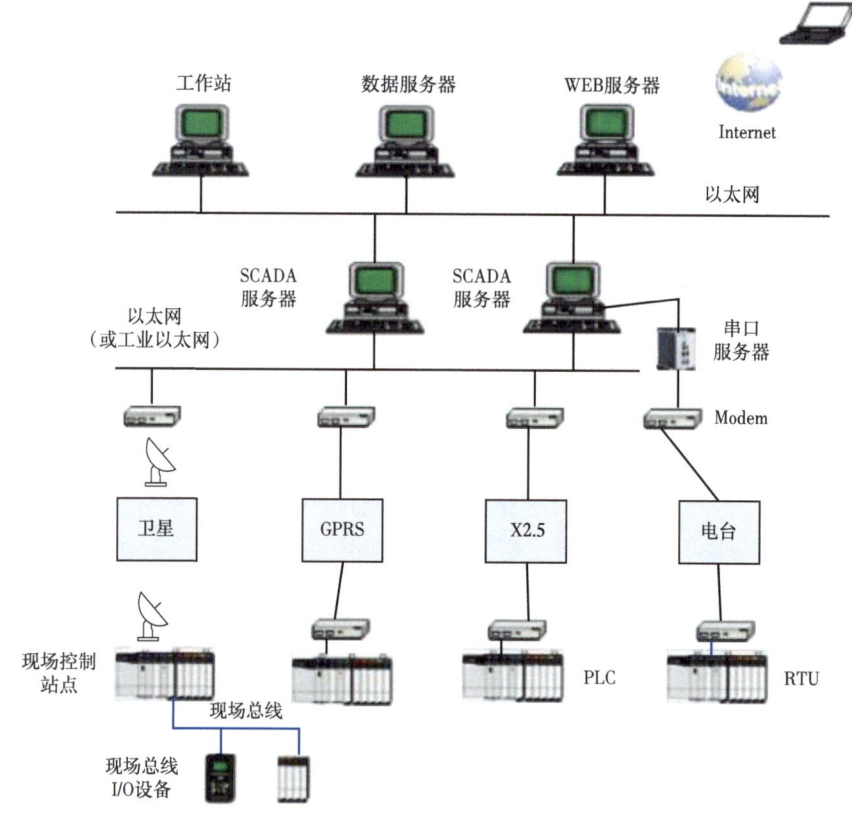

图 3-21　延长气田井区 SCADA 系统的详细配置架构图

智能制造信息集成化FactoryTalk平台软件，实现模块化、分布式、可扩展的企业级实时数据库，从现场控制器级、站场服务器级到企业巨型服务器级可任意组建应用模式，支持C/S和B/S架构应用，提供丰富的企业级信息系统客户端应用和工具，大容量支持企业级应用，内部实现高数据压缩率，可实现历史数据的大量存储，灵活的扩展结构可满足各种需求，具备广泛的安全性和可跟踪性。

FactoryTalk信息制造平台是一个具有标准接口的、可二次开发的平台，其能完成来自DCS、PAS、RTU、ESD/F&G、流量计算机及其他各种具有或不具有标准通信接口的控制系统的实时数据的采集、存储、压缩，实时数据和历史数据的检索、统计、分析、建模，并进行曲线、图表显示。可以实现流程性工业中典型的应用功能，如工艺流程图展现、历史曲线分析、历史报警分析、报表管理等，主要功能如图3-22所示。

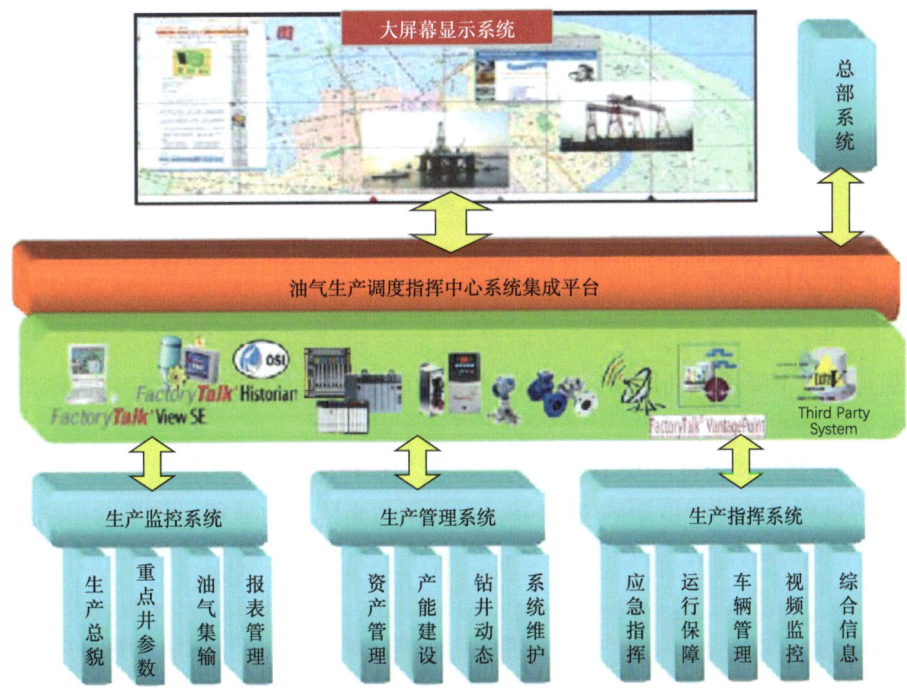

图3-22 油气田SCADA系统功能架构图

罗克韦尔自动化油气田地面工程SCADA系统助力延长气田的数字化建设，它不仅实现了全局范围内生产数据的实时传输、动态监控、自动处理、智能查询和网络共享，而且从根本上解决了生产管理中车接人送、数据难于收集查找、信息不一致、意见反馈不及时和繁重的资料处理等问题。以SCADA系统为核心的气田数字化系统覆盖了气田生产、科研、管理、决策各个领域，形成了完整的信息标准体系。以前研究人员做研究的时间非常少，他们要用60%以上的时间去收集数据资料。现在由于实现数据共享，数据查询系统可以把气田丰富的数据资产方便地提供给各位研究人员。这些数据经过层层质检后集中管理，研究人员把数据提取出来，加载到他们的研究系统中去，很快就可以开展相关研究工作，提高了研究效率，降低了研发成本[55]。

第四章　致密气井产量智能预测技术

致密气井产量受多种因素影响，主要包括地质因素、工程因素及开发制度。传统致密气产能预测模型主要包括产量递减经验模型（Arps 模型、SPED 模型、Hong Yuan 模型及 Duong 模型）、解析模型、半解析模型及数值模型，这些模型各有其优缺点。随着人工智能和计算机技术的进步，基于人工智能算法的致密气井产量预测模型受到国内外学者越来越多的重视。本章主要介绍几种常用的人工智能预测致密气井产量方法，并分析了各方法在长庆气田中应用的误差。

第一节　BP 神经网络产量预测模型

一、基于基础 BP 神经网络的产量预测模型

1. BP 神经网络理论

BP 神经网络是一种按误差反向传播算法（简称 BP 算法）训练的多层前馈网络，它的基本思想是梯度下降法，利用梯度搜索技术，以期使网络的实际输出值和期望输出值的均方根误差为最小。

BP 算法包括正向传播和反向传播两个步骤（图 4-1）。正向传播是数据从输入层传递到输出层的过程，经过权值矩阵 V 和 W，以及阈值矩阵 b 的处理。如果输出结果与期望

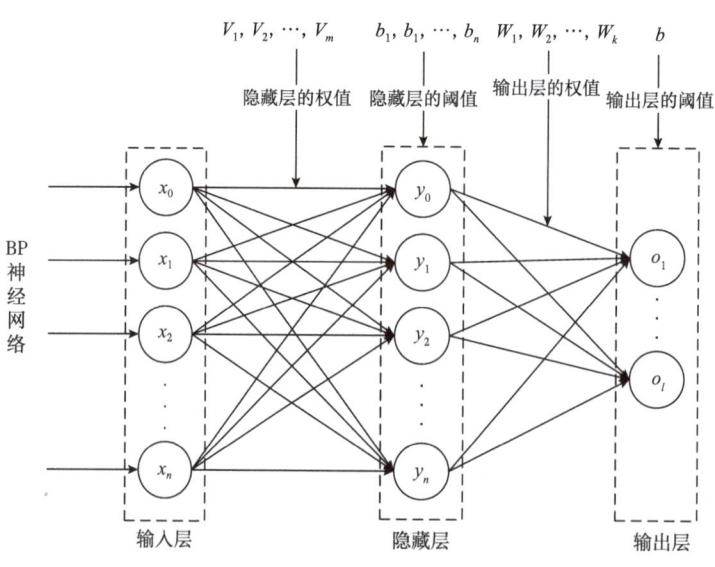

图 4-1　BP 神经网络结构图

结果的误差精度不达标，则进入误差反向传播阶段。反向传播是将误差从输出层传递至输入层的过程，在此期间会根据误差调整权值矩阵 $\boldsymbol{V}$ 和 $\boldsymbol{W}$，以及阈值矩阵 $\boldsymbol{b}$。正反向传播不断重复，不断调整权值矩阵 $\boldsymbol{V}$ 和 $\boldsymbol{W}$，以及阈值矩阵 $\boldsymbol{b}$，直到输出误差达标或达到最大学习次数。这个权重调整的过程是神经网络训练的过程。其结构如图 4-1 所示。

输入向量为：

$$\boldsymbol{x} = (x_1, x_2, \cdots, x_i, \cdots, x_n)^{\mathrm{T}} \tag{4-1}$$

其中 $x_0=-1$ 是为隐藏层神经元引入阈值而设定的。

隐藏层输出向量为：

$$\boldsymbol{y} = (y_1, y_2, \cdots, y_j, \cdots, y_m)^{\mathrm{T}} \tag{4-2}$$

其中 $y_0=-1$ 是为输出层神经元引入阈值而设定的。

输出层向量为：

$$\boldsymbol{o} = (o_1, o_2, \cdots, o_k, \cdots, o_l)^{\mathrm{T}} \tag{4-3}$$

期望输出向量为：

$$\boldsymbol{d} = (d_1, d_2, \cdots, d_k, \cdots, d_l)^{\mathrm{T}} \tag{4-4}$$

隐藏层到输出层之间的权值矩阵用 $\boldsymbol{W}$ 表示为：

$$\boldsymbol{W} = (W_1, W_2, \cdots, W_k, \cdots, W_l) \tag{4-5}$$

输入层到隐藏层之间的权值矩阵用 $\boldsymbol{V}$ 表示为：

$$\boldsymbol{V} = (V_1, V_2, \cdots, V_k, \cdots, V_l) \tag{4-6}$$

对于输出层，有：

$$o_k = f(net_k), k = 1, 2, 3, 4, \cdots, l \tag{4-7}$$

$$net_k = \sum_{j=0}^{m} w_{jk} y_j, k = 1, 2, 3, 4, \cdots, l \tag{4-8}$$

$$net_j = \sum_{i=0}^{n} v_{ij} x_i, j = 1, 2, 3, \cdots, m \tag{4-9}$$

其中，$f(x)$ 为单极性 Sigmoid 函数：

$$f(x) = \frac{1}{1 + \mathrm{e}^{-x}} \tag{4-10}$$

$f(x)$ 具有连续可导的特点，且具有：

$$f'(x) = f(x)[1 - f(x)] \tag{4-11}$$

误差 E 的来源就是实际输出和期望输出的差值，即：

$$E = \frac{1}{2}(\boldsymbol{d}-\boldsymbol{o})^2 = \frac{1}{2}\sum_{k=1}^{l}(d_k-o_k)^2 \tag{4-12}$$

将式（4-7）和式（4-8）展开到公式（4-12）中得到隐藏层的误差：

$$E = \frac{1}{2}\sum_{k=1}^{l}(d_k-o_k)^2 = \frac{1}{2}\sum_{k=1}^{l}[d_k-f(net_k)]^2 = \frac{1}{2}\sum_{k=1}^{l}\left[d_k-f\left(\sum_{j=0}^{m}w_{jk}y_j\right)\right]^2 \tag{4-13}$$

将式（4-9）和式（4-10）展开到式（4-13）中得到输入层的误差：

$$\begin{aligned}E &= \frac{1}{2}\sum_{k=1}^{l}\left[d_k-f\left(\sum_{j=0}^{m}w_{jk}y_j\right)\right]^2 = \frac{1}{2}\sum_{k=1}^{l}\left\{d_k-f\left[\sum_{j=0}^{m}w_{jk}f(net_j)\right]\right\}^2 \\ &= \frac{1}{2}\sum_{k=1}^{l}\left\{d_k-f\left[\sum_{j=0}^{m}w_{jk}f\left(\sum_{i=0}^{n}v_{ij}x_i\right)\right]\right\}^2\end{aligned} \tag{4-14}$$

权值 W 和 V 都在其中，只要 W 和 V 取合适的值就可以使 E 达到最小，此时的公式即为代价函数或者损失误差函数。

其传播过程中的各层权值调整过程如下：

对输出层的权值调整量：

$$\Delta w_{jk} = -\eta\frac{\partial E}{\partial w_{jk}}, \quad k=1,2,3,\cdots,l, \quad j=0,1,2,\cdots,m \tag{4-15}$$

对隐藏层的权值调整量：

$$\Delta v_{ij} = -\eta\frac{\partial E}{\partial v_{ij}}, \quad i=0,1,2,\cdots,n, \quad j=0,1,2,\cdots,m \tag{4-16}$$

对于输出层，可根据公式（4-15）得到：

$$\Delta w_{jk} = -\eta\frac{\partial E}{\partial w_{jk}} = -\eta\frac{\partial E}{\partial net_k}\frac{\partial net_k}{\partial w_{jk}} \tag{4-17}$$

对于隐藏层，可根据公式（4-17）得到：

$$\Delta v_{ij} = -\eta\frac{\partial E}{\partial v_{ij}} = -\eta\frac{\partial E}{\partial net_k}\frac{\partial net_k}{\partial v_{ij}} \tag{4-18}$$

为了看起来方便，对输出层和隐藏层分别定义一个误差信号 err：

$$err_k^o = -\frac{\partial E}{\partial net_k}, \quad err_j^y = -\frac{\partial E}{\partial net_j} \tag{4-19}$$

因此，输出层和隐藏层权值向量的调整分别可写成：

$$\Delta w_{jk} = \eta \cdot err_k^o \cdot y_j \quad (4\text{-}20)$$

$$\Delta v_{ij} = \eta \cdot err_j^y \cdot x_i \quad (4\text{-}21)$$

对于输出层，根据式（4-17）和式（4-19）使用链式求导法则：

$$err_k^o = -\frac{\partial E}{\partial net_k} = -\frac{\partial E}{\partial o_k}\frac{\partial o_k}{\partial net_k} = -\frac{\partial E}{\partial o_k}f'(net_k) \quad (4\text{-}22)$$

对于隐藏层，根据式（4-18）和式（4-19）使用链式求导法则：

$$err_j^y = -\frac{\partial E}{\partial net_j} = -\frac{\partial E}{\partial y_j}\frac{\partial y_j}{\partial net_j} = -\frac{\partial E}{\partial y_j}f'(net_j) \quad (4\text{-}23)$$

此时，根据式（4-12）可得到输出层的误差关系式：

$$\frac{\partial E}{\partial o_k} = -(d_k - o_k) \quad (4\text{-}24)$$

根据式（4-13）可得到隐藏层的误差关系式：

$$\frac{\partial E}{\partial y_j} = -\sum_{k=1}^{l}(d_k - o_k)f'(net_k)w_{jk} \quad (4\text{-}25)$$

将式（4-24）和式（4-25）分别代入式（4-22）、式（4-23），同时根据式（4-19）可得到：

$$err_k^o = -\frac{\partial E}{\partial o_k}f'(net_k) = (d_k - o_k)o_k(1 - o_k) \quad (4\text{-}26)$$

$$\begin{aligned}err_j^y &= -\frac{\partial E}{\partial y_j}f'(net_j)\frac{\partial E}{\partial y_j} = \left[\sum_{k=1}^{l}(d_k - o_k)f'(net_k)w_{jk}\right]f'(net_j)\\ &= \left(\sum_{k=1}^{l}err_k^o \cdot w_{jk}\right)y_j(1 - y_j)\end{aligned} \quad (4\text{-}27)$$

将式（4-26）和式（4-27）代入权值调整公式，即式（4-15）和式（4-16）可得到：

$$\Delta w_{jk} = \eta err_k^o y_j = \eta(d_k - o_k)o_k(1 - o_k)y_j \quad (4\text{-}28)$$

$$\Delta v_{ij} = \eta err_j^y x_i = \eta\left(\sum_{k=1}^{l}err_k^o w_{jk}\right)y_j(1 - y_j)x_i \quad (4\text{-}29)$$

根据上述原理可以知道，影响 BP 神经网络训练的参数有误差信号 err 及学习率。因此在优化 BP 神经网络过程中需对学习率进行优化。

2. BP 神经网络模型构建

BP 神经网络建模流程图如图 4-2 所示。

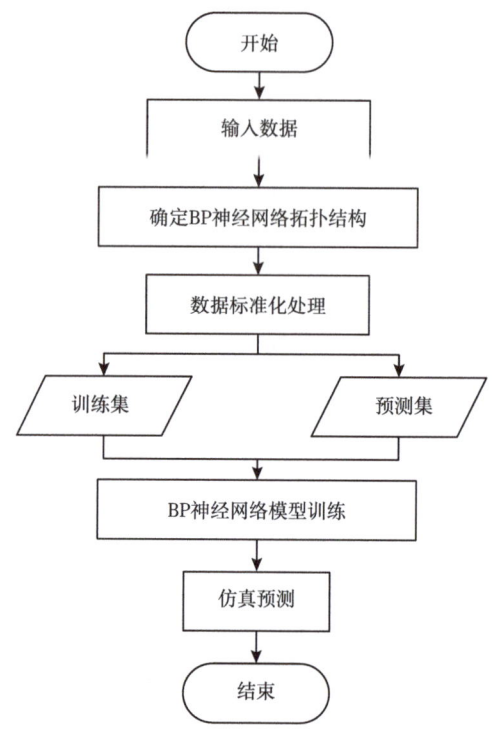

图 4-2　BP 建模流程图

(1) 输入数据。

将致密气藏生产井的产能数据,以及影响其产能的生产制度因素输入模型中。

(2) 数据标准化处理。

由于涉及产能、生产制度等不同类型的数据,其量纲和单位也存在差异,并且数值之间存在较大的差异,因此通过式(4-30)对数据进行归一化处理,将不同类型的数据映射到相同的量级上以消除影响。预测结束后还需通过式(4-31)进行反归一化还原实际结果的量纲。

$$Y = (Y_{max} - Y_{min}) \times \frac{X - X_{min}}{X_{max} - X_{min}} + Y_{min} \qquad (4\text{-}30)$$

$$X = (X_{max} - X_{min}) \times \frac{Y - Y_{min}}{Y_{max} - Y_{min}} + X_{min} \qquad (4\text{-}31)$$

(3) 划分训练集和测试集。

将数据集划分为训练集和测试集。训练集是一组用于训练神经网络的样本集合,通过使用训练集,可以确定神经网络中各种参数的取值。一旦完成了神经网络的训练,就需要使用测试集来客观评估其性能表现。

(4) 预测结果输出。

输出预测结果,对预测结果进行评价,预测结束[56]。

二、基于麻雀搜索算法优化 BP 神经网络的产量预测模型

1. 麻雀搜索算法原理

麻雀搜索算法（SSA）是薛建凯于 2020 年提出的。SSA 主要模仿麻雀的觅食行为和反捕食行为。整个过程是一种加入者跟随发现者，同时叠加警戒者的机制。发现者常具有较好的适应度值，能找到更好的觅食位置，探索范围广。加入者为了提高自己的适应度值总是在发现者周围觅食，同时加入者为了增加自己的捕食率可能会不断地监控发现者，争夺食物源。同时麻雀种群会随机出现一定占比的警戒者，当发现危险的时候会发出警报由发现者做决定是否反捕食。

每次迭代发现者位置更新：

$$L_{i,j}^{t+1} = \begin{cases} L_{i,j} \cdot \exp\left(\dfrac{-i}{\beta \cdot i_{\max}}\right), & W < Sf \\ L_{i,j} + CO, & W \geqslant Sf \end{cases} \quad (4\text{-}32)$$

式中：t 为当前迭代数；$i_{\max}$ 为最大迭代次数；$L_{i,j}$ 为第 i 个麻雀在第 j 维中的位置信息；β 为 0~1 之内的随机数；$W \in [0, 1]$ 为警戒值；$Sf \in [0, 0.5]$ 是安全值；C 为随机数且服从正态分布；O 为 1 行 m 列的矩阵且每个元素均为 1。

每次迭代加入者的位置更新如下：

$$L_{i,j}^{t+1} = \begin{cases} C \cdot \exp\left(\dfrac{L_{\text{worst}} - L_{i,j}^t}{i^2}\right), & i > \dfrac{n}{2} \\ L_{\text{best}}^{t+1} + \left|L_{i,j} - L_{\text{best}}^{t+1}\right| B^+ O, & \text{其他} \end{cases} \quad (4\text{-}33)$$

式中：L_{worst} 为最差位置；L_{best} 为最优位置；B 为 1 行 m 列的矩阵，其中每个元素随机赋值为 1 或 -1，并且 $B^+ = B^{\text{T}}(BB^{\text{T}})^{-1}$。

警戒者位置如下：

$$L_{i,j}^{t+1} = \begin{cases} L_{\text{best}}^t + \lambda \left|L_{i,j}^t - L_{\text{best}}^t\right|, & fit_i > fit_{\text{g}} \\ L_{i,j}^t + \mu \left(\dfrac{\left|L_{i,j}^t - L_{\text{worst}}^t\right|}{(fit_i - fit_{\text{w}}) + \delta}\right), & fit_i = fit_{\text{g}} \end{cases} \quad (4\text{-}34)$$

式中：L_{best} 为当前全局最优位置；λ 为步长控制参数，是均值为 0，方差为 1 的随机数且服从正态分布；μ 为麻雀移动方向同时也是步长控制参数，为 0~1 之间的随机数；fit 为当前麻雀个体的适应度值；fit_{g} 和 fit_{w} 分别为当前全局最佳和最差的适应度值；δ 为常数。

2. SSA-BP 神经网络模型构建

麻雀搜索算法优化 BP 网络的过程主要包含两个部分，如图 4-3 所示。麻雀搜索算法寻优，先确定麻雀种群数量，由于权重和阈值分别以 $m \times n$ 维的矩阵、向量形式存在于 BP 神经网络结构（net）中，为方便对每个元素都进行优化，先将元素分别取出，然后

按取的顺序放入向量中,完成麻雀种群的构成。种群中每只麻雀个体的长度为神经网络所有连接权值和阈值长度之和,具体对应情况如图 4-4 所示。其中隐藏层有 n 个神经元,输出层有 h 个神经元,w 为输入层与隐藏层之间的权值,lw 为输出层与隐藏层之间的权值,b 为隐藏层阈值,o 是输出层的阈值。当输入层为 i 时,麻雀个体的长度为 $in+n+nh+h$。

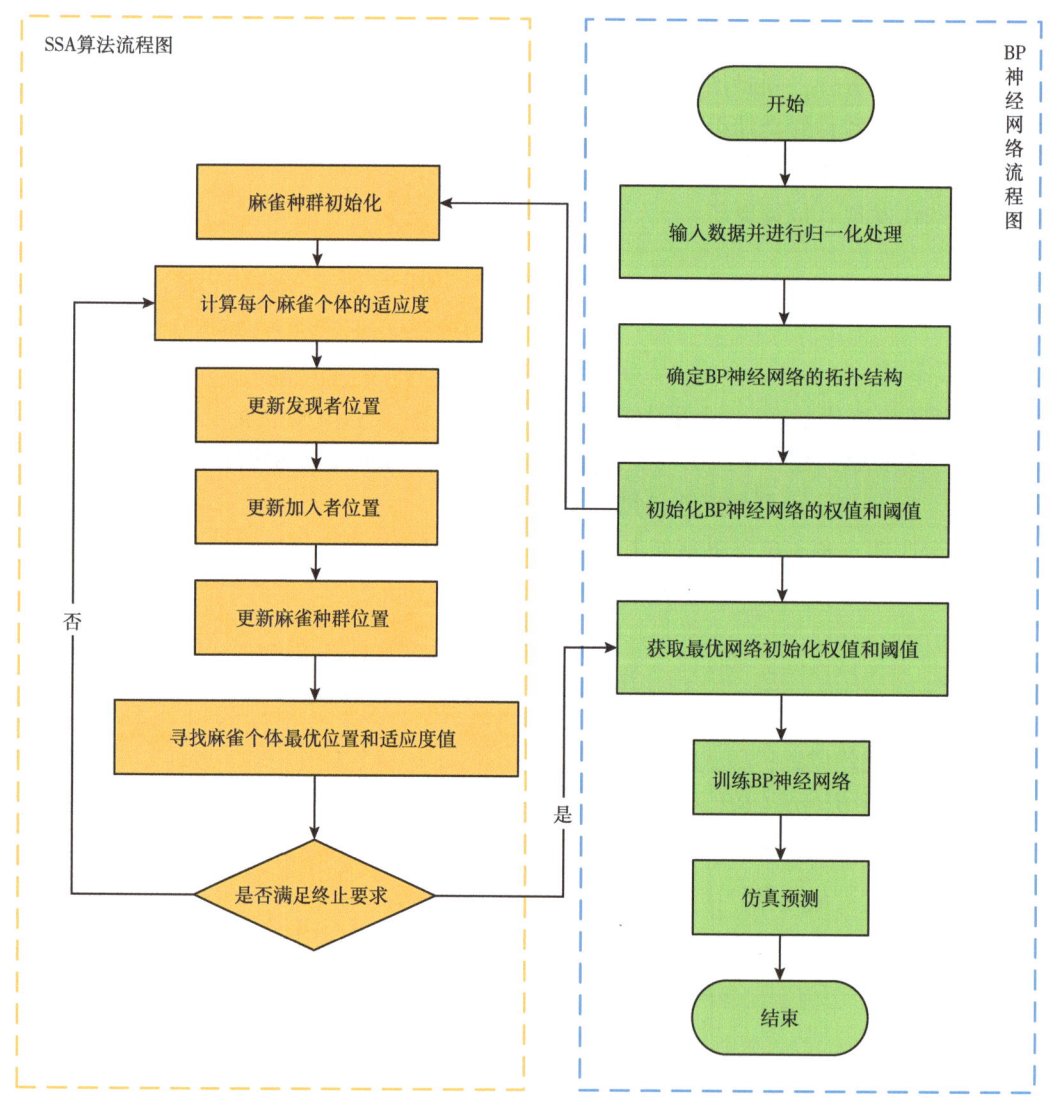

图 4-3　SSA-BP 神经网络流程图

计算麻雀个体适应度值。利用初始化的权值和阈值进行网络训练,将训练集与测试集整体的均方误差(MSE)作为适应度函数,适应度函数值越小,表明训练越准确。对麻雀位置逐步更新迭代找到全局最优解,即最优麻雀个体,将输出的最优个体位置作为神经网络的权值和阈值进行训练预测[57]。

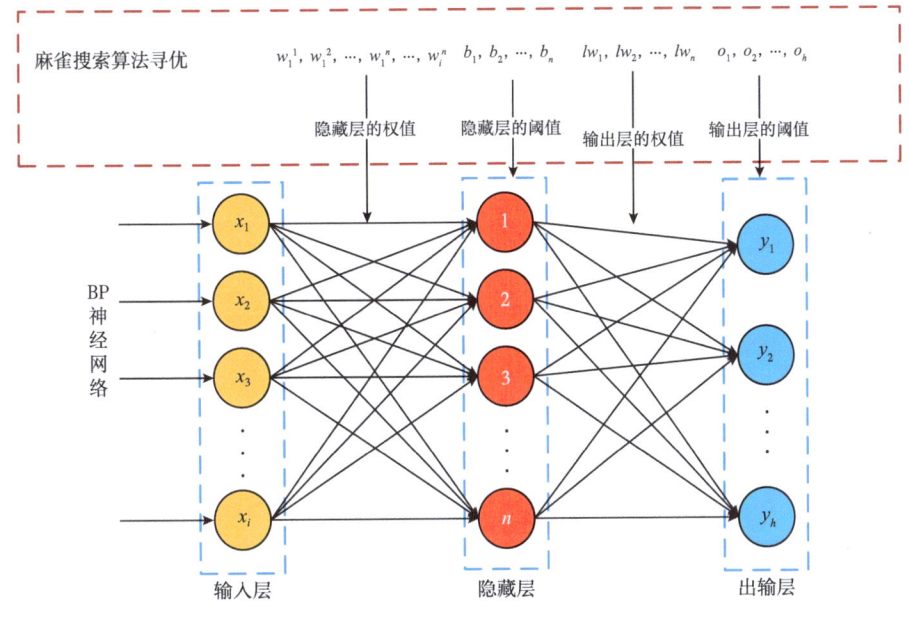

图 4-4　麻雀搜索算法与 BP 神经网络交互关系

第二节　基于长短期记忆神经网络的产量预测模型

一、基于基础长短期记忆神经网络的产量预测模型

1. 循环神经网络理论

循环神经网络（Recurrent Neural Network，RNN）是一种用于处理序列数据的神经网络。RNN 可以通过不停地将信息循环操作，保证信息持续存在。

根据图 4-5，可以观察到 A 是一个神经网络组，它被设计成不断接收和输出信息的工作。通过图示，可以了解到 A 的内部结构允许信息在网络内部循环传递，这有助于保留先前计算的信息。为了更好地理解这种循环结构，可以将 RNN 网络的自循环展开成一条线，就好像将同一个网络复制并按顺序连接在一起，将上一个网络提取的信息传递给下一个网络。

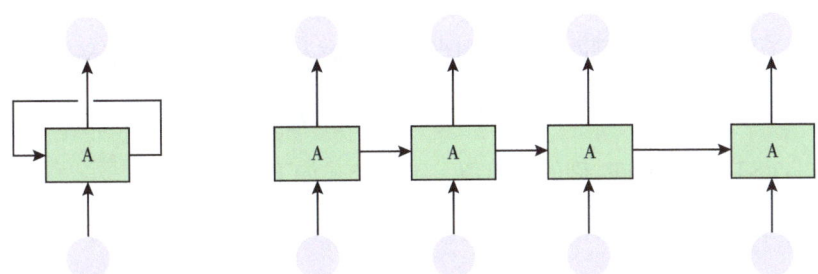

图 4-5　RNN 神经网络结构图

长短期记忆神经网络（LSTM）是一种特殊的 RNN，旨在解决长时间依赖问题。该网络是由 Hochreiter 和 Schmidhuber 于 1997 年提出的，并且已经被广泛改进和应用。图 4-6 显示了 LSTM 网络的具体结构。

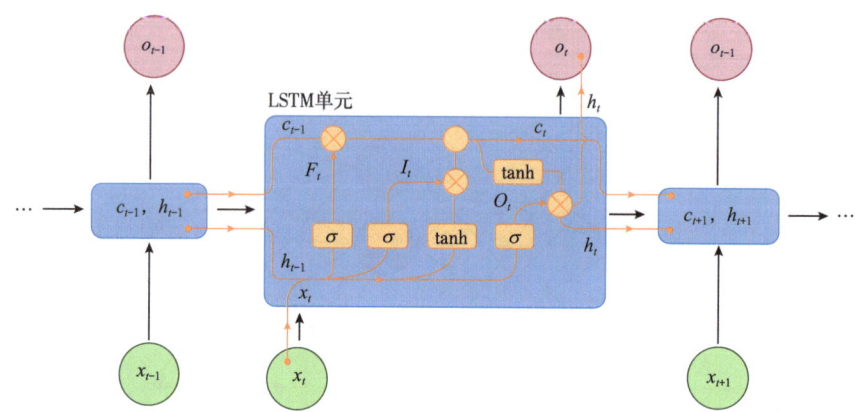

图 4-6　LSTM 神经网络结构图

与传统的 RNN 节点输出仅由权值、偏置，以及激活函数决定不同，LSTM 引入了门（gate）机制，即遗忘门、输入门和输出门，用于控制特征的流通和损失。其中遗忘门和输入门是 LSTM 的核心，它们能够决定哪些信息需要长期保留。

遗忘门 f_t 是个向量，向量的每个元素均在 [0，1] 之内。定义公式如下：

$$f_t = \sigma\left(W_f \cdot [h_{t-1},\ x_t] + b_f\right) \tag{4-35}$$

遗忘门的作用是决定上一时刻的记忆值和当前时刻输入值哪些需要被遗忘，即遗忘门会根据当前的输入值 x_t 和上一时刻输出 h_{t-1} 计算得到向量 f_t，它在每一维度上的值都在 [0，1] 范围内。

输入门 i_t：决定上一时刻的输出值和当前时刻输入值哪些需要被记忆更新进状态，定义公式如下：

$$i_t = \sigma\left(W_i \cdot [h_{t-1}, x_t] + b_i\right) \tag{4-36}$$

输入值 $\widehat{C}_t$：更新到状态上的值，定义公式如下：

$$\widehat{C}_t = \tanh\left(W_c \cdot [h_{t-1}, x_t] + b_c\right) \tag{4-37}$$

输出门 o_t：决定上一时刻的输出值和当前时刻输入值哪些输出，定义公式如下：

$$o_t = \sigma\left(W_o \cdot [h_{t-1}, x_t] + b_o\right) \tag{4-38}$$

状态 h_t：LSTM 的当前时刻的输出值，定义公式如下：

$$h_t = o_t \tanh(C_t) \tag{4-39}$$

式中：W_f、W_i、W_c、W_o 均为权值矩阵。

2. LSTM 神经网络模型搭建

LSTM 建模流程如图 4-7 所示。

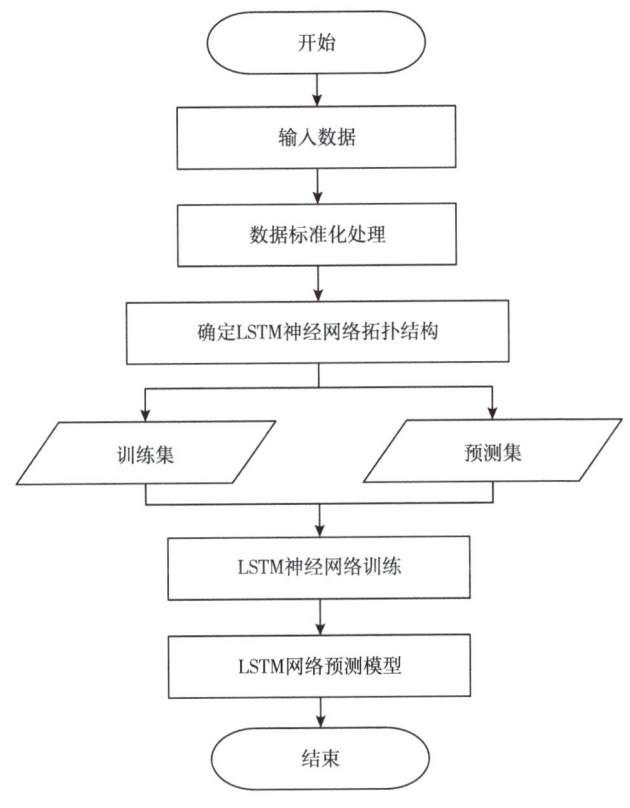

图 4-7　LSTM 建模流程图

（1）输入数据。

将致密气藏生产井的历史产能数据及影响其产能的生产制度数据输入模型中。

（2）数据标准化处理。

应用式（4-30）、式（4-31）对输入模型的数据做归一化处理。

（3）划分训练集和测试集。

将数据集划分为训练集和测试集后输入 LSTM 模型中，使用训练集的数据对模型进行训练。

（4）预测结果输出。

使用训练好的模型进行预测。通过计算预测数据与预测集数据之间的误差进行评价[58]。

二、基于粒子群算法优化的 LSTM 模型

1. 粒子群算法原理

粒子群算法（PSO）是一种基于种群的智能计算方法，可用于有效地解决函数优化、

神经网络训练、工业系统优化等问题。其核心思想是让一群粒子在多维空间中寻找最优解。PSO 首先生成一组随机解（粒子群），这些粒子的初始位置和速度都是随机产生的。随着迭代计算的进行，PSO 通过追踪已知的全局最优解和个体局部最优解，不断地对所有粒子的速度和位置进行更新。随着迭代次数的增加，粒子逐渐聚集在一个或多个最优点处，从而得到最终的解，其算法流程如图 4-8 所示。

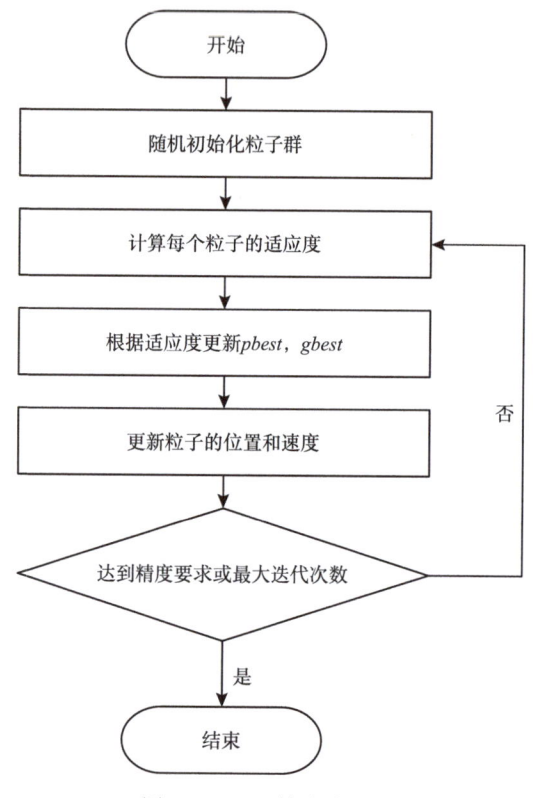

图 4-8　PSO 算法流程图

$$v_{i,t+1} = wv_{i,t} + c_1 \text{rand}(pbest_i - x_{i,t}) + c_2 \text{rand}(gbest_i - x_{i,t}) \quad (4\text{-}40)$$

$$x_{i,t+1} = x_{i,t} + \lambda v_{i,t+1} \quad (4\text{-}41)$$

式中：$x_{i,t}$，$v_{i,t}$ 分别为第 i 个粒子在第 t 次迭代时的位置与速度；$pbest_i$，$gbest_i$ 分别为个体和全局最优值；rand 为 0~1 之间的随机数；c 为学习因子；w 为权值；λ 为速度系数。

2. PSO-LSTM 神经网络模型构建

根据前文所述，LSTM 是一种特殊的 RNN，能够解决 RNN 存在的梯度消失和爆炸问题，并在处理复杂非线性时间序列方面具有更强的稳定性和适应性。然而，在 LSTM 模型中，隐藏层神经元数量、学习率和迭代次数等参数通常是基于经验选择的，因此存在很大的不确定性，这直接影响了模型的训练和预测精度。使用 PSO 算法对隐藏层神经元数量、学习率和迭代次数进行优选以期达到更好的训练效果。

PSO-LSTM 模型流程图如图 4-9 所示。

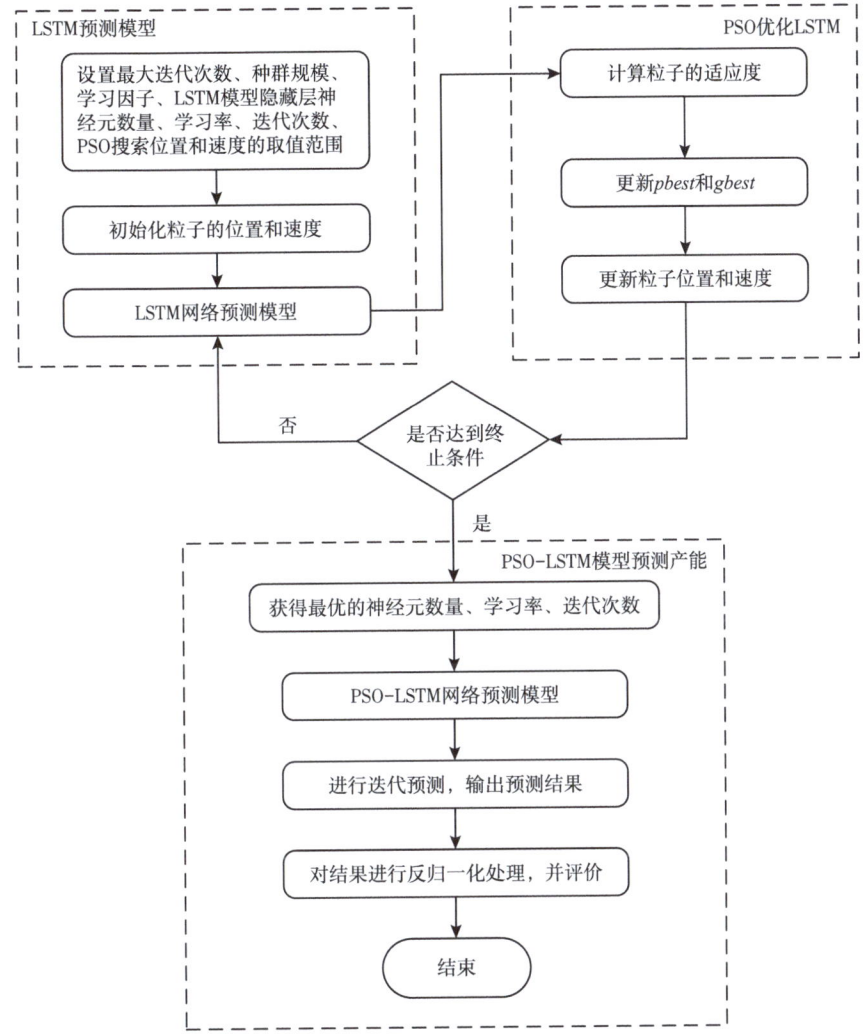

图 4-9　PSO-LSTM 模型流程图

先建立 LSTM 模型，确定 LSTM 隐藏层神经元数量、学习率和最大迭代次数，并对 PSO 的相关参数设置，确定 PSO 的最大迭代次数、种群规模和学习因子。初始化粒子的速度和位置，开始寻优。通过 PSO 不断计算和更新粒子，得到最佳位置。完成寻优后将得到的最佳解作为隐藏层节点数、学习率和最大迭代次数代入 LSTM 模型中进行预测[59]。

第三节　物理与数据联合驱动的神经网络产量预测模型

传统的时间序列模型均为纯数据驱动，遇到数据稀疏或波动等情况时模型预测精度会降低，且模型的适应性较低。为克服这些问题，将递减曲线模型与数据驱动的神经网络结合起来，在学习过程中通过惩罚和激励，将递减曲线嵌入数据驱动模型的优化调整环节。

本章将对递减曲线联合数据驱动神经网络模型原理和构建过程进行解释。

一、传统递减模型

1. Arps 递减模型原理

Arps 递减法是 J.J.Arps 提出的一种适合于常规油气藏产能递减预测的一种方法,它分为三种模型,指数递减模型、调和递减模型、双曲递减模型。

指数递减($n=0$):

$$q = q_r \mathrm{e}^{-D_r(t-t_r)} \tag{4-42}$$

$$v_d = q_r D_r \mathrm{e}^{-D_r(t-t_r)} \tag{4-43}$$

$$D = D_r$$

式中:D_r 和 D 分别为初始递减率和瞬时递减率;q_r 和 q 分别为初始产量和任意时刻产量;t_r 和 t 分别为初始时刻和任意时刻。

指数递减的递减速度会随时间的增大而变小,递减指数是一个常数。

调和递减($n=1$):

$$q = \frac{q_r}{1 + D_r(t-t_r)} \tag{4-44}$$

$$v_d = \frac{q_r D_r}{\left[1 + D_r(t-t_r)\right]^2} \tag{4-45}$$

$$D = \frac{D_r}{1 + D_r(t-t_r)} \tag{4-46}$$

调和递减速度随时间的增大而减小,递减率随时间的增大而减小。

双曲递减($n=0\sim1$):

$$q = \frac{q_r}{\left[1 + nD_r(t-t_r)\right]^{1/n}} \tag{4-47}$$

$$v_d = \frac{q_r D_r}{\left[1 + nD_r(t-t_r)\right]^{\frac{1+n}{n}}} \tag{4-48}$$

$$D = \frac{D_r}{1 + nD_r(t-t_r)} \tag{4-49}$$

传统 Arps 递减模型,已经由大量的国内外学者验证其不适合于非常规油气田的产量预测和采收率预测,因此,此模型在预测产量和采收率的结果表现都不如其他模型的预测结果,此模型常常作为比较模型来凸显其他模型的优越性。

2. 延伸指数（SPED）模型

随着油气藏类型由常规油气藏转变为非常规油气藏，传统 Arps 递减模型（Arps 递减模型中的双曲递减模型）应用于非常规油气藏时，会出现现场数据难以适用的情况。换句话说，在用 Arps 模型预测非常规油气田的产量时，其结果与实际相差较大。为了更好地预测非常规油气田的产量，Volk 提出了延伸指数递减模型，延伸指数（SPED）递减模型是基于拉伸指数和概率统计的知识建立起的一种新型模型。

延伸指数递减模型使用步骤：

（1）选取三个月的累计产量（选取计算数据的第一个月，中间的一个月和最后一个月）代入式（4-50）：

$$r_{21} = \frac{\Gamma(1/n) - \Gamma\left[\frac{1}{n},\left(\frac{t_2}{\tau}\right)^n\right]}{\Gamma(1/n) - \Gamma\left[\frac{1}{n},\left(\frac{t_1}{\tau}\right)^n\right]}$$

$$r_{31} = \frac{\Gamma(1/n) - \Gamma\left[\frac{1}{n},\left(\frac{t_3}{\tau}\right)^n\right]}{\Gamma(1/n) - \Gamma\left[\frac{1}{n},\left(\frac{t_1}{\tau}\right)^n\right]}$$

（4-50）

式（4-50）为中间一个月与第一个月和最后一个月与第一个月的累计产量作比获得。通过解这个非线性方程组获得指数参数 n 和特征时间参数 τ。

（2）将所获得参数 n 和 τ 代入式（4-51），进行数据拟合和产量预测：

$$q = q_0 \exp\left[-\left(\frac{t}{\tau}\right)^n\right]$$

（4-51）

（3）累计产量计算：

$$Q = \frac{q_0 \tau}{n}\left\{\Gamma\left(\frac{1}{n}\right) - \Gamma\left[\frac{1}{n},\left(\frac{t}{\tau}\right)^n\right]\right\}$$

（4-52）

延伸指数递减（SPED）模型的优越性：

（1）具有良好的数学特性。

（2）可以处理大量的数据，在运用时不必去掉一些产量异常点。

（3）适合计算页岩等低渗透储层，与幂律—指数模型有相似之处。

（4）避免采收率的无界性情况，只要通过实际的生产数据确定好 n 和 τ，便可以根据产量建立采收率与累计产量的线性图。

3. 修正裂缝流（MFF）模型

修正裂缝流（MFF）递减模型是 Hong Yuan 等提出的一种新型油井动态预测模型（变系数流动模型），这种模型与 SPED 和 Duong 递减模型相比，修正裂缝流递减模型在数学计算方面应用简单，但它的预测结果、误差分析和拟合效果与 SPED 模型和 Duong 递减模型一致甚至更好。与传统 Arps 指数递减模型和双曲递减模型相比较，其预测效果远远好于传统的 Arps 指数递减模型，其误差远远小于传统的 Arps 指数递减模型。

修正裂缝流（MFF）递减模型原理：

单井产油量计算公式为：

$$q = q_1 t^y \tag{4-53}$$

其中 y 是由现场数据拟合得到的，首先假设 x：

$$x = \frac{\lg(q_o / q_{o\max})}{\lg t} \tag{4-54}$$

然后作 x 与 t 的关系曲线，最后通过对数拟合可得 y 的计算公式为：

$$y = a \ln t + b \tag{4-55}$$

式中：a，b 为对数拟合所得系数，为实数。

单井累计产油量计算公式为：

$$G_p = \int_1^t q_{o\max} t^y \mathrm{d}t \tag{4-56}$$

参考表 4-1，C_1、C_2、C_3：分别为日期、生产时间、产量。C_4：产量与最大产量的比值，q/q_{amx}。C_5、C_6：分别计算 $\lg(q_o / q_{omx})$ 和 $\lg t$。C_7：根据公式（4-54），计算因子 x。C_8：根据曲线拟合结果得到 a、b，根据公式（4-55）计算 y。C_9：根据公式（4-56）计算预测产量 q。

表 4-1 Hong Yuan 模型例表

C_1	C_1	C_3	C_4	C_5	C_6	C_7	C_8	C_9
日期	时间/月	实际产量 q_o/bbl/d	$q_o/q_{o\max}$	$\lg(q_o/q_{o\max})$	$\lg t$	a	b	预测产量 q/bbl/d
3月5日	1	12642	1.0000	0	0	—	-0.1053	12642.0
4月5日	2	10862	0.8592	-0.0659	0.3010	-0.2189	-0.2027	10985.0
5月5日	3	9541	0.7547	-0.1222	0.4771	-0.2562	-0.2597	9504.5
6月5日	4	8282	0.6551	-0.1837	0.6021	-0.3051	-0.3001	8339.7
7月5日	5	7787	0.6160	-0.2104	0.6990	-0.3011	-0.3314	7415.8
8月5日	6	6843	0.5413	-0.2666	0.7782	-0.3426	-0.3570	6667.8
9月5日	7	5918	0.4681	-0.3296	0.8451	-0.3901	-0.3787	6050.3
10月5日	8	5689	0.4500	-0.3468	0.9031	-0.3840	-0.3975	5531.9
11月5日	9	4656	0.3683	-0.4338	0.9542	-0.4546	-0.4140	5090.4
12月5日	10	4975	0.3935	-0.4050	1.0000	-0.4050	-0.4288	4709.8
1月5日	11	4536	0.3588	-0.4451	1.0414	-0.4274	-0.4422	4278.3
2月5日	12	3823	0.3024	-0.5194	1.0792	-0.4813	-0.4544	4087.0

模型的优越性：
（1）修正裂缝流递减模型适合于预测页岩水平井产能。
（2）若有长时期的生产数据，在此模型的计算下所得到的产量预测结果精度是很高的。
（3）与 Arps 递减模型和 SPED 递减模型相比较，其计算量小，且预测具有一致性[60]。

二、递减模型与数据联合驱动的神经网络模型

1. 模型构建原理

时间序列模型仅从数据中学习，其泛化能力和抗干扰能力较差，为解决这些问题，将递减曲线模型与数据驱动的神经网络结合起来建立产能预测模型。将递减曲线求得的解加入神经网络拟合的解中，将原单一拟合损失函数替换为传统模型和数据总损失函数。总损失函数为：

$$Loss = MSE_{DATA} + MSE_{DC} \tag{4-57}$$

式中：MSE_{DATA} 为真实数据与神经网络预测数据误差；MSE_{DC} 为真实数据与递减曲线预测误差。

该模型在 BP 神经网络的基础上建立，其数学推导原理如下：

模型误差计算：

$$E = \frac{1}{2}(d-o)^2 + \frac{1}{2}(DC-o)^2 \tag{4-58}$$

将误差展开到隐藏层得到：

$$\begin{aligned} E &= \frac{1}{2}\left[d - f(net_k)^2\right] + \frac{1}{2}\left[DC - f(net_k)^2\right] \\ &= \frac{1}{2}\left[d - f\left(\sum w_{jk} y_j\right)^2\right] + \frac{1}{2}\left[DC - f\left(\sum w_{jk} y_j\right)^2\right] \end{aligned} \tag{4-59}$$

进一步将误差展开到输入层得到：

$$E = \frac{1}{2}\left\{d - f\left[\sum w_{jk} f\left(\sum v_{ij} x_i\right)\right]^2\right\} + \frac{1}{2}\left\{DC - f\left[\sum w_{jk} f\left(\sum v_{ij} x_i\right)\right]^2\right\} \tag{4-60}$$

则式（4-59）、式（4-60）变为：

$$\frac{\partial E}{\partial o_k} = -(d-o) - (DC-o) = -(d + DC - 2o) \tag{4-61}$$

$$\begin{aligned} \frac{\partial E}{\partial y_j} &= -(d-o)f'(net_k)w_{jk} - (DC-o)f'(net_k)w_{jk} \\ &= -(DC + d - 2o)f'(net_k)w_{jk} \end{aligned} \tag{4-62}$$

当激活函数均为 sigmoid 时：

$$\frac{\partial E}{\partial y_j} = -(d-o)f'(net_k)w_{jk} - (DC-o)f'(net_k)w_{jk}$$
$$= -(DC+d-2o)f'(net_k)w_{jk} \quad (4-63)$$

$$f'(net_k) = f(net_k)[1-f(net_k)] = o \cdot (1-o) \quad (4-64)$$

$$f'(net_j) = f(net_j)[1-f(net_j)] = y_j \cdot (1-y_j) \quad (4-65)$$

展开得到：

$$err_k^o = -\frac{\partial E}{\partial o_k}f'(net_k) = (d+DC-2o)o(1-o)y_j \quad (4-66)$$

$$err_j^y = -\frac{\partial E}{\partial y_j}f'(net_j)$$
$$= [(d-o)f'(net_k)w_{jk} - (DC-o)f'(net_k)w_{jk}]y_j(1-y_j) \quad (4-67)$$
$$= err_k^o w_{jk} y_j(1-y_j)$$

再将其代入权值调整公式即可得到：

$$\Delta w_{jk} = \eta err_k^o y_j = \eta(DC-d-2o)o(1-o) \quad (4-68)$$

$$\Delta v_{ij} = \eta err_j^y x_i = \eta[(DC-d-2o)o(1-o)]w_{jk}y_j(1-y_j)x_i \quad (4-69)$$

2. 建模构建流程

根据上述构建原理构建模型，先建立基础的 BP 神经网络，确定网络结构并对神经网络的权值和阈值进行初始化，对递减曲线进行计算，构建递减曲线模型进行预测，将 BP 神经网络的预测值和递减曲线模型的预测值代入误差公式，得到新的损失函数。将误差进行反向传播，对神经网络进行训练，待其达到要求的精度，输出网络，进行仿真预测。

递减模型联合数据驱动神经网络模型建模流程如图 4-10 所示。

3. 递减曲线联合数据驱动模型效果验证

1）模型评估指标

选取均方根误差（RMSE）、平均绝对误差（MAE）、平均绝对百分比误差（MAPE）及均方误差（MSE）作为模型评价指标。第一个性能指标是均方根误差（RMSE），它用于衡量预测值与实际值之间的偏差，均方根误差越小，预测精度越高。

$$RMSE = \sqrt{\frac{1}{N}\sum_{i=1}^{N}(\hat{y}_i - y_i)^2} \quad (4-70)$$

式中：$\hat{y}_i$ 为预测值；y_i 为实际值；N 为样本数。

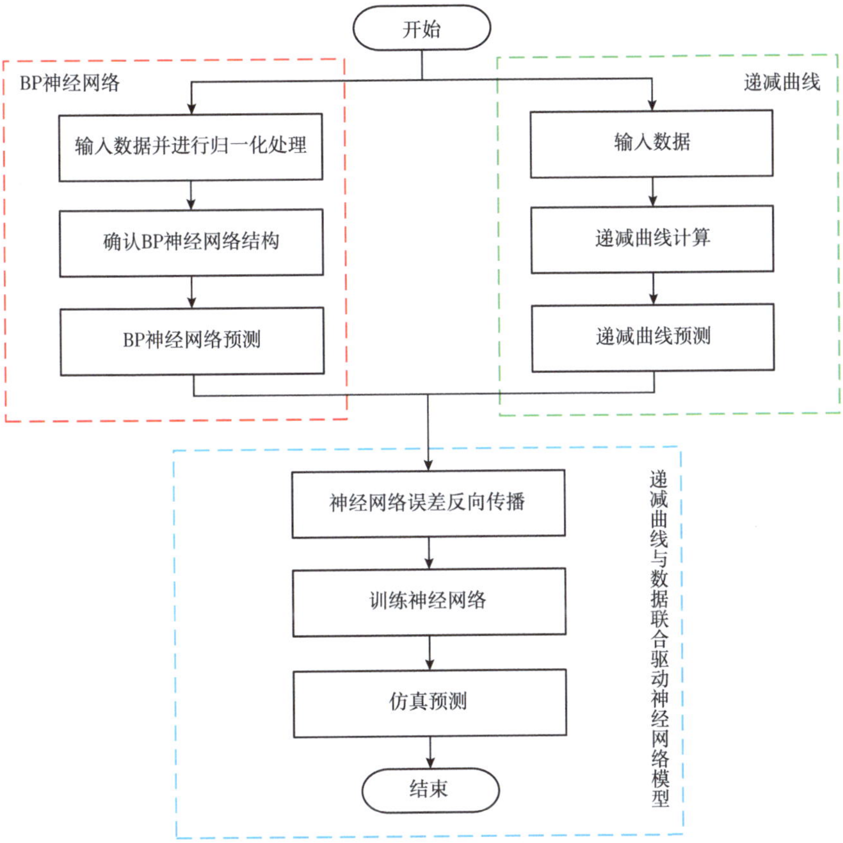

图 4-10　递减模型联合数据驱动神经网络模型建模流程图

第二个性能指标是平均绝对误差（MAE），它是预测值与实际值之间绝对误差的平均值，能直观反映预测值误差的实际情况。其值越接近于 0，预测越准确。

$$MAE = \frac{1}{N}\sum_{i=1}^{N}|\hat{y}_i - y_i| \tag{4-71}$$

第三个性能指标是平均绝对百分比误差（$MAPE$），它是指所有预测值误差的绝对值与实际值的比值。其值越接近于 0，预测越准确。

$$MAPE = \frac{1}{N}\sum_{i=1}^{N}\left|\frac{\hat{y}_i - y_i}{y_i}\right| \times 100\% \tag{4-72}$$

第四个性能指标是均方误差（MSE），它是指预测值与实际值之间方差的平均值，其值越接近于 0，预测越准确。

$$MSE = \frac{1}{N}\sum_{i=1}^{N}(\hat{y}_i - y_i)^2 \tag{4-73}$$

2）递减曲线联合数据驱动神经网络模型优选

下面采用 3 口致密气藏压裂水平井的实际生产数据进行预测，分别对三种递减曲线模型预测效果和三种递减曲线模型与数据联合驱动模型的预测效果进行分析。

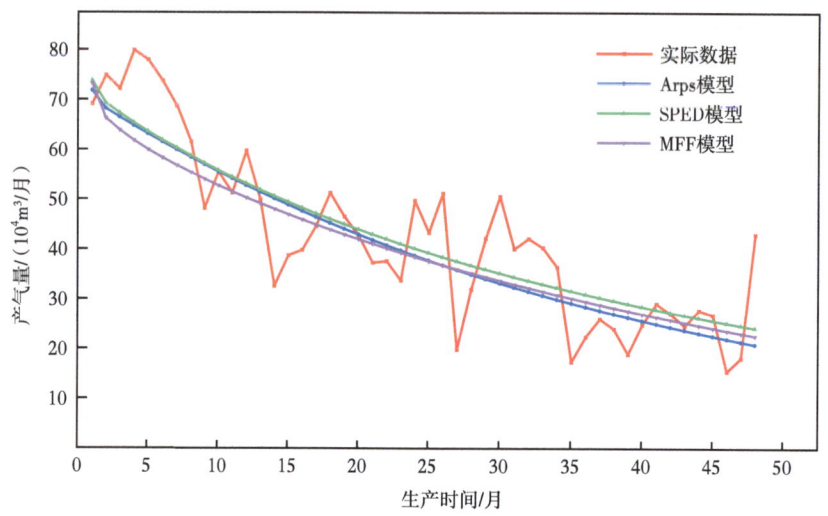

图 4-11 W1 井不同递减曲线拟合效果图

从图 4-11 中可以看出，3 种递减曲线模型的递减趋势均与实际数据趋势相同。在前期，Arps 模型和 SPED 模型的拟合数据相似，MFF 模型低于真实数据。在后期三种曲线的拟合效果相近。

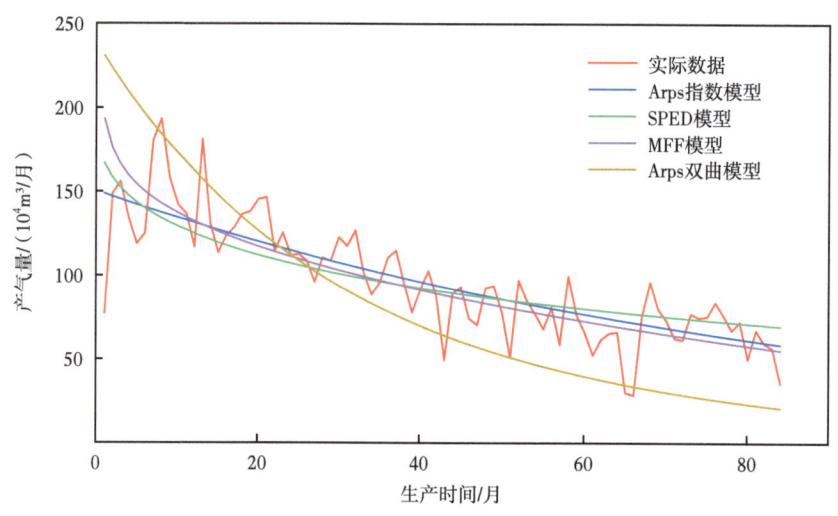

图 4-12 W2 井不同递减曲线拟合效果图

从图 4-12 中可以看出，Arps 双曲模型与实际数据存在明显的误差，证明 Arps 双曲模型不适合致密气藏的产量预测。SPED 模型在前期预测值低于实际数据，在后期预测值高于实际数据。Arps 指数模型和 MFF 模型预测值相近，预测值与实际数据相近。

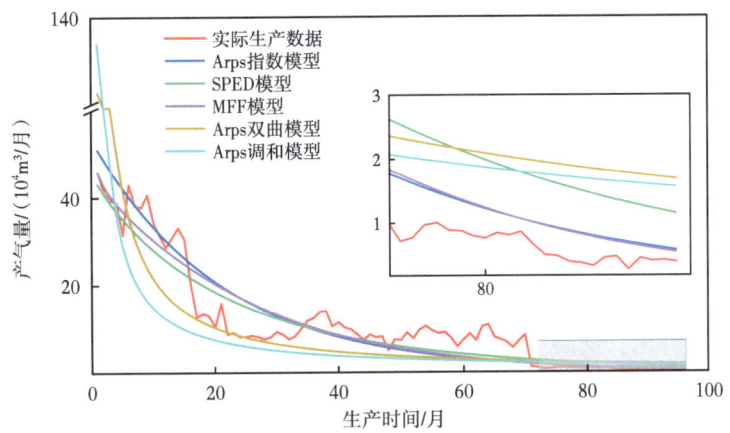

图 4-13 W3 井不同递减曲线拟合效果图

从图 4-13 中可以看出，Arps 双曲模型和 Arps 调和模型与实际数据存在明显的误差，证明 Arps 双曲模型与 Arps 调和模型不适合致密气藏的产量预测。SPED 模型、Arps 指数模型和 MFF 模型在前期的预测效果相近，在后期 SPED 模型预测值明显高于其他两种模型，Arps 指数模型和 MFF 模型的预测效果相近。

综上，通过三个井的递减曲线图分析，结果表明 SPED 模型预测效果不佳，不适用于致密气藏压裂水平井的预测。Arps 双曲模型和 Arps 调和模型的预测曲线与实际数据存在明显差异，同样不适用于致密气藏压裂水平井预测。Arps 指数模型和 MFF 模型的预测效果相近，但 MFF 模型的预测曲线更靠近实际曲线，效果更好。

下面将对不同递减曲线与数据联合驱动神经网络模型的预测效果进行分析。

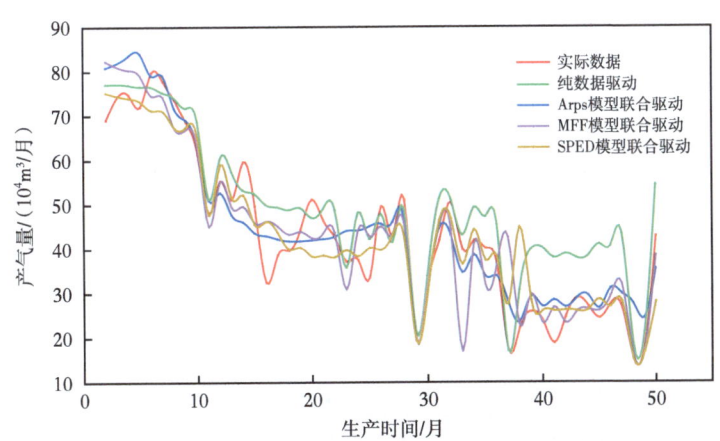

图 4-14 W1 井不同递减曲线与数据联合驱动神经网络模型预测效果图

从图 4-14 中可以看出，纯数据驱动的预测模型与实际数据存在明显误差，三种不同的递减曲线联合数据驱动模型趋势与实际数据趋势相同，Arps 与数据联合驱动模型在前期的拟合效果明显不如另外两种递减曲线联合数据驱动模型的拟合效果，SPED 与数据联合驱动模型在 35~40 个月期间的拟合存在较大误差，MFF 与数据联合驱动模型数据与实际数据相近，预测效果更好。

表 4-2　W1 井不同递减曲线与数据联合驱动神经网络模型误差表　　单位：%

评估指标	纯数据驱动	Arps 模型	SPED 模型	MFF 模型
MAPE	21.83	14.14	13.64	12.79
MAE	6.973	4.844	4.843	4.595
MSE	74.531	51.018	41.726	37.195
RMSE	8.633	7.143	6.459	6.099

从表 4-2 可以看出，递减曲线与数据联合驱动的神经网络模型明显好于纯数据驱动的递减曲线，MFF 与数据联合驱动的神经网络模型效果好于其他两种递减曲线与数据联合驱动的神经网络模型。三种不同递减曲线与数据联合驱动的神经网络模型预测效果从高到低排序为：MFF、SPED、Arps。

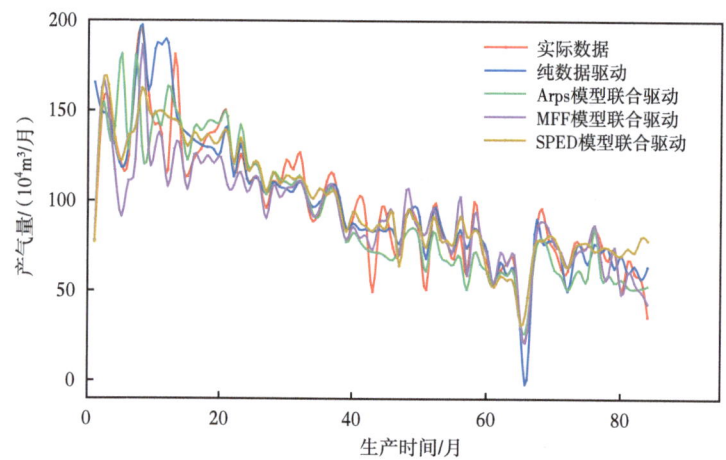

图 4-15　W2 井不同递减曲线与数据联合驱动神经网络模型预测效果图

从图 4-15 看出，纯数据驱动的预测模型与实际数据存在明显误差，Arps 曲线与数据联合驱动神经网络模型在前期和中后期预测值明显和实际数据不符。在前期，SPED 和 MFF 与数据联合驱动的神经网络模型预测数据相近，在后期 SPED 与数据联合驱动的神经网络模型预测值明显高于实际数据，预测效果不佳。MFF 与数据联合驱动的神经网络模型预测值与实际数据相近，精度更高。

表 4-3　W2 井不同递减曲线与数据联合驱动神经网络模型误差表　　单位：%

评估指标	纯数据驱动	Arps 模型	SPED 模型	MFF 模型
MAPE	12.82	12.17	12.05	9.61
MAE	10.465	11.228	9.663	9.318
MSE	309.03	254.82	204.31	176.61
RMSE	17.579	15.963	14.293	13.289

从表 4-3 可以看出，递减曲线与数据联合驱动的神经网络模型明显好于纯数据驱动的递减曲线，MFF 与数据联合驱动的神经网络模型效果好于其他两种递减曲线与数据联合驱动的神经网络模型，*MAPE* 仅为 9.61%，*RMSE* 仅为 13.289%。三种不同递减曲线与数据联合驱动的神经网络模型预测效果从高到低排序为：MFF、SPED、Arps。

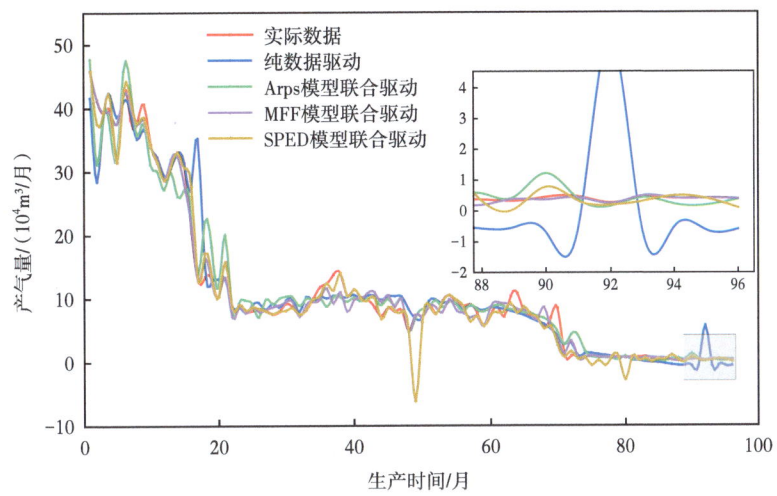

图 4-16　W3 井不同递减曲线与数据联合驱动神经网络模型预测效果图

从图 4-16 看出，纯数据驱动的预测模型与实际数据存在明显误差，SPED 与数据联合驱动神经网络模型在中期预测值与实际值存在明显误差。Arps 和 MFF 与数据联合驱动神经网络模型在前期拟合效果相近。在预测阶段，MFF 与数据联合驱动神经网络模型与实际数据最接近，模型预测效果最好，精度最高。

表 4-4　W3 井不同递减曲线与数据联合驱动神经网络模型误差表　　　单位：%

评估指标	纯数据驱动	Arps 模型	SPED 模型	MFF 模型
MAPE	66.39	23.87	31.75	14.11
MAE	1.706	0.932	1.556	0.808
MSE	10.760	3.880	5.568	2.223
RMSE	3.280	1.969	2.359	1.491

从表 4-4 可以看出，递减曲线与数据联合驱动的神经网络模型明显好于纯数据驱动的递减曲线，MFF 与数据联合驱动的神经网络模型效果好于其他两种递减曲线与数据联合驱动的神经网络模型，*MAPE* 仅为 14.11%，*RMSE* 仅为 1.491%。三种不同递减曲线与数据联合驱动的神经网络模型预测效果从高到低排序为：MFF、Arps、SPED。

从上述分析可以看出，MFF 递减曲线模型针对致密气藏压裂水平井具有更好的拟合效果，模型预测的精度更高。MFF 递减曲线与数据联合驱动模型的致密气藏压裂水平井的预测效果更优，精度更高[61]。

第四节 致密气井产量预测模型现场应用

苏里格致密气藏某压裂水平井,初期日产气量小于 $3×10^4m^3$,单位压降产气量小于 $70×10^4m^3/MPa$,套压压降速率大于 0.025MPa/d。该压裂水平井的原始日产气数据及对应的生产制度数据如图 4-17 所示,气井投产约 1200d。

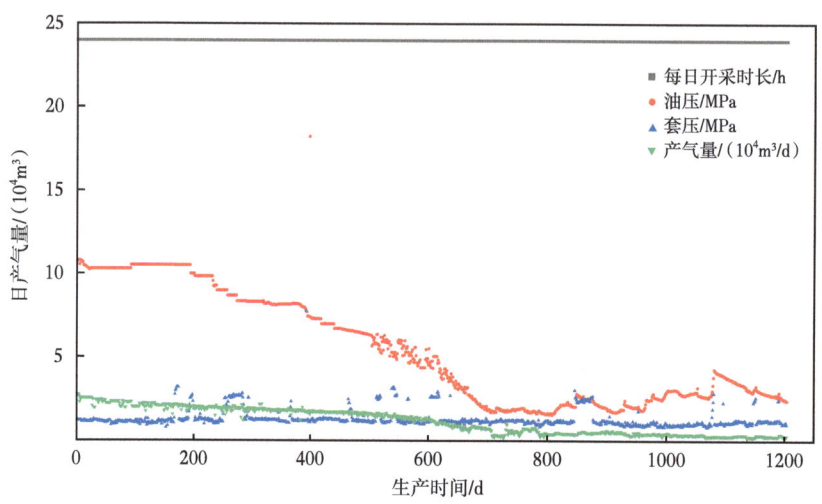

图 4-17 原始数据及生产制度数据图

麻雀搜索算法设置种群规模为 30,最大进化代数为 50。优选得到 BP 神经网络的最佳结构为:BP 神经网络的隐含层数为 1,隐含层节点数为 9。BP 模型与 SSA-BP 模型结构相同,因此将两模型进行对比,模型预测结果如图 4-18 和图 4-19 所示。其中图 4-18 为 BP 神经网络模型预测结果,图 4-19 为 SSA-BP 神经网络模型预测结果。

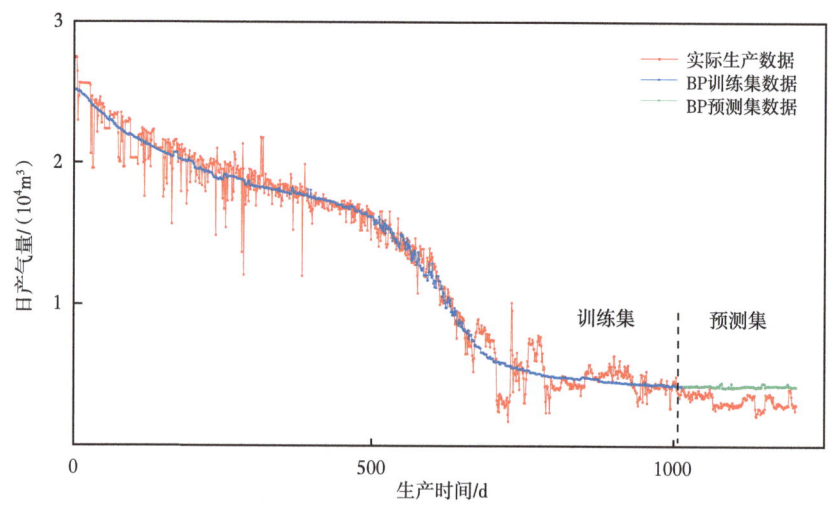

图 4-18 BP 神经网络模型预测结果图

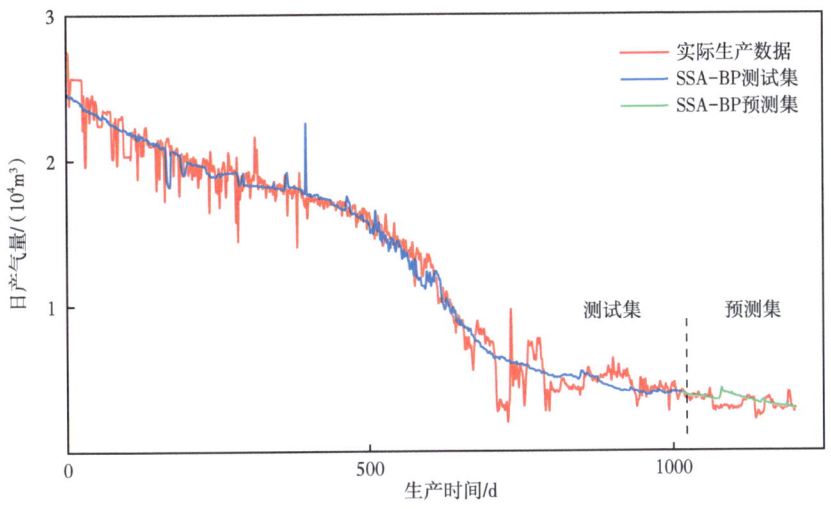

图 4-19 SSA-BP 神经网络模型预测结果图

从图 4-18 和图 4-19 中可以看出，BP 神经网络模型和 SSA-BP 神经网络模型对训练集的预测效果相近，预测效果不佳，在 700d 之前拟合效果良好，在 700~900d 期间存在明显误差。这说明 BP 神经网络模型和 SSA-BP 神经网络模型的学习能力不佳，在遇到复杂数据时无法有效学习。在预测集 SSA-BP 神经网络模型明显优于 BP 神经网络模型，但预测效果仍不佳，存在明显误差。这说明 BP 神经网络模型和 SSA-BP 神经网络模型在遇到长期时序问题且数据复杂时，预测精度无法保证。

粒子群算法寻优设置粒子个数 5，寻优次数 2。优选得到 LSTM 神经网络的最佳结构为：LSTM 层数为 2，第一层神经元节点数为 122，第二层神经元节点数为 112，最大迭代次数为 40，学习率为 0.0067。LSTM 模型与 PSO-LSTM 模型结构相同，因此将两模型进行对比，模型预测结果如图 4-20 和图 4-21 所示。

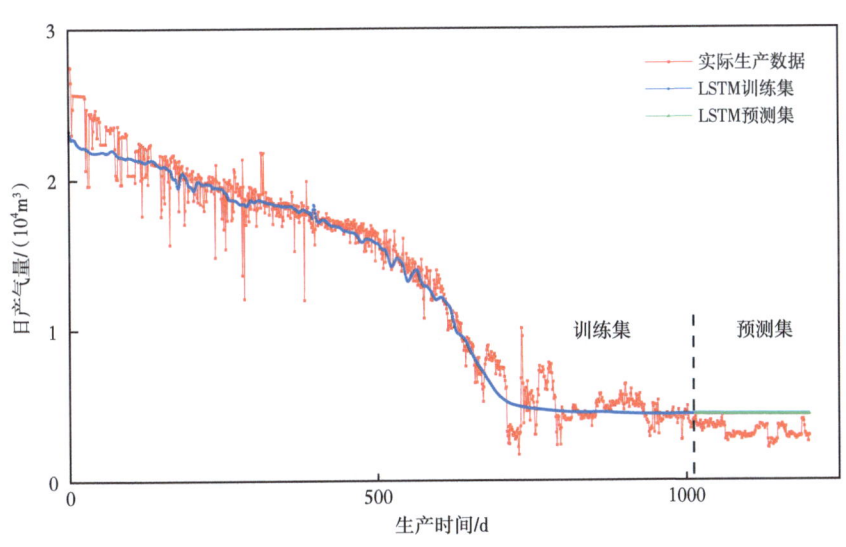

图 4-20 LSTM 神经网络模型预测结果图

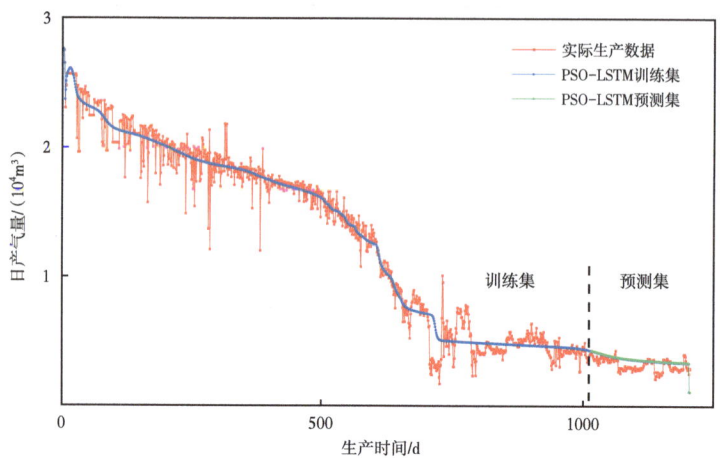

图 4-21　PSO-LSTM 神经网络模型预测结果图

从图 4-20 和图 4-21 中可以看出：LSTM 神经网络模型和 PSO-LSTM 神经网络模型对训练集的预测效果均好于 BP 神经网络模型和 SSA-BP 神经网络模型，其中 PSO-LSTM 模型在训练集的预测效果更加。在预测集 LSTM 神经网络模型仍存在较明显的误差，但 PSO-LSTM 模型在预测集的精度明显优于 BP 神经网络模型、SSA-BP 神经网络模型和 LSTM 模型，说明在长期时序问题方面，LSTM 神经网络模型比 BP 神经网络模型更擅长，且预测精度更高。

递减曲线与数据联合驱动神经网络产能预测模型，预测结果如图 4-22 所示。

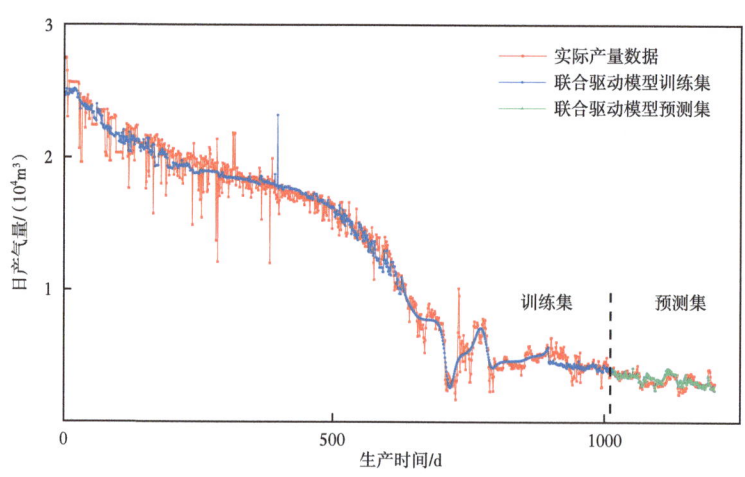

图 4-22　联合驱动模型预测结果图

从图 4-22 中可以看出，联合数据驱动模型在训练集的预测精度明显高于其余 5 种产能预测模型，实际产量数据和预测产量数据误差不大，拟合效果良好。在预测集预测产量精度明显高于其他模型。这说明了递减曲线与数据联合驱动神经网络模型具有更高的预测准确性、更好的可解释性，且拥有更好的历史拟合性。

根据测试集的预测结果对预测模型的性能进一步分析，图 4-23 为利用 ARIMA（自回

第四章 致密气井产量智能预测技术

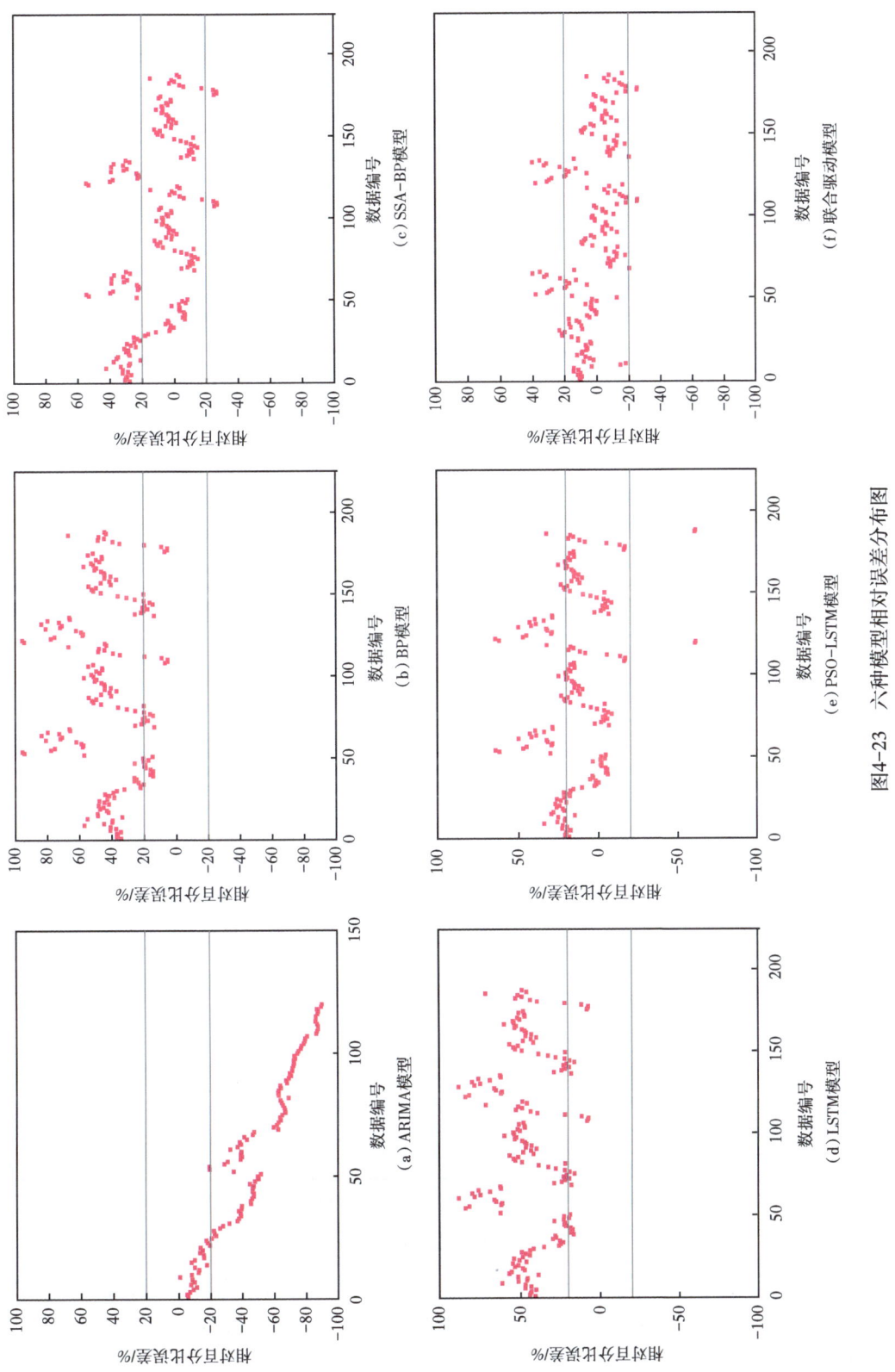

图4-23 六种模型相对误差分布图

归移动平均模型)、BP 神经网络、SSA-BP 神经网络、LSTM 神经网络、PSO-LSTM 神经网络、递减曲线与数据联合驱动神经网络这六种模型进行日产气数据预测的相对误差分布特征。其中 ARIMA 模型、BP 神经网络模型和 LSTM 神经网络模型的大部分误差都大于 20%,甚至一些预测点的数据误差大于 75%,误差较大,预测精度不佳。SSA-BP 神经网络预测模型和 PSO-LSTM 神经网络预测模型大部分预测数据的误差在 20% 之内,余下预测的误差数据大多都不超过 50%,相比未优化过的模型预测的精度有较大提高。递减曲线与数据联合驱动神经网络模型预测数据的误差绝大多数在 20% 之内。由此可见递减曲线与数据联合驱动神经网络模型的预测精度相比其余模型更高。

图 4-24 是 ARIMA、BP 神经网络、SSA-BP 神经网络、LSTM 神经网络、PSO-LSTM 神经网络、递减曲线与数据联合驱动神经网络这六种模型的绝对相对误差分布的范围,从图 4-24 中可以看出,ARIMA、BP 神经网络模型和 LSTM 神经网络模型预测结果误差均值都大于 40%,不适用于复杂变化的产能预测。SSA-BP 神经网络预测模型和 PSO-LSTM 神经网络预测模型相较于前两种未经过优化的模型预测结果较好,误差均值都低于 20%。递减曲线联合数据驱动模型的预测结果误差均值在 10% 左右,预测得到的结果更精确,可靠性更高。

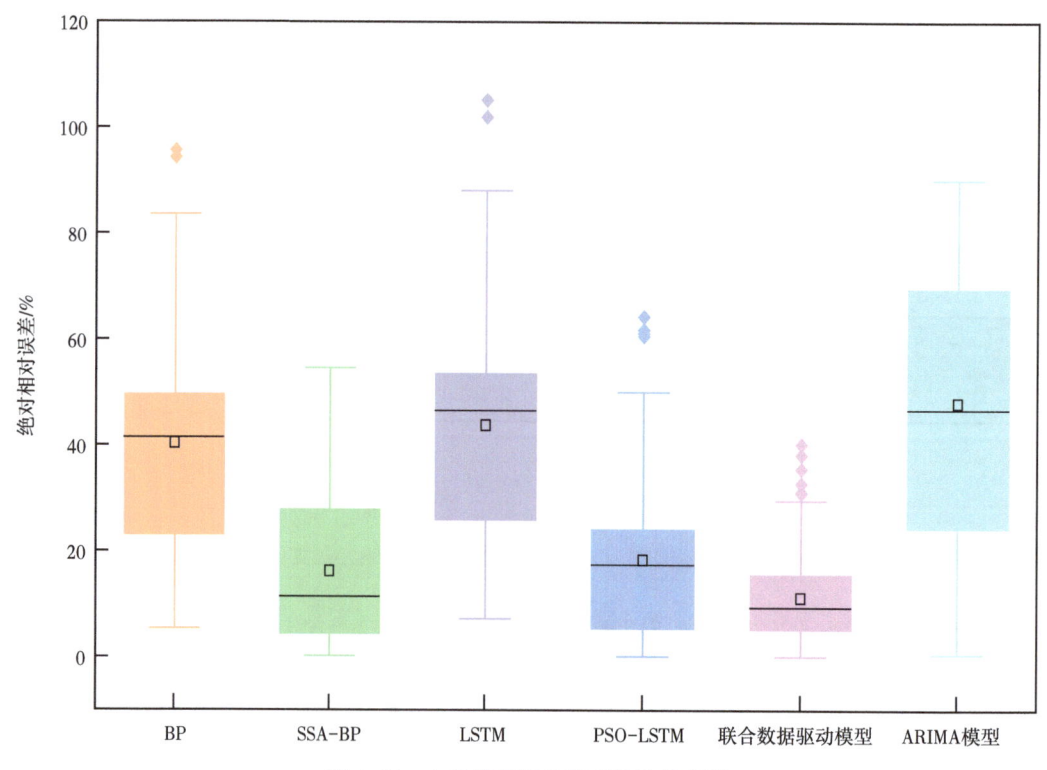

图 4-24 六种模型绝对相对误差分布图

六种模型的评价指标如表 4-5 和图 4-25 所示。可以看出,六种模型预测效果优差排序依次为递减曲线与数据联合驱动神经网络模型、SSA-BP 模型、PSO-LSTM 模型、LSTM 模型、BP 模型、ARIMA 模型。

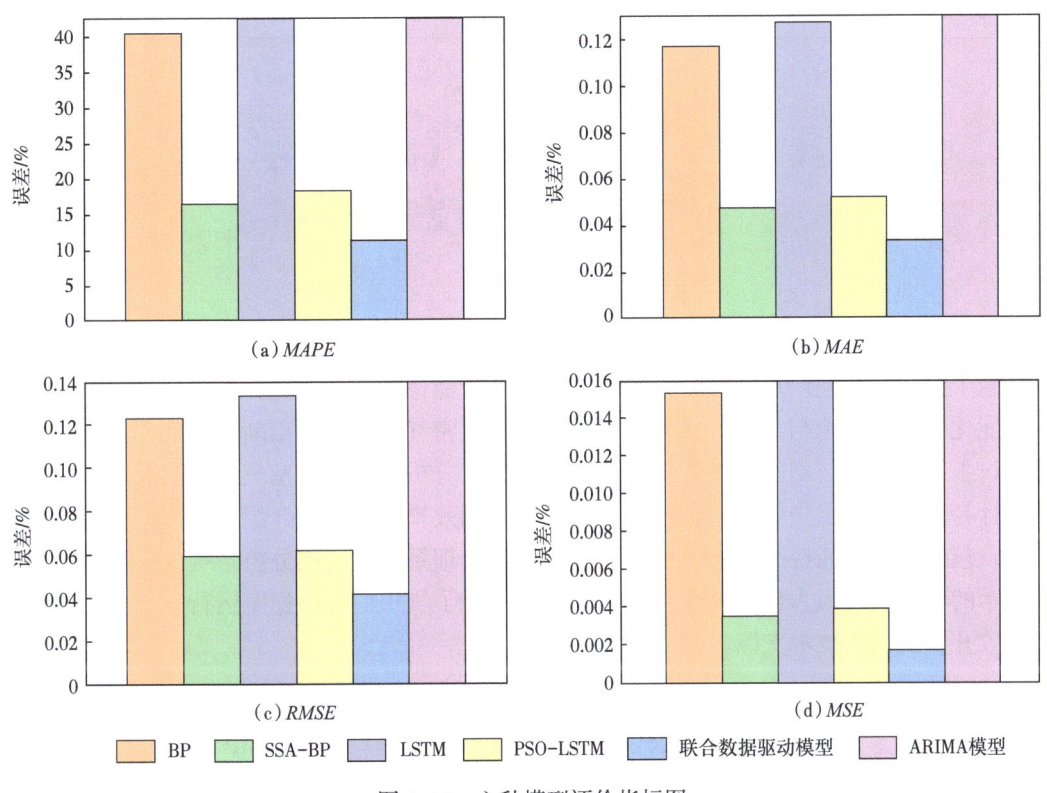

图 4-25 六种模型评价指标图

表 4-5 六种模型评价指标表 单位：%

评价指标	BP模型	SSA-BP模型	LSTM模型	PSO-LSTM模型	联合驱动模型	ARIMA模型
MAPE	34.61	14.26	37.94	17.10	10.11	48.03
MAE	0.102	0.042	0.113	0.050	0.031	0.150
RMSE	0.112	0.054	0.121	0.059	0.038	0.173
MSE	0.012	0.003	0.014	0.003	0.001	0.031

ARIMA 模型、BP 神经网络模型和 LSTM 神经网络模型的误差较大，SSA-BP 神经网络模型和 PSO-LSTM 神经网络模型的精度要优于未优化的两种模型，其中 SSA-BP 神经网络模型的效果略优于 PSO-LSTM 神经网络模型。而递减曲线与数据联合驱动神经网络模型，预测结果明显优于其他模型，平均绝对百分比误差为 10.11%，平均绝对误差为 0.031，均方根误差为 0.038，均方误差为 0.001。这表明递减曲线与数据联合驱动神经网络模型预测精度高，能够对致密气井产量进行有效预测[62]。

第五章　长庆致密气藏智能气井生产管理技术

本章主要介绍了长庆致密气藏在智能化生产管理方面的最新技术应用与研究进展。内容涵盖了致密气井生产过程中常见的积液问题及智能诊断、泡排优化控制、间开技术等多种智能化技术的理论与实践。首先，详细阐述了致密气井积液的诊断方法和预测模型，随后探讨了智能泡排技术的优化与现场应用。其次，分析了智能柱塞气举技术及其控制系统的设计与优化，重点强调了其在致密气藏中的应用效果。最后，介绍了致密气井智能管理技术，包括井口智能控制、远程监控平台、数据处理系统及智能分析系统的集成应用。这些技术的创新应用极大提升了气井管理效率，保障了气田的安全稳定运行，并为致密气藏的高效开发提供了技术支撑。

第一节　致密气井积液智能诊断技术

现场试井作业表明，井筒积液导致井筒压力梯度大幅度增加，从而使得产量递减幅度增大，影响气井最终采收率。目前气井积液研究众多，但对其机理认识莫衷一是，不同预测模型计算值之间偏差很大，导致现场进行排采工艺设计时缺乏有效的指导。究其根本原因，各机理模型建模时考虑影响因素单一，缺乏与实际气井生产动态的对比。例如，生产实践表明，对于低渗透气藏而言，常用积液预测模型计算值远大于气井实际携液临界气量，这与常规气藏携液临界气量大相径庭。在长庆长北气田和新疆石西油田的高产能气井中，液膜反转模型和 Tuner 模型具有较高精度；而苏里格气田、川西气田与大牛地气田等致密砂岩气藏和长宁—威远国家级页岩气示范区的生产实践表明，在远低于 Tuner 模型预测气量时，气井仍能稳定携液生产，Tuner 模型却无法给出合理解释。因此，有必要继续深入揭示气井积液机理，为有效的排水采气工艺设计提供理论支撑。

气井积液是影响气田稳产、降低采收率的主要因素，目前国内各大气田积液低产气井占总井数的 12.9%~86.9%（表 5-1），且以 5% 的速度逐年增加，该类气井主要依靠排水采气措施稳定生产。

表 5-1　国内主要气田积液低产井统计（2016 年 12 月）

油气田名称	投产气井数 / 口	积液气井统计	
		井数 / 口	所占比例 /%
长庆气田	11569	6143	51.3
西南油气田	2276	1274	56.0

续表

油气田名称	投产气井数/口	积液气井统计	
		井数/口	所占比例/%
青海涩北气田	624	151	25.0
塔里木油田	471	56	12.9
大牛地气田	301	258	86.9
新疆油田	198	67	33.8
吉林油田	119	60	50.4
平均/合计	15558	8009	51.5

一、气井积液原理

积液是指气井生产过程中有地层水产出（地层水的界定，以当地油藏中的地层水主要离子含量或矿化度为基准的，凝析水和作业返排水不算），由于自身产量或其他原因井内液体未被气流带出（包括水完全未被带出、流入水不能完全带出的情况，对水的性质没有要求，即：水可以是凝析水、可以是地层水、也可以是作业返排水），在井筒内形成的液柱。

1. 气井中液体主要来源

气井产液来源主要有两种，一是地层中的游离水或烃类凝析液与气体一起渗流入井筒，液体的存在会影响气井的流动特性；二是地层含有水蒸气或气态重烃的天然气流入井筒，由于压力温度降低，出现凝析液。川南页岩气井可能主要以游离水或者压裂液的形式存在油藏或者井筒中。

通过对原始气水分布特征及生产动态的认识和分析，可知气井井筒中液体来自井筒热损失导致的天然气凝析形成的液体和随天然气流到井筒的游离液体，主要是指地层水。气井积液来源类型包括有：凝析水和凝析油、层内水、层间水、边水，以及返排工作液。由于苏里格气田不存在边底水和层间水，在这里只分析凝析水和地层水，以及非地层水——工作液三类。

（1）凝析水和凝析油：在气井开采过程中，随着压力的释放及温度的降低，天然气中凝析液析出和地层流体随气体一起流入井筒的游离液体等使得井底积液，一般情况下井底积液会以液滴或雾状形式随气体流到地面，气体呈连续相而液体呈非连续相。但如果井筒中气体的流速小于临界携液速率，不能提供足够的能量使井筒中的液体连续流出井口时，液体将与气流呈反方向流动并积存于井底，气井中将存在积液。井底回压增大，气井产量降低，严重者会使气井停产。

对积液来源于凝析水的气井，在积液过程中，由于天然气通常在井筒上部达到露点，液体开始滞留在井筒上部，当气井流量降低到不能再将液体滞留在井筒上部时，气泡随之破裂，落入井底。这部分积液也是气井积液的主要来源。

（2）地层水：储层孔隙中含有大量的层内水，层内水分为层内原生可动水和层内次生可动水，原生可动水在压差克服掉毛细管阻力后就可以开始流动，而对于次生可动水，则主要是由于地层压力下降，岩石结构变形和部分束缚水膨胀，形成可动水开始参与地层水流动，随气体一起流入井筒的层内水造成井底积液。对气井的产量有明显的波动影响。

（3）非地层水——工作液（钻井液滤液、压井液、压裂液等）返排：钻井过程中，钻井液滤液侵入地层，气井投产后，井底压力降低，钻井液滤液随气体流出地层，进入井筒；此外，各种措施作业时，压井液、压裂液等工作液也会侵入地层，开井后，在压差的作用下从地层返排；气井投产后不久就见水，进一步的确认还需要结合水质分析。工作液返排的产出特征是初期水量较大，随后产出水量逐渐减少，直至消失。

2. 气井积液机理

气井积液是指气井中由于气体不能有效携带出液体而使液体在井筒中聚积的现象，根据产水气井在流动断面上气相和液相的流速，以及气相与液相含量的不同，可将井筒内的流型划分为泡状流、段塞流、环流和雾流。

气井投产初期，井筒内气体流速较高，油管内的流型主要为雾流；生产一段时间后，产量下降，从储层到井口的流型会随着气体流速的降低而变化，井口附近一般为雾流，下部为过渡流；而后产量继续降低，导致产量不稳定，过渡流会成为段塞流；随着产量的持续降低，气体无法将液体携至地面，段塞流形成泡状流，若采取措施不当，气井产量会持续降低。

由图5-1可见，多数气井在正常生产时的流态为环雾流，液体以液滴的形式由气体携带到地面，气体呈连续相而液体呈非连续相。当气相流速太低，不能提供足够的能量使井筒中的液体连续流出井口时，液体将与气体呈反方向流动并积存于井底，气井中将存在积液。

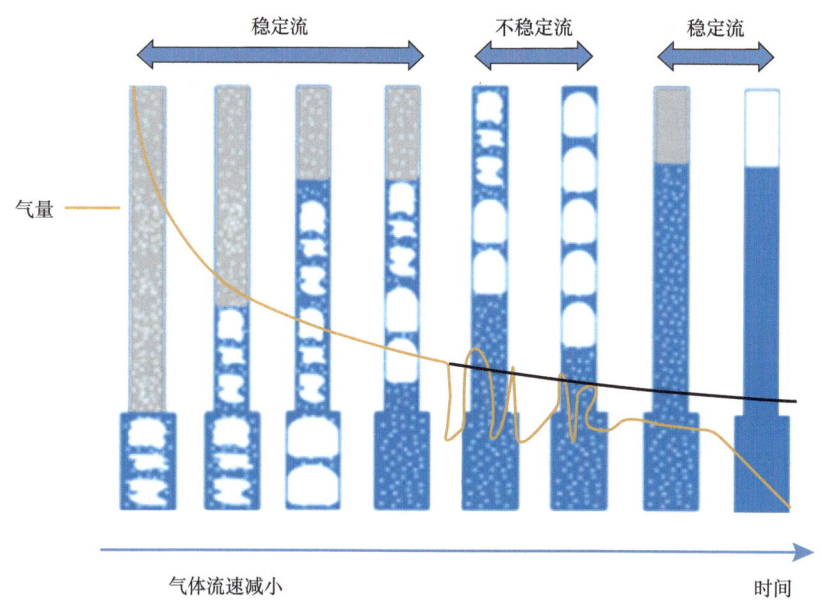

图 5-1 气井积液过程示意图

对于积液来源于凝析水的气井，在积液过程中，由于天然气通常在井筒上部达到露点，液体开始滞留在井筒上部。当气井流量降低到不能再将液体滞留在井筒上部时，液体泡沫随之崩溃，落入井底，井筒下部压力梯度急剧增高。一般来说，只需少量积液就会使低压气井停喷。

井筒积液将增加对气层的回压，限制井的生产能力，甚至使气井完全停喷。另外，井筒内的液柱会使井筒附近地层受到伤害，含液饱和度增大，气相渗透率降低，产能降低。

随着气田的逐步开发，气井的地层压力降低，气井的产量也将逐步减小，即出现低压低产气井，这里的低压一般是指气藏的压力系数 α 小于 0.8，而低产则根据各个油田的实际情况有不同的划分标准，一般而言，是指日产量小于 $2 \times 10^4 \mathrm{m}^3$。

3. 气井积液特征分析

气井井筒中的液相以液滴或液膜这两种形态存在，通常情况下认为气井生产中气液两相流的最佳流型为雾状流，因为在该流型下液相以小液滴的形式通过气相携带出气井，从而避免井底积液。当压力降低时，气体流速减小，一些较大的液滴便会回流到井底形成井底积液。

当井底产生积液时，生产通常会出现气井产量急剧下降、产液量急剧下降、井口压力迅速下降、井底压力急剧升高等。当气井关井后，如果油套压在较长时间内不平衡，而套管无泄漏等现象，则表明油管鞋处有积液的可能。气井产气量和套管压力的波动反映了气井井筒中液体积聚的特征，经大量的实际资料分析表明，高于油管流动压力 1.38MPa 的套管压力是液体积聚的迹象，具体现象包括：

（1）压力、产量频繁波动：根据积液井大量生产动态资料分析，气井携液能力不足时，一般压力波动范围超过 1.0MPa/d，产量波动幅度大于 10%。

（2）生产过程中，压降速率大：生产过程中，压降速率大于 0.3MPa/d；压力恢复时油套压差大。实际生产过程中，可通过短期关井获取油套压差粗略计算井筒积液量。

（3）部分积液井在生产曲线上表现为套压上升、油压不变。

根据现场生产统计资料分析，出水气井普遍生产 30 天套压压降 4.0MPa 左右，生产 60 天套压压降 6.0MPa 左右，压降速率明显高于常规气井。同时，现场经验分析表明，积液产水井初期生产压降速率一般大于 0.3MPa/d。对于生产压差较大气井，天然气流进入井筒易析出液，首先在井底积液，当液面达到油管喇叭口以上时（油管积液，表现为关井存在油套压差），此时单井产气量减小，井底流压升高（套压升高），当井底流压升高到一定程度，气流能顶出一部分液，此时井底流压降低（套压降低），如此循环在气井生产动态曲线上表现为套压频繁波动，可判断气井处于早期产液阶段。若此阶段不及时排液将造成套压波动周期延长，直至套压上升。

为准确确定产水井点，便于生产管理，根据生产情况初步判断产水结果，采用逐井关井恢复压力，通过记录所关井恢复压力后油套压力的变化、油套压差的大小来核实气井是否产水，并初步估算气井的井筒积液高度。关井时间可以根据关井后油套压差的变化进行确定，对于油压套压恢复较慢、油套压差较大的气井，可以延长此类井的关井时间，以进一步确定井筒的积液程度。

积液初期及中期用油套压差计算，井筒积液初期基本上属于油管积液，导致油套压存在压差是因为油管积液。通过关井恢复油压和套压，根据油套压差情况可以初步判断气井井筒积液情况。

4. 气井井筒积液的危害

气井积液对产气井的影响和危害，主要表现在以下几个方面。

（1）气藏积液产水后，将对气藏产生分割，形成死气区，加之部分气井过早水淹，使最终采收率降低。一般纯气驱气藏最终采收率可达90%以上。水驱气藏采收率仅为40%~50%，气藏因气水两相流动使一次采收率低于40%。

（2）气井积液后，降低近井地带的气相渗透率，气层受到伤害，产气量迅速下降，递减期提前。

（3）气井积液产水后，由于在产层和自喷管柱内形成气水两相流动，压力损失增大，能量损失也增大，从而导致单井产量迅速递减，气井自喷能力减弱，逐渐变为间歇井，最终因井底严重积液而水淹停产。

（4）气井产水积液后将降低天然气质量，增加脱水设备和费用，增加了天然气成本。

即：井筒积液将增加对气层的回压，限制井的生产能力。井筒积液量太大，可使气井完全停喷，这种情况经常发生在大量产出地层水的低压井内，高压井中液体以段塞流形式存在，它会损耗更多的地层能量，限制气井的生产能力。另外，井筒内的液体会使井筒附近地层受到伤害，含液饱和度增大，气相渗透率降低，井的产能受到损害。

在低压井中积液可完全压死气井，造成气井水淹关井，使气藏减产[63]。

二、气井积液预测研究进展

目前预测气井积液的方法有很多，如生产数据分析法、生产测试法、临界流量法、液滴反转预测方法、液膜反转预测方法、气井稳定性分析法等。

1. 生产数据分析法

生产数据分析法是通过井口油套压、产气量、产液量等数据，与正常生产数据相比较，若出现明显异常情况可判断积液。具体表现在以下几个方面：（1）产量迅速下降；（2）油套压差增加；（3）套压、产气量呈锯齿形周期性波动，二者呈相反变化趋势。气井在正常生产过程中产量随地层能量的下降是一个缓慢的过程，不会出现急剧下降的现象，若气井积液，会给井底带来较大回压（如$0.1m^3$的积液会在62mm内径油管内形成33.14m高的液柱，给井底带来0.33MPa的回压），产气量会迅速下降；气井积液时，由于滑脱效应使得地层产出的液体不断大量地落回到井底，这使得产出到地面的液体会迅速减少，表现为计量的产出液减少；对没有封隔器的气井，油套压差明显增大，则可判断积液。

2. 生产测试法

生产测试法是生产或关井状态下向气井井内下入电子压力计进行压力剖面测试或采用

其他仪器探测气液界面，根据压力梯度的变化或气液界面的情况判断气井是否积液。井筒内压力梯度的分布存在一定规律，气液界面以上为气柱压力，其压力梯度低，气液界面以下为液体压力，其压力梯度高，因此可通过测出井筒压力随井深的变化数据，找到压力梯度突然变大的井深位置，即可判断是否积液。

3. 临界携液流量法

临界携液流量计算方法是通过准确计算气井的临界流量，然后将实际的产量与临界流量进行对比，若实际产量大于临界流量，则气井无积液，否则气井积液。目前国内外常用临界流量计算模型有：Turner 模型、椭球形计算模型、球帽模型、杨川东模型等，下一小节专门对常用的临界携液模型进行介绍。

4. 液滴反转预测方法

液滴反转模型是基于单个液滴受力平衡分析而推导得到携带液滴所需最小流速的方法。液滴在气芯中的受力与液滴受力面积及气体对液滴的曳力相关。因此，液滴反转模型的关键是确定曳力系数和液滴形状及尺寸。最早的液滴反转模型由 Turner 等提出，该模型在假设液滴为球形的条件下，气芯对液滴的曳力系数和液滴最大韦伯数分别设为 0.44 和 30。此外，为了安全考虑，该模型加了 1.2 的系数。

针对系数问题，Coleman 等对井口油压低于 500psi（1psi=6.895kPa）的气井进行积液研究后发现，Turner 模型不加入安全系数更符合低压气井积液预测。然而，Guo 等认为液滴受力平衡仅仅使液滴悬浮气井中而不足以带出液滴，更大的气流速才能使得井筒不积液，因此在 Turner 模型的基础上，还需加入 1.2 的流动系数。

针对液滴尺寸和形状问题，Nosseir 等认为不同流型（层流、过渡流、湍流）条件下气芯对液滴的曳力系数不同，而液滴尺寸及形状仍采用 Turner 模型的假设。李闽等认为液滴在气芯中前后压力不同导致其表面存在压差促使液滴变形为椭球形，导致其受力面积更大。在实际推导中，该模型将液滴简化为圆柱体进行微分求解，其系数仅为 Turner 模型系数的 38%。在李闽模型的基础上，王志彬等基于液滴变形过程中液滴内能变化及对外做功相等，结合韦伯数定义，通过积分较为严格地导出液滴变形特征参数与临界韦伯数的关系，从而得到新的考虑了最大液滴尺寸及液滴变形的系数。此外，王忠毅等建立了球帽状液滴的最小携液临界气量模型。谭晓华等就气流中液滴总表面能与气体紊流动能的相等关系提出了考虑液量大小和最大液滴直径对携液临界流量影响的新模型。

上述模型均为针对垂直气井所建立，在水平井中相关研究却很少。Belfroid 等在 Turner 模型基础上添加了角度修正项，但他们认为液膜反转为积液的根本原因。Shi 等通过开展实验观察不同倾角下液滴形状随尺寸的变化情况，提出基于"半汉堡"形状液滴的临界携液气量模型，可分别适用于气井垂直段、倾斜段和水平段的临界携液气量计算。Fadili 等将液滴在倾斜段的运动考虑为弹性碰撞，他们认为液滴与油管壁碰撞后，其运动方向发生改变，根据其碰撞能量损失可计算其碰撞前所需速度，即携液临界气流速。

5. 液膜反转预测方法

近年来,越来越多的实验和理论研究认为液膜反转是气井积液的主要机理。液膜反转理论认为液体主要以液膜的形式存在于管壁,当气体流速较高时,气体携带液膜向上流动,当气体流速降低时,气液两相之间的剪力不足以携带液膜流动,液膜在重力作用下开始反转,从而导致积液。Belfroid 等认为液膜反转与系统不稳定及流型转变相互影响且同时发生,并将液膜反转作为气井积液的机理。Veeken 等采用 OLGA 瞬态数值模拟软件和稳态多相流模型对气井积液进行了研究。通过与现场实际积液气井对比,发现气井积液起始与液膜反转相一致,从而验证了气井积液由液膜反转控制。以液膜反转作为气井积液起始点,许多学者开展了携液临界气流速实验以提升对气井积液的认识。Guner 等、Alsaadi 等、Sarica 等、Kelkar 等和 Wang 等系统地开展了倾角、管径和液量对携液临界气量的定性实验研究,尽管这些实验仅从现象和测试数据分析携液临界气流速变化规律,缺乏深入的理论分析,但还是为气井积液的认识和基于液膜反转的建模提供了实验基础。

尽管基于液膜反转所开展的实验众多,但液膜反转理论模型相关研究却很少。在垂直井中,最早由 Walliss 提出的无量纲气流可作为液膜反转的判断准则,但该方法为经验法则,模型未考虑液量及流体性质等参数对携液临界气量的影响。目前运用最广泛的模型是 Barnea 基于液膜研究所提出的液膜厚度模型,其液膜反转点和临界气流速可根据不同液膜厚度计算的无量纲剪切力曲线的拐点确定。在水平井中,目前的理论研究均基于倾斜管中均匀分布液膜的假设所进行受力分析而推导出携液临界气量。但由于倾斜段中底部液膜更厚,液膜流动及分布更加复杂,该种模型存在一定缺陷。为此,美国 Tulsa 大学的 Luo 等基于 Barnea 在垂直井中液膜厚度的计算方法,采用 Paz 和 Shoham 不同倾角下的液膜厚度分布的实验数据,提出了计算管段底部最大液膜厚度经验关系式,从而确定了水平井不同倾角下的携液临界气量。此后,Li 等、Shekhar 等和 Wang 等在其基础上分别考虑了角度、内剪切力和液量对液膜厚度的影响,修正或重新拟合了经验关系式。

6. 气井稳定性分析法

由于井筒气体流量由生产压差决定,许多学者认为气井积液应该与生产稳定性相关,因此将节点系统分析方法所确定气井稳定生产点作为携液临界气量。Greene 最早采用油管流出曲线与地层产能方程耦合进行气井稳定分析,他们将井底流压与井筒压力降差值随产气量的变化曲线上拐点作为稳定流动时最小产量值,即稳定流动点。1991 年,Oudemans 采用实际气井对该方法进行了验证。2016 年,Pagan 等将流入流出曲线相切时产气量作为携液临界气量,其本质与 Greene 方法相同。而 Lea 等提出将油管动态曲线(TPC)上最小压力点作为气井积液识别点。同时,他们也指出对于致密气藏而言,这种方法并不适用,即使流入流出曲线两个交点均交于最小压力点右侧,气井仍能稳定生产,这是因为致密气藏地层压力响应迟缓。此外,致密气藏流入曲线难以准确获取。

7. 积液预测模型对比分析

生产测试法的优点是诊断准确,但缺点是不能长期连续地监测,发现时气井已经积液，不能对即将积液的气井起到预防和提示作用。另外，该方法需要开展作业和配备相关仪器，增加了开发的成本。

生产测试法测量精度较高，但由于压力梯度不好测量，在实际应用中并不方便。

临界携液流量法可以定性判断井筒是否积液，但无法准确计算井筒积液量。

液滴反转模型由于简单的解析式及较高的精度广泛运用于国内外各大气田。然而，液滴反转模型却缺乏实验和机理上的证实。vant Westende 等的研究表明，实验中观察到最大液滴尺寸仅为 350μm，远小于 Turner 模型假设所计算的 8.5mm。此外即使在环状流—搅动流转变时，也只有极少量液滴（0.4%）发生流动反转。Alamus 的实验结果证实在环状流—搅动流流型转变时液滴夹带率所占比例不到 5%，这表明液体大部分以液膜形式向上携带。因此，液滴反转模型的合理性有待商榷。

液膜反转模型在解释气井连续携液机理上更加合理，尤其针对水平井，但该类模型在国内各大气田现场运用却仍十分少。这是因为：（1）液膜反转模型解析式复杂，现场工程师难以快速准确地做出判断；（2）模型在低渗透和非常规气藏运用中缺乏指导性，液膜反转模型计算值远大于 Turner 模型计算值，而国内川西、苏里格、大牛地和广安等气田气井在气量远低于 Turner 模型计算值时仍能携液生产；（3）管流实验表明倾角为 55° 左右液膜最易反转，该现象被用来解释水平井更易积液，而实际水平气井中倾角由 90° 到 0° 连续变化，即使井筒中倾角 55° 处液膜反转后，气井更深处的低角度液膜也并未反转。

为此，部分学者尝试用节点系统分析法来解释气井积液现象。然而，节点系统分析法是基于稳定流动条件下所开展的地层与井筒条件耦合分析，而气井积液是一个瞬态变化过程。此外，节点系统分析法也无法解释气井积液后长时间稳定生产的现象，而对于"最小压力点"这种方法而言，尽管 Zabaras 等和 Sarica 等的两相管流实验指出，油管动态曲线最小压力点与液膜反转点吻合，但 vant Westende 等、Gunner 等和 Kelkar 等在不同管径中的实验却发现液膜反转值与最小压力值并不一致。因此，气井稳定性与液膜反转可能并不一致。此外，由于地层参数难以准确获取，以及适用性范围难以界定，气井稳定性分析在现场运用推广缺乏普遍性[64]。

三、致密气井临界携液模型

1. 垂直段临界携液模型

1）圆球状液滴模型

根据临界携液产量判断气井是否可以连续携液及井底是否存在积液是目前比较认可的方法，Turner 模型表明气流中心夹带的液滴呈圆球状，对圆形液滴进行受力分析，如图 5-2 所示，建立气流对液滴的曳力和液滴的沉降重力之间的关系式，进而确定气井临界携液速度。

在垂直段，液滴主要受到天然气对其施加的曳力、浮力和重力，从质点力学观点看，气流中液滴所受的沉降力为：

$$G = m\frac{\rho_1 - \rho_g}{\rho_1}g \tag{5-1}$$

式中：G 为下沉力，N；m 为液滴质量，kg；ρ_1 为液相密度，kg/m³；ρ_g 为气相密度，kg/m³；g 为重力加速度，m/s²，一般取 9.8。

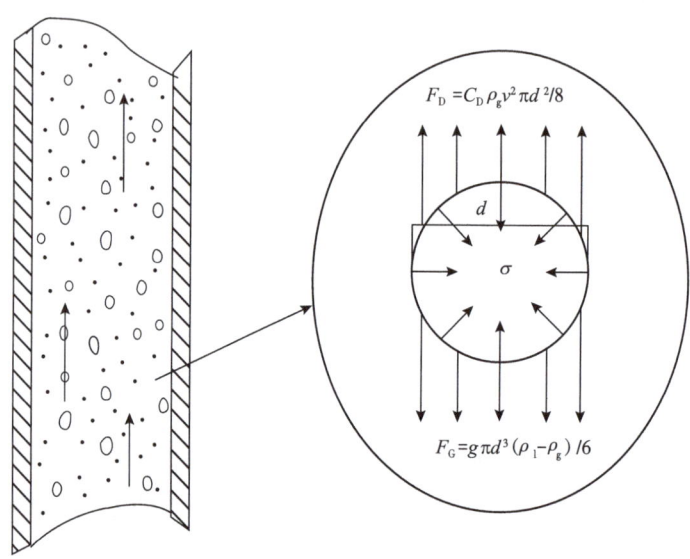

图 5-2 气流中液滴受力分析

流动过程中，气体对液滴的曳力为：

$$F = m_1\frac{3C_D v_1^2 \rho_g}{4d\rho_1} \tag{5-2}$$

式中：F 为气流对液滴的曳力，N；C_D 为曳力系数（取决于液滴雷诺数）；v_1 为液滴自由沉降的最终速度，m/s；d 为液滴直径，m；ρ_1 为液相密度，kg/m³；m_1 为液相质量，kg；ρ_g 为气相密度，kg/cm³；当雷诺数大于 1000 时，C_D=0.44。

当气流对液滴的曳力等于液滴的下沉力时，液滴在气流中处于悬浮状态，此时的液滴自由沉降末速度由 $F=G$ 得到：

$$v_1 = \left[\frac{4gd(\rho_1 - \rho_g)}{3C_D\rho_g}\right]^{\frac{1}{2}} \tag{5-3}$$

假设油管内的流动遵循牛顿流体的流动规律，当气流速度等于液滴沉降的末速度时，液滴就能被气流夹带到地面，取 C_D=0.44，有：

$$v_g = \left[\frac{4gd(\rho_1 - \rho_g)}{1.32\rho_g}\right]^{\frac{1}{2}} \tag{5-4}$$

从式（5-4）可以看出，液滴直径越大，携带液滴所需的气体流速也越大。如果最大直径的液滴都能被携带到地面，井底就不会发生积液，其中最大液滴的直径由 Turner 等利用韦伯数确定。被气流携带向上运动的液滴受到两种互相对抗力的作用：一种是试图将液滴破碎的速度压力（或称惯性力 $v_g^2 \rho_g$）；另一种是试图保持液滴完整的表面张力 σ/d，将这两种力的比值称为韦伯数：

$$N_{we} = \frac{v_g^2 \rho_g d}{\sigma} \tag{5-5}$$

韦伯数与气流速度的平方成正比，当气流速度大到足以使韦伯数达到临界值时，速度压力起主导作用，液滴就容易被破坏。Tuner 等认为，如果韦伯数超过 30 这一临界值时，液滴将会破碎。所以，最大液滴直径可由韦伯数及其临界值确定：

$$d_{max} = \frac{30\sigma}{\rho_g v_g^2} \tag{5-6}$$

将最大液滴直径代入速度式（5-4），就可以得到气流携带最大液滴的最小速度为：

$$v_g = 3.1 \left[\frac{g\sigma(\rho_l - \rho_g)}{\rho_g^2} \right]^{\frac{1}{4}} \tag{5-7}$$

式中：v_g 为临界流速，m/s；σ 为界面张力，N/cm；ρ_l 为液体密度，kg/m³；ρ_g 为气体密度，kg/m³。

最终利用 Turner 液滴模型计算得到携液临界流速为：

$$u_{crit-T} = 6.6 \left[\frac{\sigma(\rho_l - \rho_g)}{\rho_g^2} \right]^{\frac{1}{4}} \tag{5-8}$$

式中：$u_{ccrit-T}$ 为 Turner 模型临界流速，m/s。

随后，Coleman 等、Nosseir 等、Gao 等考虑压力、流型、液滴堆积效应、持液率等因素的影响，建立了各种液滴携带新模型，各模型预测值与 Turner 模型相比，偏差在 20% 内，是对 Turner 模型的进一步发展。

Coleman 观察 Turner 数据，发现 Turner 模型是在井口压力高于 3.4475MPa 下得出来的，Coleman 研究了低压气井矿场资料，运用 Turner 理论得出了气体临界速度：

$$v_g = 2.5 \left[\frac{g\sigma(\rho_l - \rho_g)}{\rho_g^2} \right]^{\frac{1}{4}} \tag{5-9}$$

生产管柱不同位置处的天然气密度可由状态方程导出：

$$\rho_g = \frac{34158\gamma_g p}{9.8ZT} \tag{5-10}$$

式中：γ_g 为天然气相对密度；p 为生产管柱不同位置处的压力，MPa；T 为生管柱不同位置处的温度，K；Z 为生产管柱不同位置条件下的压缩因子；ρ_g 为生产管柱不同位置处的天然气密度，kg/m³。

理论上讲，最小卸载流速等于最大沉降速度，但实验表明，前者要高出后者16%左右。为了保证安全，Turner等建议安全系数取20%，根据我国四川盆地产水气井生产的经验，取30%的安全系数为好，即实际最小排液流速是自由沉降末速度的1.3倍。

2）椭球状液滴模型

李闽等认为，当液滴在高速气流中运动时，液滴前、后存在压差，在这个压差的作用下，液滴会从圆球体变成椭球体，如图5-3所示。

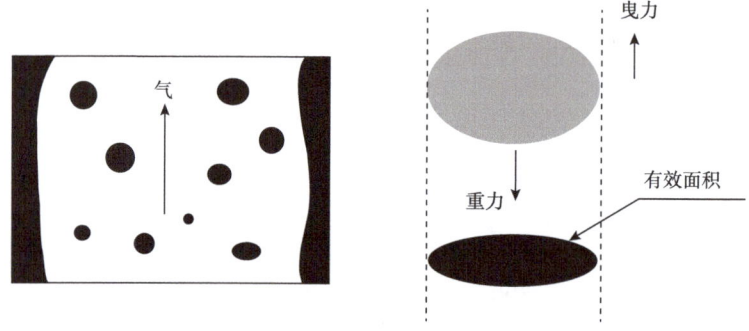

图5-3 气流中液滴的形状

相比于圆球体液滴而言，椭球体液滴的有效迎流面积大，具有较大的曳力系数（圆球形 C_D 为0.44），椭球形液滴更容易被气流带出地面，所需的气井排液速度也相对较小。因此，在研究气井携液时，有必要研究液滴变形对气井携液的影响。对椭球液滴进行受力分析，建立气流对液滴的曳力与液滴的沉降重力之间的关系式，进而得到椭球形气井临界携液模型为：

$$\begin{cases} u_{\text{crit-L}} = 2.5 \dfrac{\left[(\rho_l - \rho_g)\sigma\right]^{\frac{1}{4}}}{\rho_g^{\frac{1}{2}}} \\ q_{\text{crit-L}} = 2.5 \times 10^8 \dfrac{pAu_{\text{crit-L}}}{ZT} \end{cases} \quad (5-11)$$

式中：p 为井口压力，MPa；A 为油管柱截面积，m²；Z 为气体的偏差因子；T 为井口温度，K；$u_{\text{crit-L}}$ 为李闽模型临界流速，m/s；$q_{\text{crit-L}}$ 为李闽模型临界流量，m³/d。

3）盘状液滴模型

根据流体力学理论，一种物体在其他物体中运动时，其形状主要受四个无量纲量的影响，分别为雷诺数、莫顿数、韦伯数、厄诺数。对于高速气流中的液滴而言，其形状主要受雷诺数、莫顿数影响。王毅忠等分析了大量的气井生产数据，得到了液滴的雷诺数和莫顿数分别处在 $10^4 \sim 10^6$ 和 $10^{-12} \sim 10^{-10}$ 这两个范围内。经过分析，认为气井携液生产时，液滴的形状是盘状。类似于椭球形液滴，盘状液滴有更大的受力面积，更容易被携带出井口。通过修正，盘状液滴模型的曳力系数为1.17，盘状液滴气井临界携液模型为：

$$\begin{cases} u_{\text{crit-W}} = 1.8\dfrac{\left[(\rho_{\text{l}} - \rho_{\text{g}})\sigma\right]^{\frac{1}{4}}}{\rho_{\text{g}}^{\frac{1}{2}}} \\ q_{\text{crit-W}} = 2.5 \times 10^8 \dfrac{pAu_{\text{crit-W}}}{ZT} \end{cases} \quad (5-12)$$

式中：$u_{\text{crit-W}}$为盘状液滴模型临界流速，m/s；$q_{\text{crit-W}}$为盘状液滴模型临界流量，m^3/d。

4）多液滴模型

前面介绍的各种液滴模型均是建立在单个液滴模型基础之上的，如图5-4（a）所示，液滴在重力、浮力和曳力作用下加速上升、加速下落、处于悬浮状态或匀速运动。当浮力和曳力之和大于重力时，液滴在气流速作用下加速上升；当浮力和曳力之和小于重力时，液滴将加速下落；当浮力和曳力之和等于重力时，液滴将匀速运动或处于悬浮状态静止不动。单个液滴模型是一种理想的状态，而实际情况是气流中存在多个液滴，且各液滴的尺寸差异较大，而且流速也不相同，在这种情况下液滴之间会相互碰撞、聚合，如图5-4（b）所示，A、B液滴在运动过程中会相互追赶、碰撞，并聚合成一个更大的液滴AB，由于液滴AB的重力大于气流的浮力和曳力，液滴的平衡状态被打破，液滴加速下落。在下落过程中，由于气流速度力的作用，液滴破碎成小液滴1、2、3，而破碎的液滴在下落过程中又会与其他的液滴C、D、E、F碰撞、聚合，形成大液滴，如图5-5所示。气流中液体含量越高，液滴浓度越大，液滴之间的碰撞、聚合概率就越大，气流中形成的大液滴尺寸也就越大。

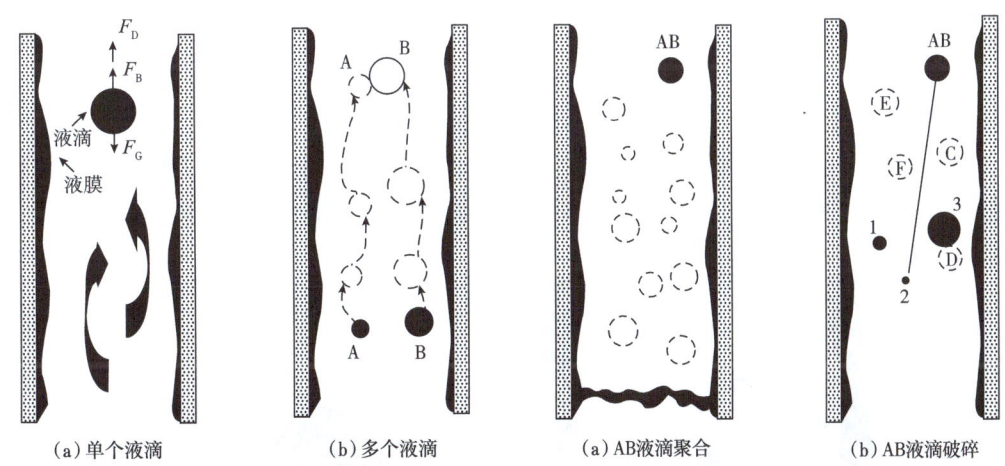

(a) 单个液滴　　(b) 多个液滴　　(a) AB液滴聚合　　(b) AB液滴破碎

图5-4　液滴碰撞聚集过程（Zhou等，2009）　　图5-5　液滴的下落和液滴群的携带

多液滴理论指出，气流中夹带的液滴在垂直方向上受到三个力，即液滴自身重力、气体对液滴的浮力和气流对液滴向上的曳力。由于气流速较高，流态已为湍流，液滴在气流中会相互碰撞，且在相互作用过程中，较小的液滴会聚合形成较大的液滴，若形成的液滴较大，就会打破作用于液滴上的力平衡而使液滴向下坠落，从而形成积液。其宏观表现：

气体速度即使达到 Turner 临界流速，当气井持液率达到某一值时，仍然会产生积液，此时的持液率定义为临界持液率。

持液率可表示为：

$$H_l = \frac{v_{sl}}{v_{sl} + v_{sg}} \tag{5-13}$$

式中：v_{sl} 为井筒内某处的液体表观流速，m/s；v_{sg} 为井筒内某处的气体表观流速，m/s。

多液滴理论模型公式为：

$$\begin{cases} v_z = u_{crit-T} & , H_l < 0.01 \\ v_z = u_{crit-T} + \ln\dfrac{H_l}{0.01} + 0.6 & , H_l \geqslant 0.01 \end{cases} \tag{5-14}$$

式中：v_z 为多液滴模型的临界流速，m/s。

2. 倾斜（水平）段临界携液模型

目前，对于倾斜管携液问题，主流观点有两种：一种是基于液滴模型假设，认为排出气井积液所需的最低条件是使气流中的最大液滴能连续向上运动；另一种是基于液膜模型假设，认为液膜的反向流动是导致积液的主要原因，两类模型的携液机理完全不同。

液滴模型表明液滴是液体在井筒中的主要表现方式，从而假设排出气井积液所需的最低条件是使井筒中的最大直径液滴能连续向上运动。对最大液滴在气流中的受力情况进行分析，当气体对液滴的曳力等于液滴的沉降重力时，可以确定气井的临界携液流量。但传统的液滴模型在预测水平气井的临界携液流量时，忽略了生产管柱倾斜角度对临界携液流量的影响。对水平气井而言，由于液体在倾斜井段四周分布不均，更加容易在管柱中聚集导致液体回流，因而比直井更难连续携液。

1）杨文明模型

杨文明在 Turner 液滴模型的基础上考虑生产管柱倾斜角度的影响。对液滴在倾斜管中的受力情况进行分析，如图 5-6 所示。液滴主要受自身重力和气体对液滴的携带力的作用。

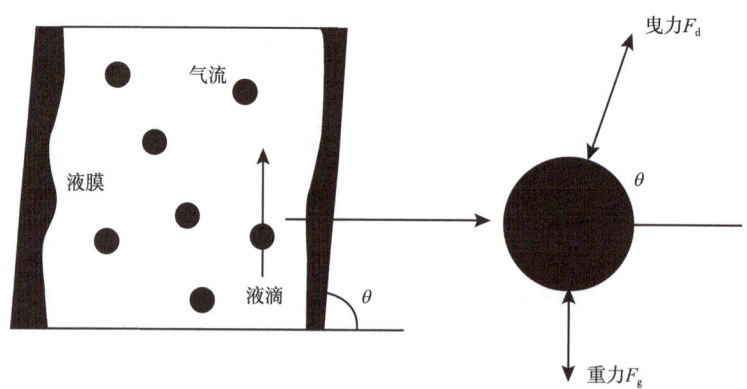

图 5-6　倾斜管液滴受力分析

液滴的沉降重力可以表达为其重力和浮力之差：

$$F_g = (\rho_l - \rho_g)g\frac{\pi d^3}{6} \tag{5-15}$$

气体携带液滴上升的曳力在垂直方向上的分量为：

$$F_d \sin\theta = \frac{1}{2}\rho_g C_d v_g^2 \frac{\pi d^2}{4}\sin\theta \tag{5-16}$$

式中：F_g 为液滴沉降重力，N；d 为液滴直径，m；g 为重力加速度，m/s^2；F_d 为气体对液滴的携带力，N；C_d 为阻力系数；v_g 为气流速，m/s；θ 为管段的倾斜角，(°)。

当气流中液滴的沉降重力等于气流对液滴的携带力在垂直方向上的分量时，液滴受力平衡，液滴将相对管壁静止，此时气流速等于液滴的自由沉降速度。因此，由 $F_g = F_d \cdot \sin\theta$ 可推导出临界携液气速为：

$$v_g = 1.9\left[\frac{d(\rho_l - \rho_g)}{C_d \rho_g \sin\theta}\right]^{\frac{1}{4}} \tag{5-17}$$

取 $C_d = 0.44$，并推荐采用较大的韦伯数，取临界韦伯数 $N_{we} = 30$，并增加 20% 的安全系数，推导出基于 Turner 液滴模型的倾斜管携液临界流速计算式为：

$$v_{cr} = 6.6\left[\frac{\sigma(\rho_l - \rho_g)}{\rho_g^2 \sin\theta}\right]^{\frac{1}{4}} \tag{5-18}$$

从受力分析可以看出，该模型忽略了液滴所受曳力水平方向的分量，其垂直方向上的分量，沉降重力可以与之平衡，但水平方向上的分量却没有力可以与之平衡，所以液滴是不可能相对管壁静止的。

2）李丽模型

李丽以 Turner 计算模型为基础，同时考虑井斜角的影响，根据球体液滴的受力条件，认为其在斜井井筒运动过程中不会一直沿井筒中心线上升，而是慢慢运移至油管壁，最终沿管壁向上方滑动，如图 5-7 所示。

假设液滴不会发生形变（呈球形），忽略液滴之间的碰撞，则将受到天然气对其施加的曳力（R）、浮力（F_h）、重力（F_g）、管壁的支撑力（N）和管壁的摩擦力（f）。当达到临界状态时，液滴前进的动力与阻力达到平衡，平行于井壁方向的力存在以下关系式：

$$R + (F_h - F_g)\cos\alpha - f = 0 \tag{5-19}$$

垂直于井壁方向的力存在以下关系：

$$N + (F_h - F_g)\sin\alpha = 0 \tag{5-20}$$

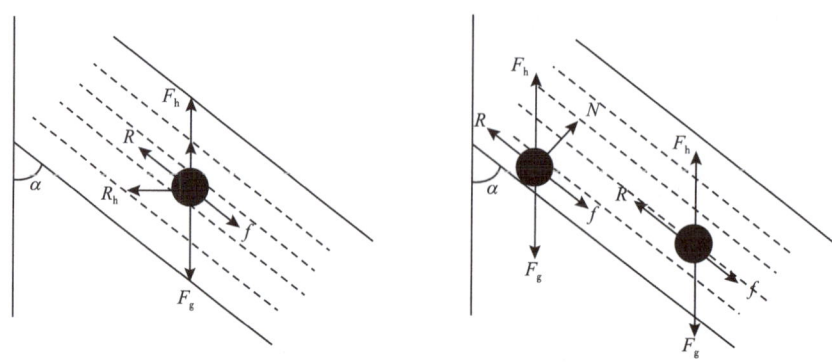

图 5-7 倾斜管中液滴受力分析

假设液滴是直径为 d 的理想球体，则液滴所受力的表达式如下：

$$\begin{cases} F_g = \dfrac{\pi}{6} d^3 \rho_l g \\ F_h = \dfrac{\pi}{6} d^3 \rho_g g \\ R = \dfrac{\pi}{8} d^2 \rho_g C_D v^2 \end{cases} \quad (5-21)$$

式中：F_g 为液滴重力，N；F_h 为液滴受到的浮力，N；R 为气体对液滴的曳力，N；d 为液滴直径，m；g 为重力加速度，m/s²；C_D 为曳力系数；α 为管段的倾斜角，(°)；v 为气流速度，m/s。

依据牛顿摩擦定律计算出管壁对液滴的摩擦力 f：

$$f = \lambda N \quad (5-22)$$

式中：λ 为摩擦系数。

将式（5-20）、式（5-21）代入式（5-22），可推导出摩擦力的计算式：

$$f = \dfrac{\pi}{6} d^3 \lambda (\rho_l - \rho_g) g \sin \alpha \quad (5-23)$$

李丽认为，韦伯数超过 30 时，液滴即会由于受力不平衡而破碎。因此，液滴的最小直径由式（5-24）计算而得：

$$d = \dfrac{30 \sigma}{\rho_g v^2} \quad (5-24)$$

式中：σ 为界面张力，N/cm。

通过受力平衡分析，推导出斜井临界携液流量预测理论模型，其临界携液流速计算式如下：

$$v = \sqrt[4]{\lambda \sin \alpha + \cos \alpha} \left[5.5 \sqrt[4]{\dfrac{(\rho_l - \rho_g) \sigma}{\rho_g^2}} \right] \quad (5-25)$$

式（5-25）可化为：

$$v = A\left[6.6\sqrt[4]{\frac{(\rho_l - \rho_g)\sigma}{\rho_g^2}}\right] \quad (5-26)$$

其中，修正系数 $A = 0.83\sqrt[4]{\lambda\sin\alpha + \cos\alpha}$，$\lambda$ 为摩擦系数。

根据李丽模型的假设，液滴到达管壁之后仍能够以液滴形式稳定存在，但实际上这是很难实现的。

3）Belfroid 模型

从水平井筒到垂直井筒，液体重力作用越来越大。倾斜角的变化，对井筒内气液两相流型有极大的影响。在垂直段中，液体主要沿管壁四周分布呈环状流，而在水平井段中，则以分层流为主。液相重力作用与流型的变化都会对连续携液临界流速产生影响。Belfroid 综合考虑管柱倾斜角度对液滴、液膜连续携液的影响，利用能反映临界携液流速与倾斜角度关系的 Fiedler 形状函数，结合 Turner 模型得到适用于倾斜井连续携液临界流速计算的半经验模型，其计算式为：

$$v_{cr} = 6.6\left[\frac{\sigma(\rho_l - \rho_g)}{\rho_g^2}\right]^{0.25}\frac{[\sin(1.7\theta)]^{0.38}}{0.74} \quad (5-27)$$

式中：$\dfrac{[\sin(1.7\theta)]^{0.38}}{0.74}$ 为角度相关项，适用角度范围 $5° \leqslant \theta \leqslant 90°$。

以上的倾斜段临界携液模型在计算时均未考虑造斜率发生变化时液滴与井筒碰撞造成的能量损失，可以借鉴碰撞—反弹理论得到如下携液流速修正函数：

$$\beta = 0.2R^{\frac{3}{8}} \quad (5-28)$$

式中：R 为最大造斜率，(°)/30m。

3. 水平段携液模型

在水平段，当气流量较小且不足以形成环雾流时，产出的液体会由于重力作用在较短距离内沉降于水平段底部，以管底波动液膜的形式沿着井底向气流方向移动，因此水平井筒中携液机理与垂直段不同。水平段临界携液流速计算模型主要有层流模型、携带沉降模型与 K-H 波动理论模型 3 种，其中 K-H 波动理论模型较符合水平段的携液规律。

随着气相流量的加大，气液界面波发生变形，作用在界面波上的压力分布也相应发生变化，产生了周向方向的分量，在此压力分量的作用下，波内所含有的液相沿管子周向扩散至四周管壁。K-H 波动理论表明，当水平管中压力变化所产生的抽吸力达到可以克服对界面波起稳定作用的重力时，就会发生 K-H 不稳定效应，导致界面波生长。随着气流速度的不断加大，界面不稳定波的不断增长会导致液膜沿四周管壁运动及液滴的携带。

Lin 和 Hanrathy 对气液两相的质量方程、动量方程进行了线性稳定分析，假定气液流动可以表达成一个平均流动和一个扰动的和，并综合气液两相的线性动量方程可以得出：

$$k\rho_l(u_l-C)^2\coth(kh_l)+k\rho_g(u_g-C)^2\coth(kh_g)=g(\rho_l-\rho_g)+\sigma k^2 \quad (5\text{-}29)$$

式中：k 为不稳定波波数；C 为波速。

通过求解可以得到波动不稳定发生时的相对临界速度为：

$$(u_g-u_l)_{cr}=\sqrt{2}\left(\frac{g\sigma\rho_l}{\rho_g^2}\right)^{\frac{1}{4}} \quad (5\text{-}30)$$

Andritsos 和 Hanratty 发现 K-H 波动的不稳定导致大幅度不规则波的产生，在气流速度为形成 K-H 不稳定波动速度的 2 倍时，界面波动会导致液膜沿管壁四周分布，并能发现液滴的形成。高气液比情况下忽略液相流量的影响，从而得到基于 K-H 波动理论的水平管连续携液临界气流速度计算式为：

$$v_g=(u_g-u_l)_{cr}=2\sqrt{2}\left(\frac{g\sigma\rho_l}{\rho_g^2}\right)^{\frac{1}{4}}=2.8\left(\frac{g\sigma\rho_l}{\rho_g^2}\right)^{\frac{1}{4}} \quad (5\text{-}31)$$

当井斜角为 85° 时，其公式的系数是 2.0，为了实现计算临界速度的连续性，将水平井段临界速度理论公式的系数乘以 0.7 倍，则水平井段临界速度公式为：

$$v_g=0.7\times2.8\left(\frac{g\sigma\rho_l}{\rho_g^2}\right)^{\frac{1}{4}}=1.96\left(\frac{g\sigma\rho_l}{\rho_g^2}\right)^{\frac{1}{4}} \quad (5\text{-}32)$$

四、井筒积液量

井筒积液计算模块是系统软件的核心部分，该模块根据井口控制仪返回的环空液面测试数据，实现井底流压、油管液面深度、井筒各部分液量等参数的准确计算。

井筒积液主要包括环空、油管和油管鞋以下三个部分，总积液量表达式为：

$$Q_L=Q_c+Q_t+Q_b \quad (5\text{-}33)$$

式中：Q_L 为井筒积液量，m³；Q_c 为环空积液量，m³；Q_t 为油管积液量，m³；Q_b 为油管鞋积液量，m³。

1. 环空积液量

环空积液量根据环空液面深度的实时测试结果及油套管尺寸参数计算：

$$Q_c=\frac{\pi}{4}\left(D_1^2-d_2^2\right)(H-h_c) \quad (5\text{-}34)$$

式中：D_1 为套管内径（输入），m；d_2 为油管外径（输入），m；H 为油管下深（输入），m；h_c 为环空液面深度（液面至井口距离，测试返回值），m。

2. 油管积液量

当气井产量下降到低于临界流量时，气井开始积液，此时的产量较低，对应的摩擦损耗也比较小，因此，同样产量下油管内因产液而增加的摩阻损失可忽略不计。油管内的液体因滑脱效应主要集中在油管的底部，一部分存在于上部的气柱中，因气流的流动，气液界面处是一个过渡带而不是一个稳定的界面，但此时气液两相混合流动流体对井底的压力与同样产量下纯气流动气柱对井底的压力的差值全由油管内的液体产生。因此，油管内的液体可等效看作气井油管内的积液，首先可根据井口套压及环空液面深度计算管鞋处的井底流压，然后根据井口油压采用流动气柱计算方法试算油管液面深度，进而确定油管积液量。

1）井底流压（油管鞋处压力）

根据环空内压力平衡关系，油管鞋处压力为气液界面处压力（根据井口套压按静气柱方法计算）与下部静液柱压力之和：

$$p_{\mathrm{wf}} = p_{\mathrm{c}}\mathrm{e}^{S} + 9.8\times10^{-6}(H-h_{\mathrm{c}})\rho_{\mathrm{w}} \tag{5-35}$$

$$S = \frac{0.03145\gamma_{\mathrm{g}}h_{\mathrm{c}}}{\overline{T}\,\overline{Z}} \tag{5-36}$$

式中：p_{wf} 为油管鞋处压力，MPa；p_{c} 为井口套压（井口返回值），MPa；γ_{g} 为天然气相对密度（取值 0.6）；h_{c} 为环空液面深度（液面至井口距离，测试返回值），m；$\overline{T}$ 为气体平均绝对温度（取井口与环空液面处的平均值，地温梯度取 3℃/100m，则 $\overline{T}=T_0+0.015h_{\mathrm{c}}$，$T_0=t_0+273$，$t_0$ 为井口气流温度（输入值），K；$\overline{Z}$ 为气体平均偏差系数（取值 0.86）；ρ_{w} 为井筒积液密度（按水的密度取值 1000），kg/m³；H 为油管下深（输入），m。

2）油管液面深度

根据井筒内是否下入节流器，分为无阻生产井和节流器生产井两种情况进行计算，如图 5-8 所示。

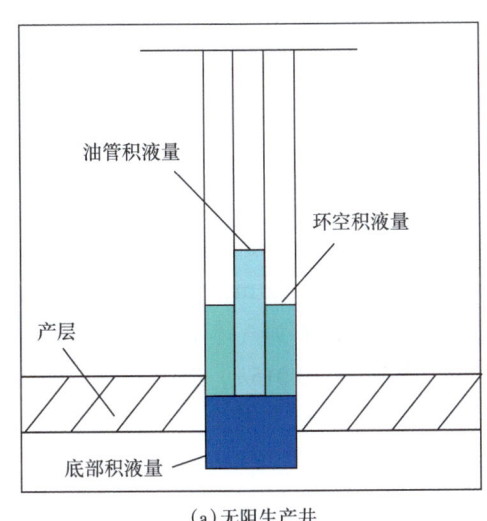

(a) 无阻生产井　　　　　(b) 节流器生产井

图 5-8　井筒积液示意图

（1）无阻生产井。

假设油管积液深度为 h_t（油管液面至井口距离），采用流动气柱方法计算井底流压 p'_{wf}，通过反复比较 p'_{wf} 与 p_{wf}，确定 h_t，计算流程如图 5-9 所示。

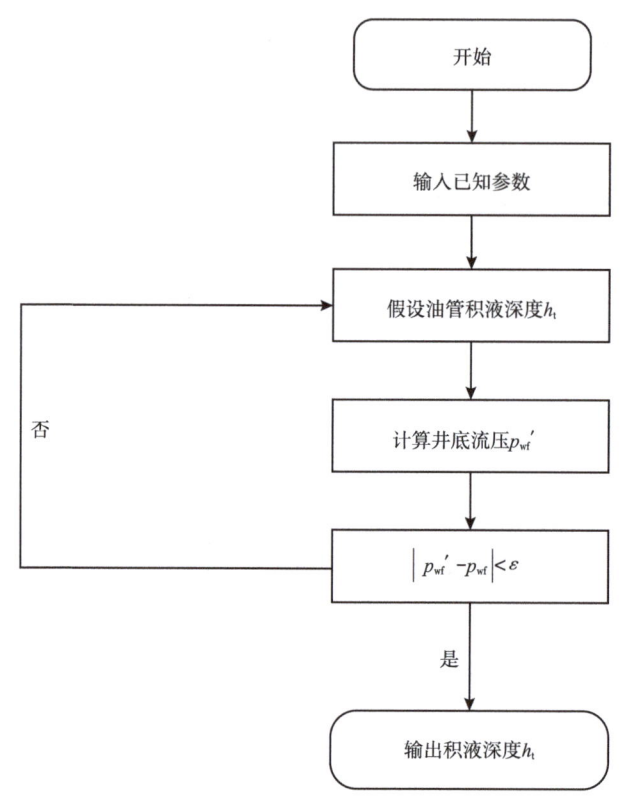

图 5-9 油管积液深度计算流程

$$p'_{wf} = \sqrt{p_t^2 e^{2S} + 1.324 \times 10^{-18} \frac{f(\overline{Z}\overline{T}q_g)^2}{d_1^5}(e^{2S}-1) + 9.8 \times 10^{-6}(H-h_t)\rho_w} \quad (5-37)$$

$$S = \frac{0.03145\gamma_g h_t}{\overline{T}\overline{Z}} \quad (5-38)$$

式中：p_t 为井口油压（井口返回值），MPa；d_1 为油管内径（输入），m；h_t 为假设油管液面深度，m［取 $h_t(0)=0$，步长 $\Delta h=1\text{m}$，绝对误差 $\varepsilon=0.1\text{MPa}$］；$\overline{T}$ 为气体平均绝对温度［取井口与油管液面处的平均值，地温梯度取 3°C/100m，则 $\overline{T}=T_0+0.015h_t$，$T_0=t_0+273$，$t_0$ 为井口气流温度（输入值）］，K；$\overline{Z}$ 为气体平均偏差系数（取值 0.86）。

摩阻系数 f 按 Jain 公式计算：

$$\frac{1}{\sqrt{f}} = 1.14 - 2\lg\left(\frac{r}{d_1} + \frac{21.25}{Re^{0.9}}\right) \quad (5-39)$$

$$Re = \frac{1.776 \times 10^{-2} \gamma_g q_g}{d_1 \mu_g} \tag{5-40}$$

式中：r 为粗糙度（取值 0.00001524），m；Re 为雷诺数；γ_g 为天然气相对密度（取值 0.6）；q_g 为标况下气井产量（根据井口返回值折算），m³/d；μ_g 为天然气黏度（取值 0.0167），mPa·s。

（2）节流器生产井。

按照式（5-41）和式（5-42）计算节流器上方压力 p_2：

$$p_2 = \sqrt{p_t^2 e^{2S} + 1.324 \times 10^{-18} \frac{f(\overline{ZT}q_g)^2}{d_1^5}(e^{2S}-1)} \tag{5-41}$$

$$S = \frac{0.03145 \gamma_g H_1}{\overline{T}\,\overline{Z}} \tag{5-42}$$

节流器气体的流动可以表现为两种流动状态：临界流动和亚临界流动，首先需要对流动状态进行判断，才能进行节流器下方井筒压力的计算。

首先，假设节流器的流动为临界流动状态，由气井产量计算节流器下方的压力 p_1。

$$p_1 = \frac{q_g \sqrt{\gamma_g T_1 Z}}{0.408 d_c^2 \sqrt{\frac{k}{k-1}\left[\left(\frac{2}{k+1}\right)^{\frac{2}{k-1}} - \left(\frac{2}{k+1}\right)^{\frac{k+1}{k-1}}\right]}} \tag{5-43}$$

式中：γ_g 为天然气相对密度；T_1 为节流器下方温度，地温梯度取 3℃/100m，暂不考虑节流温降，$T_1=T_0+0.03H_1$，$T_0=t_0+273$，t_0 为井口气流温度（输入值），K；d_c 为节流器的直径（输入值），m；k 为气体绝热指数，取 1.25。

然后，将计算的节流器下方压力 p_1 和上方压力 p_2 进行比较，判断是否处于临界流动状态。

$$\frac{p_2}{p_1} \leqslant \left(\frac{2}{k+1}\right)^{\frac{k}{k-1}} \tag{5-44}$$

如果式（5-44）成立，说明节流器流动是处于临界节流状态，继续进行下面的计算；如果不成立，说明处于亚临界节流状态，还需要根据亚临界流动的节流嘴动态方程重新迭代计算节流器下方的压力 p_1（该方程需要迭代计算）。

$$p_1 = \frac{q_g \sqrt{\gamma_g T_1 Z}}{0.408 d_c^2 \sqrt{\frac{k}{k-1}\left[\left(\frac{p_2}{p_1}\right)^{\frac{2}{k}} - \left(\frac{p_2}{p_1}\right)^{\frac{k+1}{k}}\right]}} \tag{5-45}$$

假设油管积液深度为 h_t（油管液面至井口距离），采用流动气柱方法，由节流器下方压力 p_1 计算井底流压 p'_{wf}，通过反复比较 p'_{wf} 与 p_{wf}，确定 h_t，计算流程与无阻生产井类似。

$$p'_{wf} = \sqrt{p_1^2 e^{2S} + 1.324 \times 10^{-18} \frac{f(\overline{Z}\overline{T}_2 q_g)^2}{d_1^5}(e^{2S}-1)} + 9.8 \times 10^{-6}(H - h_t)\rho_w \quad (5\text{-}46)$$

$$S = \frac{0.03145\gamma_g(h_t - H_1)}{\overline{T}_2 \overline{Z}} \quad (5\text{-}47)$$

式中：p_1 为节流器下方压力，MPa；d_1 为油管内径（输入），m；h_t 为假设油管液面深度，m[取 h_t(0)=0，步长 Δh=1m，绝对误差 ε=0.1MPa]；$\overline{T}_2$ 为节流器下方井筒的气体平均绝对温度[取井口与油管液面处的平均值，地温梯度取 3℃/100m，则 $\overline{T}_2 = T_1 + 0.015(h_t - h_1)$]；$T_1$ 为节流器下方温度；$\overline{Z}$ 为气体平均偏差系数（取值 0.86）。

3）油管积液量

$$Q_t = \frac{\pi}{4}d_1^2(H - h_t) \quad (5\text{-}48)$$

3. 油管鞋以下井筒积液量

根据油管下深、人工井底深度及套管规格参数计算：

$$Q_b = \frac{\pi}{4}d_1^2(H' - H) \quad (5\text{-}49)$$

式中：H' 为人工井底（输入），m；H 为油管下深（输入），m；d_1 为套管内径（输入），m。

五、气井积液智能诊断

积液诊断是一种定性的诊断方法，是指通过各种测试手段对井筒内液柱高度进行定量测试计算的一种工艺，通过明确井筒内液柱高度，为判断气井生产制度及制定气井生产措施提供指导。积液诊断给出的结论只是气井是否积液，而在实际的应用中对已积液的井井底积液量的预测也十分重要，因为它不仅反映了气井积液的严重程度，同时对排液采气方式的选择也具有重要的意义。

1. 技术现状

近年来，为了实现对井筒积液量的准确计算及积液动态的实时监测，利用次声波遇到障碍形成反射的原理，研制了液面监测设备，形成气井积液智能诊断技术，通过实时监测气井液面变化，调整气井生产制度，能够有效提高气井精细化管理程度，目前，设备种类较多，但其主要原理一致，仅在主机结构存在差异，以下以 ZJY-7 型（图 5-10）液面自动监测仪为例，阐述该技术工艺。

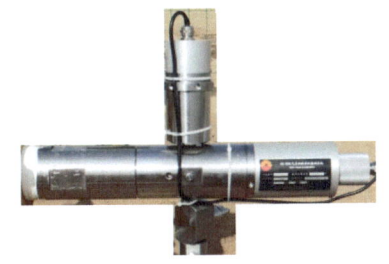

图 5-10 现有气井用液面自动监测仪

该装置可长期安装在气井上，单次测试成本低，实时动态、连续监测气井实际积液情况，其主要设备参数如下：

（1）电源供电：交流 220V±10%；
（2）短距离无线通信距离（稳定通信）：100m，可以内置 GPRS 模块，直接数据远传；
（3）测量井深范围：20~3500m；
（4）重复测试精度：小于 1m；
（5）套压范围：0.5~20MPa，0.5~35MPa；
（6）承受压力：不小于 40MPa；
（7）工作环境：-40~65℃；
（8）输出信号：RS485/ 无线 ZigBee，标准 Modbus 协议；
（9）防护等级：IP65；
（10）具有防爆合格证，防爆等级：Exd Ⅱ BT4。

2. 测试原理

该技术采用次声波反射原理：即通过井内或井外产生一个次声波，然后利用该声波沿环空向井下传播，通过接收反射的声波来分析计算液面位置。具体工艺实现过程如下：

测试主机通过活接头螺母连接到套管三通上，如图 5-11 所示，根据油气井的自然情况，对于有压井，利用井内自身气体来测试。将套管环空中的高压气体突然释放到储气室，在井口处环空中的气体瞬间发生膨胀，产生膨胀冲击波。对于无压井，需要利用外部高压气源（例如高压氮气瓶），将高压气体突然释放到气井内，在井口处环空中的气体瞬间发生压缩，产生压缩冲击波。该声波（压缩或膨胀）脉冲沿环空向井下传播，遇到油管接箍、音标、气液界面产生反射声波脉冲，反射波传到井口，由微音器组件接收声脉冲转换成电信号，通过控制电路进行数字处理，解析出液面波位置，利用接箍波信号计算实时声速，再用声速和液面波反射时间计算环空液面深度。测试结果和曲线图形存储到控制电路的数据存储器中，如图 5-12 所示。

系统软件液量计算模块根据控制仪返回的环空液面测试数据，计算井底流压、油管液面深度（折算）、井筒各部分液量等参数。

主机测试的时间及频次可通过系统软件人为设定或井口手动激发，从而实现了对井筒积液动态的实时、连续监测。

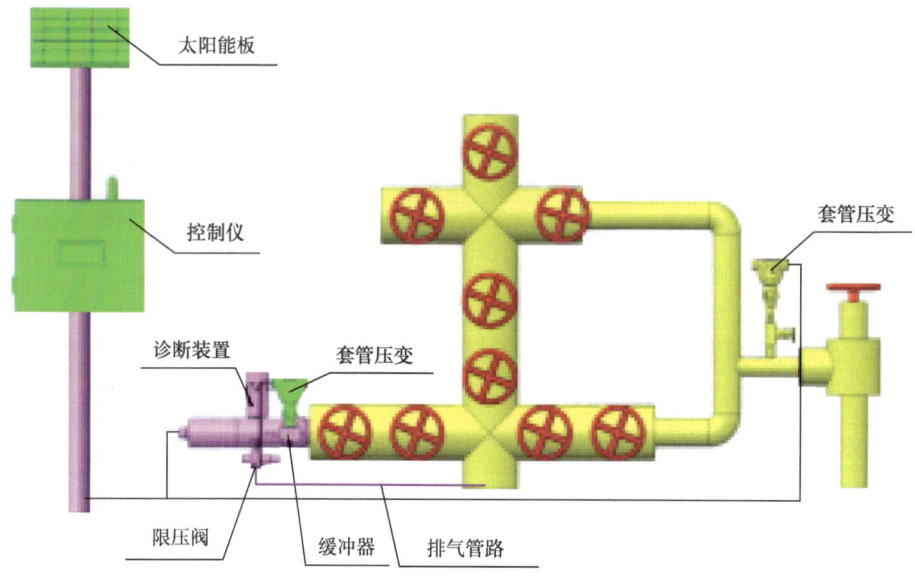

图 5-11 积液诊断系统井口安装示意图

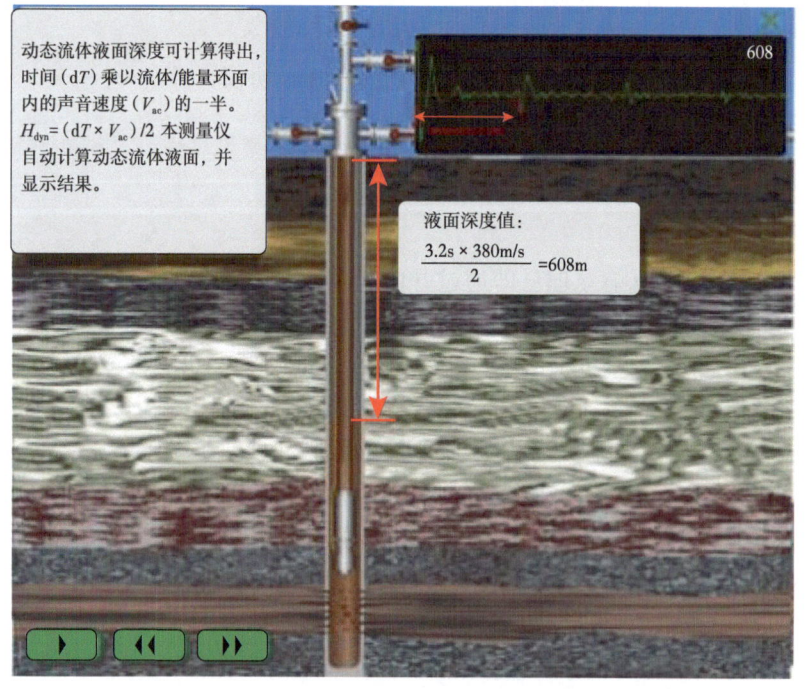

图 5-12 液面自动监测仪测试原理

3. 控制系统设计

1）系统工作流程

气井井筒积液诊断控制系统整体架构包括数据采集与监控、远程通信、数据存储、软件系统共 4 层。系统整体架构如图 5-13 所示。

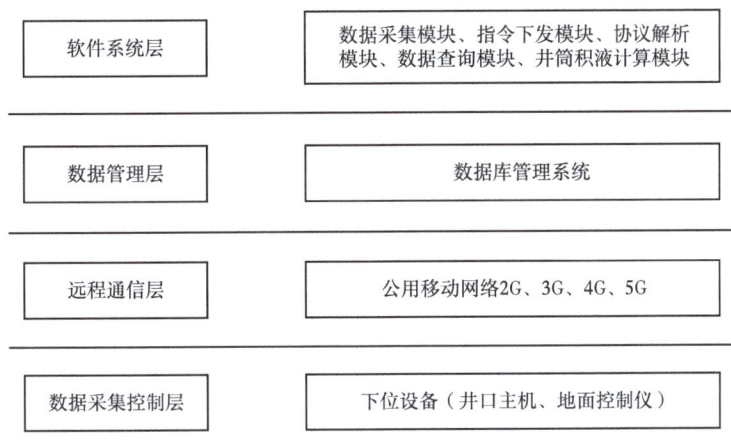

图 5-13　控制系统总体架构图

数据采集与控制层包括远程终端设备，该层提供了数据采集和控制接口，地面控制仪是气井井筒积液诊断装置的核心装置，主要负责采集数据。

远程通信层是测试数据从井口远程传输到服务器端的网络媒介，一般采用公用移动网络。本系统采集的数据从井口到服务器采用的是移动网络通信。

数据存储层负责将测试数据存储到数据库系统中进行管理，系统采用 SQL Server2008 作为数据库管理系统。

软件系统层包括客户端软件及服务器软件两个部分，可以实现数据的计算存储、参数配置、设备的远程控制等功能。

工作流程如图 5-14 所示。地面控制仪与服务器之间采用间断式连通方式，GPRS 通信模块平时处于"关闭/休眠"模式，用户可以事先制定测试计划，设定测试时间表或测试间隔。测试后自动将数据发回事先指定的服务器。如遇网络不畅，则数据存储于地面控制仪内，网络正常后再上传数据[65]。

2）系统控制仪设计

系统的地面控制仪主要实现给井口主机供电、通信功能和声波信号的采集，滤波放大，数据存储、控制主机发声等功能，包括 GPRS 通信模块、电路板组件、充电电池模块、太阳能板等电路模块。因这些模块功耗非常大，为节省电能、满足连续工作时间要求，击发控制电路、液面滤波放大电路、DTU 模块（GPRS 模块）等大功耗电路都设计有通电开关，用 CPU 控制这些电路通断电。地面控制仪的电路框图如图 5-15 所示。

（1）滤波放大电路设计及液面识别流程。

①电路设计。

滤波放大电路如图 5-16 所示，在设计上继承成熟的双通道信号采集电路。对微音器接收的同一组测试曲线按两种不同的规则进行滤波放大处理。A 通道放大倍数较高，并进行 5Hz 以下低通滤波，提取携带液面反射波的次声波信号，用于确定液面波大致位置。B

通道进行带通滤波,并进行自增益控制,使较大区间的信号幅值都达到可分辨要求,用于声速推算,以及结合 A 通道信号确定液面位置。

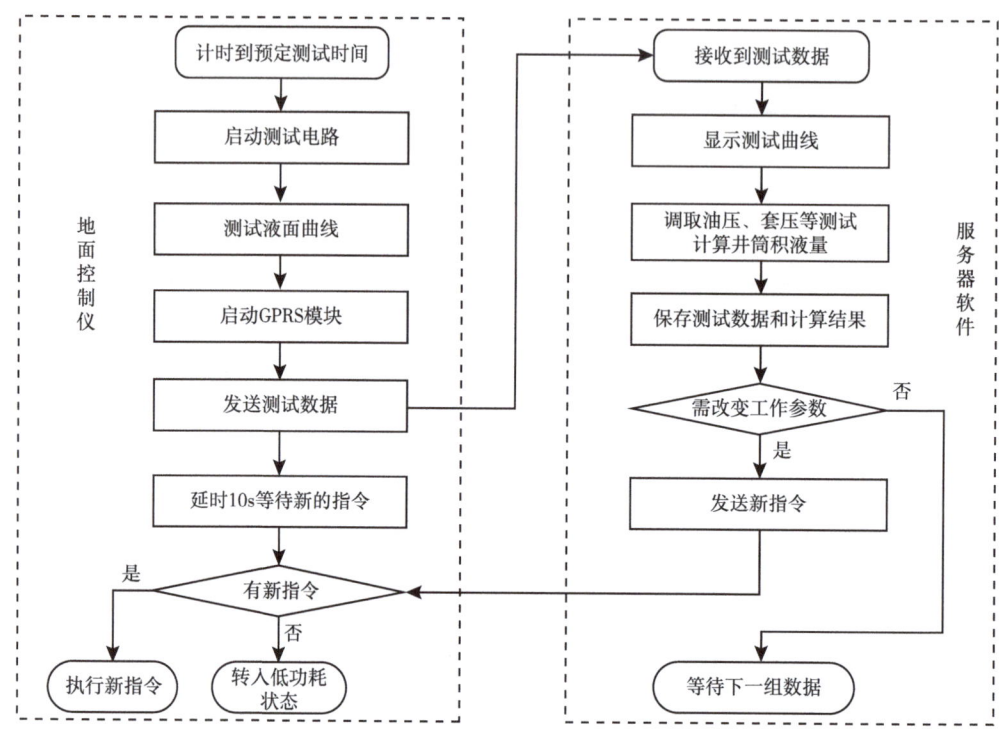

图 5-14 系统工作流程

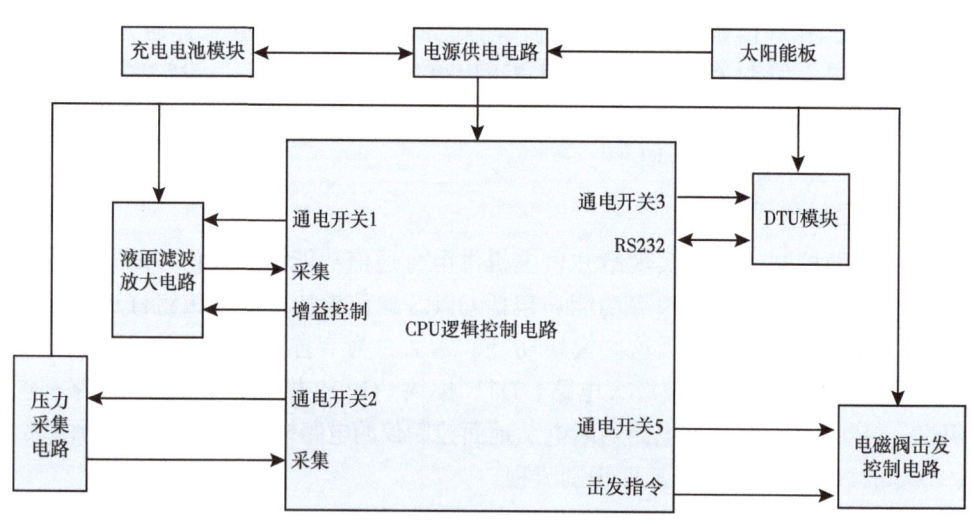

图 5-15 地面控制仪电路框图

②声速推导流程。

声速是计算液面深度的重要参数,当环境介质、温度、压力不同时声速会有较大变化。因此不能用固定声速计算液面深度。本系统采用接箍法，利用接箍反射波对声速进行实时修正。其推导流程如图 5-17 所示。

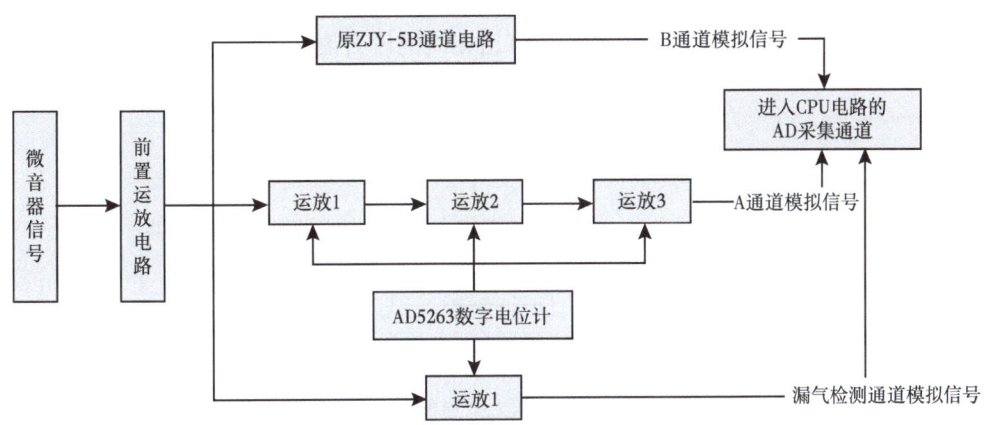

图 5-16 滤波放大电路

③液面识别流程。

液面波由系统程序自动完成，其自动查找的主要流程如图 5-18 所示。

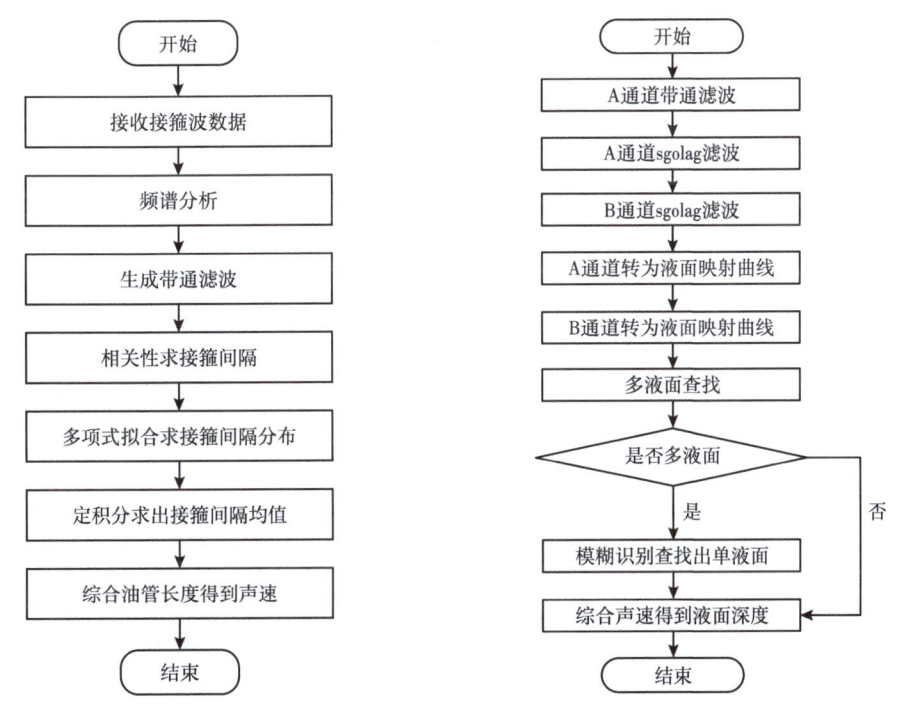

图 5-17 声速推导流程　　　　　　图 5-18 液面识别查找流程

（2）压力采集电路设计。

为了解决油压、套压不能实时更新的问题，地面控制仪设计了单独的隔离模块对外输出标准 4~20mA 信号，采集井场原有系统压力变送器输出信号，将采集的信号进行处理，解析出油压、套压值。

压力采集电路框图如图 5-19 所示,由于现场压力变送器和地面控制仪采用不同的供电系统,为了解决不同供电系统的干扰问题,选用隔离电路用现场压力变送器二线制标准信号作为输入信号,通过内部标定系数折算出相应的压力值。

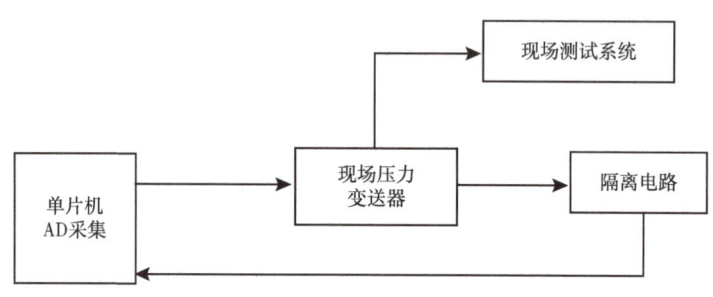

图 5-19　压力采集电路框图

3)系统软件设计

井筒积液诊断系统软件包括客户端软件及服务器软件两个部分,客户端软件只进行数据的输入、数据显示、命令执行等操作,服务器软件起到中间中转作用,所有数据保存在服务器软件中,将客户端软件对仪器的操作反馈给地面控制仪,地面控制仪再执行各个功能。用户通过客户端软件查看生产数据和管理数据,也可以进行手动击发、设置击发时间等操作。该软件操作界面如图 5-20 所示。

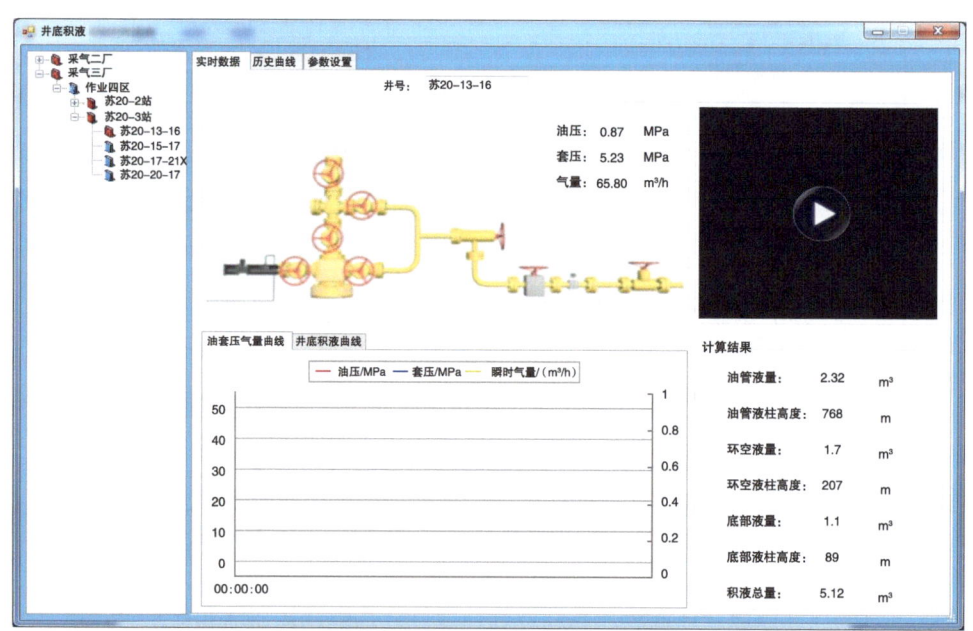

图 5-20　井筒积液诊断软件界面

(1)服务器软件。

服务器软件系统主要分为数据采集、控制指令下发、通信协议解析、数据查询、井筒积液计算等功能模块。其中，数据采集、通信协议解析和井筒积液计算模块以后台服务的形式在系统中运行，系统用户界面则主要显示数据查询、控制指令下发等模块。

①数据采集模块。

数据采集模块以网络广播的形式向下位设备发送数据采集指令，下位设备接收到指令后，返回相应的数据。下位设备也可主动向上位软件上传测试数据，上位软件将下位设备的返回结果按照协议进行解析后，存储到数据库对应的数据表中。

数据采集模块主要是基于TCP/IP协议，通过Socket编程接口进行功能实现。Socket通常称作"套接字"，是面向客户/服务器模型而设计的。根据连接启动的方式及本地套接字要连接的目标，套接字之间的连接过程可以分为三个步骤：服务器监听，客户端请求，连接确认。

服务器监听：是指服务器端套接字并不定位具体的客户端套接字，而是处于等待连接的状态，实时监控网络状态。

客户端请求：是指由客户端的套接字提出连接请求，要连接的目标是服务器端的套接字。为此，客户端的套接字必须首先描述它连接的服务器的套接字，指出服务器端套接字的地址和端口号，然后向服务器端套接字提出连接请求。

连接确认：是指当服务器端套接字监听到客户端套接字的连接请求，它就响应客户端套接字的请求，建立一个新的线程，把服务器端套接字的描述发给客户端，一旦客户端确认了此描述，就建立了连接。而服务器端套接字继续处于监听状态，继续接收其他客户端套接字的连接请求。

Socket通信的整个过程如图5-21所示。

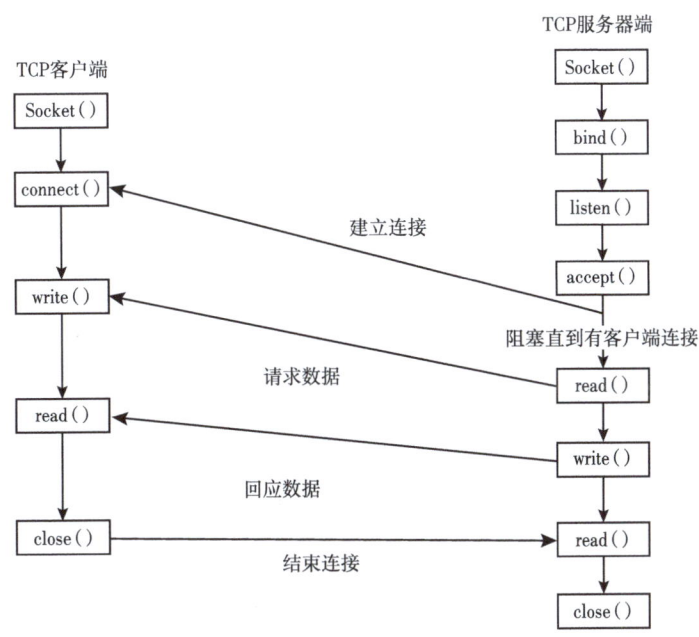

图 5-21　Socket 通信过程示意图

②控制指令下发模块。

控制指令下发模块是实现气井液面测试的核心模块，负责将用户的操作指令，远程发送给下位设备。通常下发的指令有读取液面测试参数、设置液面测试参数、读取采样间隔表、设置采样间隔、手动击发等。上位设备根据内部协议，将操作指令转换为报文格式，再利用网络广播发送给对应的下位设备，实现设备的远程控制。

③通信协议解析模块。

系统对下位设备的采集和控制需要依据内部协议进行。该协议为参照 Modbus RTU 通信协议改进的一种协议，使上位软件和下位设备应答方式为全双工的通信方式。为此，系统专门编制了通信协议解析模块，以支持对下位设备的数据采集和控制要求。

（2）客户端软件。

客户端软件共包括软件配置、通信处理、协议实现、数据分析计算、数据库处理 5 个功能模块，其主要功能和操作界面与服务器软件类似。其中，软件配置模块负责定义客户端软件中各个配置项，以及这些配置项的保存和读取。通信处理模块负责将 TCP/UDP 通信协议进行封装，并调用协议实现模块，完成整个通信流程。协议实现模块负责实现客户端软件与服务器软件之间的全部通信协议，完成数据的拆箱和装箱。数据分析计算模块负责实现客户端软件中所需的计算公式的实现和数据分析方法的实现，完成所有计算功能。数据库处理模块负责完成客户端软件中所有的数据库操作部分，包含数据库的连接与释放，数据的高效读写等功能。系统主要功能界面展示如下：

①实时数据。

系统主界面默认显示距当前气井最近一次时间点的测试及计算结果，气井树形展示分为三层（采气厂、作业区、井号），用户点击选择需要查询的气井，输出数据包括气井油压/套压、套管测试液面深度、井底流压、油管液面深度、各部分液量等，如图 5-22 所示。

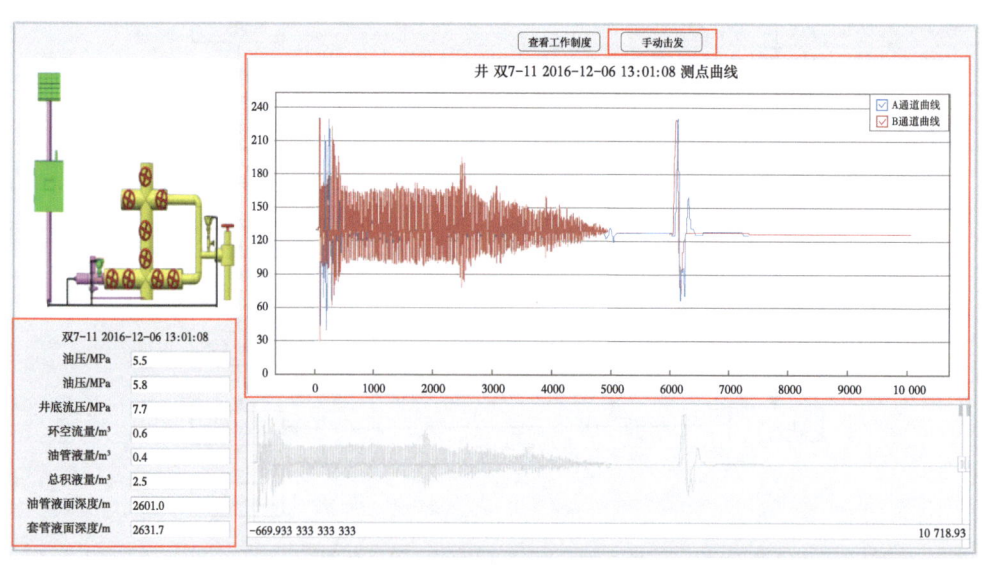

图 5-22　客户端软件实时数据展示界面

②历史数据查询。

历史数据查询模块以数据列表或曲线形式输出设定时间段内的测试及计算结果，包括气井压力（油压、套压、井底流压）、井筒液面位置、液量等数据，显示数据项可根据需要勾选，同时具备数据/曲线的导出功能，如图5-23和图5-24所示。

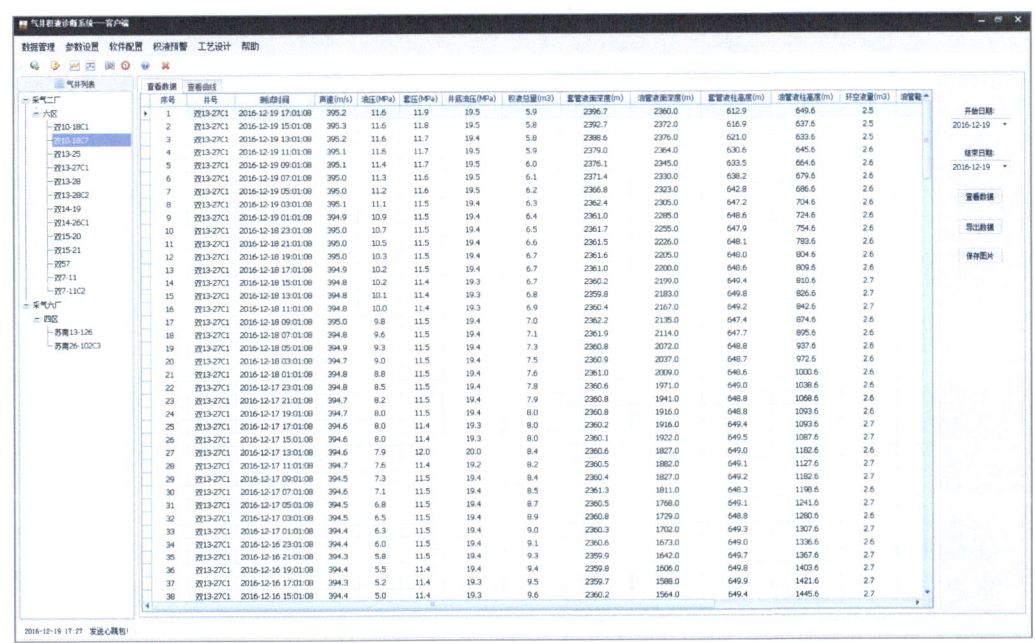

图5-23 气井历史数据列表

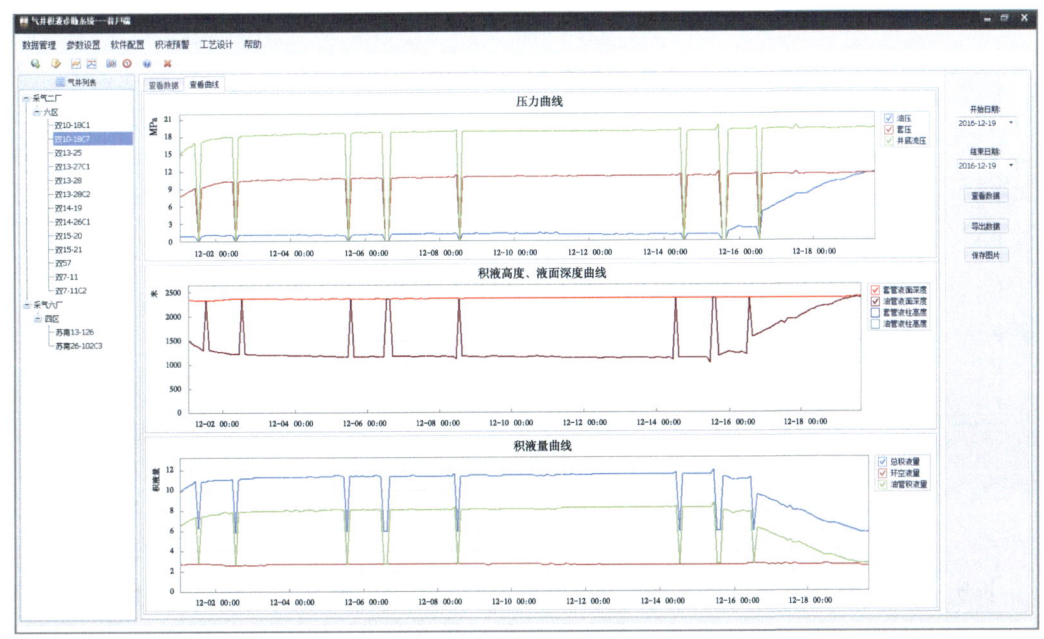

图5-24 气井历史数据曲线

③主机测试时间设置及手动击发功能。

用户可根据生产需求设置井口主机的击发时间，击发频次可任意设定，从而实现对井筒积液动态的连续监测，也可以通过"手动击发"按键实现任意时间点的手动击发测试（图 5-25）。

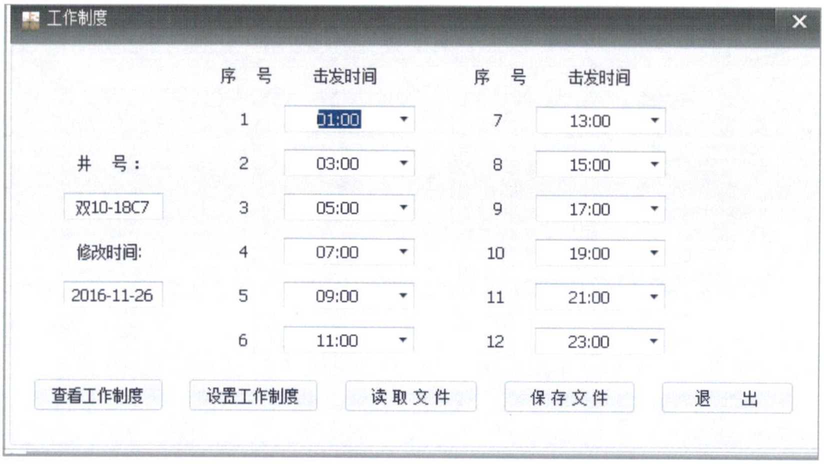

图 5-25　客户端软件测试时间设置对话框

④基础数据设置。

客户端软件具备数据的基本管理功能，可根据现场实施情况对气井的基础数据进行设置/修改、选择计算模型，如图 5-26 所示。

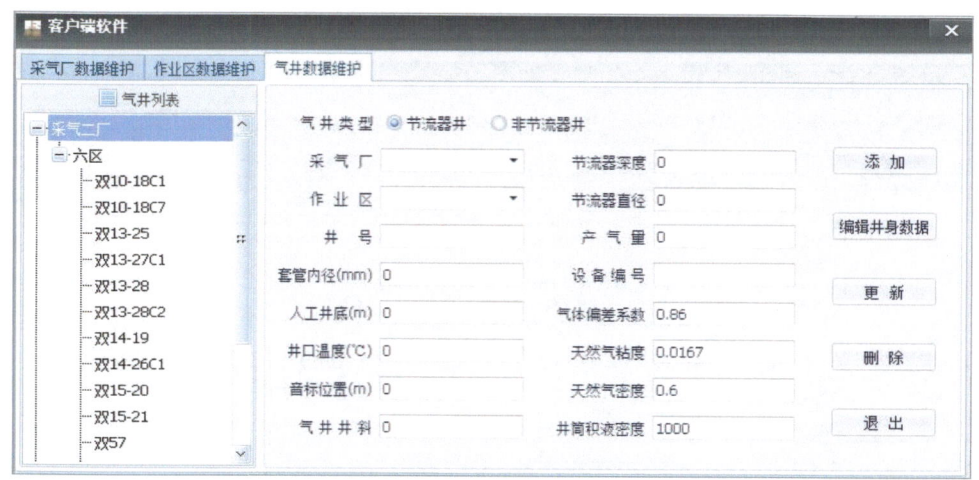

图 5-26　客户端软件气井数据维护对话框

六、致密气井积液智能诊断技术现场应用

长庆气田普遍具有单井产量低、携液能力差的特点，随着气田地层压力的下降，积液井数逐年增加。截至 2016 年底，长庆气田累计投产气井 11569 口，平均单井日产气量 $0.98×10^4 m^3$，平均水气比 $0.46 m^3/10^4 m^3$。其中 6560 口井存在不同程度井筒积液，占投产

井总数的 56.7%，且数量以 5%~10% 的速度逐年增加，如图 5-27 所示，年影响气量超过 $20×10^8m^3$，严重影响气井的正常生产。

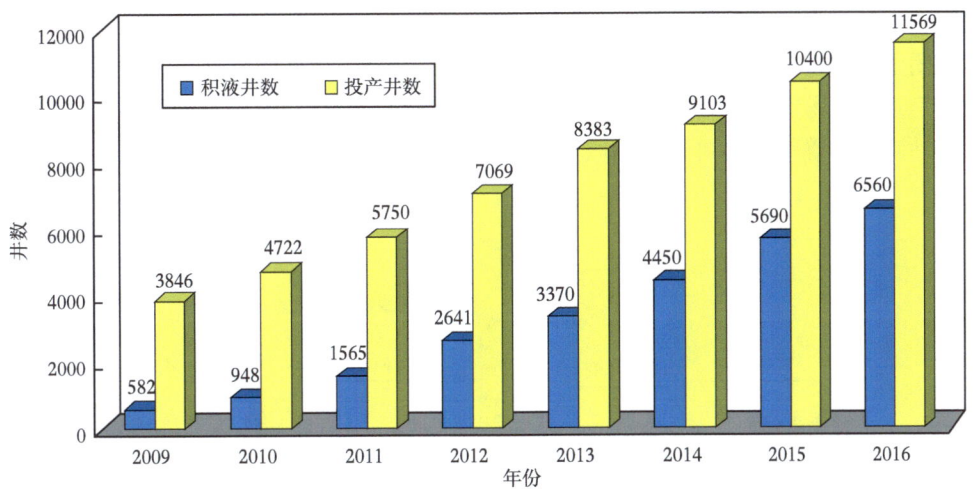

图 5-27 长庆气田历年投产井数及积液井数统计

2015—2016 年完成 14 口井积液诊断设备安装及测试，见表 5-2。试验井套压范围 2.3~16.1MPa，最大井深 3245m。

表 5-2 试验井概况

序号	井号	套压 /MPa	人工井底 /m	油管下深 /m
1	双 57	2.9	2922.60	2700.00
2	双 13-25	4.8	3024.50	2980.06
3	双 13-28C2	2.9	2953.80	2895.00
4	双 15-20	7.0	2995.50	2949.48
5	双 7-11C2	4.4	3245.10	3203.70
6	双 14-26C1	8.1	3024.50	2884.38
7	双 10-18C1（节流器）	16.1	3042.00	2974.00
8	双 10-18C7（节流器）	13.3	2970.80	2868.00
9	双 10-36	9.1	2846.30	2789.51
10	双 10-18	5.6	2840.56	2772.23
11	双 4-33	3.6	2952.67	2902.00
12	双 11-26C4	2.9	2871.51	2807.67
13	双 4-30	2.3	2889.49	2840.23
14	双 10-12	4.4	3005.45	2960.45

1. 设备安装及测试内容

现场安装诊断装置时，首先需要关闭井口 6 号阀门，放空后卸掉缓冲器。然后在原来安装缓冲器的位置安装套管三通。第三步是将诊断装置和带压变的缓冲器安装在套管三通上。关闭油管压变处截止阀，在油管压变处接入三通，并用回收管路连接限压阀出气口和油管处三通（现场安装图如图 5-28 所示）。进行密封性检测，确认系统不漏气。连接电缆进行手动测试，确认气体可通过回收管路排入地面管线，不对外放空。

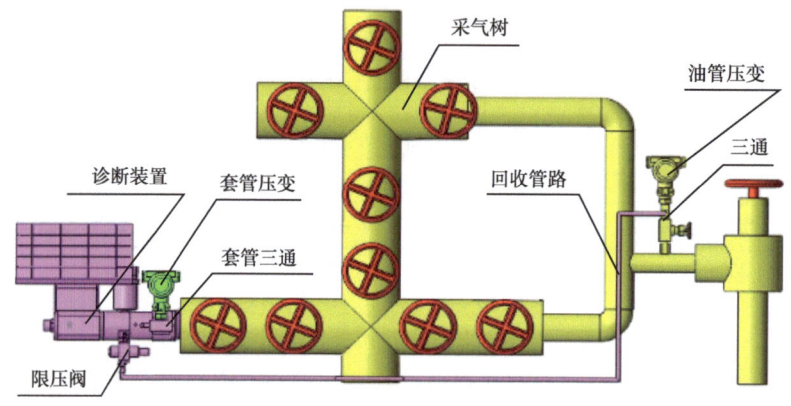

图 5-28 现场安装图

现场测试主要包括手动测试试验、自动监测试验、连续监测试验和压力计对比试验。

手动测试试验的目的是确认诊断装置击发功能、显示器显示功能是否正常，能否测到清晰的井下液面回波，同时完成通信地址配置、时间表设定等准备工作。

自动监测试验目的是确认诊断装置能否按照预设的时间表自动完成测试任务，并把测试结果通过 GPRS 网络传回服务器，通过查看服务器上历史数据，判断井口主机的工作状态。

连续监测试验主要是通过长时间连续测试，验证诊断装置的长期工作可靠性及系统是否满足使用要求。

压力计对比试验利用从油管下压力计测试得到的液面深度，作为实际值与根据软件计算出的油管液面深度进行对比，验证计算精度[66]。

2. 测试效果分析

利用积液诊断软件进行井筒积液量计算，并将计算结果与压力计实测数据计算结果进行对比（表 5-3），积液量计算对比误差小于 10%，表明该方法计算准确性满足现场应用要求。

表 5-3 神木气田测试及软件计算结果对比表

序号	井号	测试套管液面深度/m	软件计算油管液面深度/m	压力计测试油管液面深度/m	计算误差/%
1	双 57	2586.0	2390	2278.4	4.1
2	双 13-25	2730.6	2265	2318.4	1.8

续表

序号	井号	测试套管液面深度 /m	软件计算油管液面深度 /m	压力计测试油管液面深度 /m	计算误差 /%
3	双 13-28C2	2273.7	2042	1971.0	2.5
4	双 15-20	2384.5	1714	1704.1	0.3
5	双 7-11C2	2920.8	2551	2260.5	9.1
6	双 14-26C1	2538.3	1555	1339.1	7.5
7	双 10-18C1（节流器）	2569.0	608	672.9	2.2
8	双 10-18C7（节流器）	2490.2	873	824.9	1.7
9	双 10-36	2490.2	1625	1644.0	0.8
10	双 10-18	2674.2	2274	2062.0	7.5
11	双 4-30	2752.8	2611	2617.0	0.2
12	双 10-12	2572.6	2205	2153.0	1.7

为了验证诊断系统的准确性，可选取测试井通过目前最为准确的压力梯度测试法进行对比测试。双 57 井井口手动击发测试能够得到清晰液面回波，软件设置连续测试，装置工作正常。油管内下压力计进行压力梯度测试，测试结果表明该井积液深度为 2278.4m，系统软件计算得到油管液面深度为 2390m，误差 4.1%，符合程度较高（图 5-29、图 5-30 和表 5-4）。同时结合重复测试精度小于 10m，说明该积液诊断系统和设备目前满足气田液面测试准确性要求。

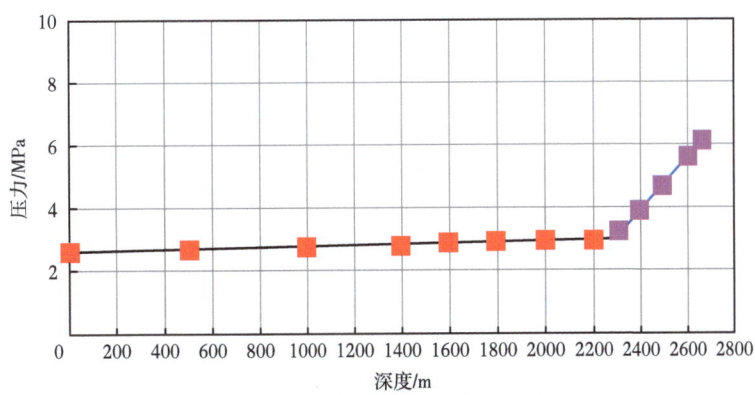

图 5-29　双 57 井油管压力梯度测试曲线

表 5-4　双 57 井压力梯度测试及软件计算结果对比

测试方法	测试时间	环空液面测试深度 /m	油管液面实测深度 /m	油管液柱计算深度 /m	计算误差 /%
诊断装置	2016 年 12 月 7 日	2586.5	—	2390	4.1
压力计	2016 年 12 月 7 日	—	2278.4	—	

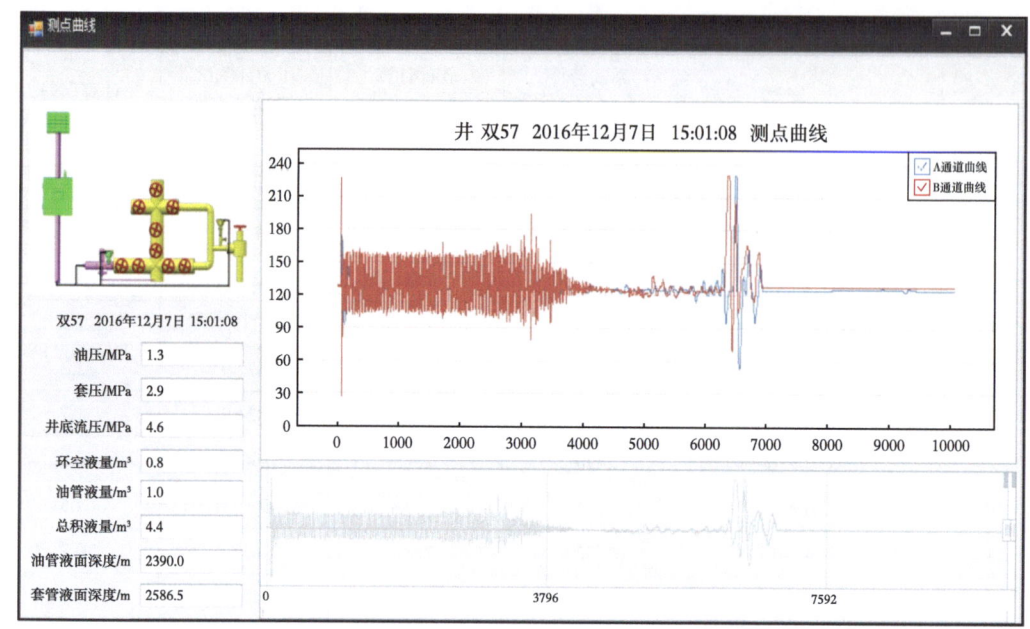

图 5-30　双 57 井软件计算结果

截至 2021 年底，该类设备在天然气井、油井、煤层气井及页岩气井均有应用，全国应用井数超过 2000 口，长庆气田应用 100 余口，主要用来监测套管液面的变化情况。

第二节　致密气井智能泡排优化控制技术

一、泡沫排水采气工艺原理

1. 工艺原理

泡沫排水采气工艺是通过套管或油管注入化学药剂（泡沫排水剂或起泡剂），在气流的搅动下，使气液充分混合，通过分散、减阻、洗涤等作用，在井筒内与井筒积液形成大量的具有一定稳定性的泡沫，改变井底及油管内的气液分布结构，降低积液的相对密度。在天然气上升的过程中，泡沫随着天然气一起被带出井口。由于起泡剂产生的泡沫膜上含有大量的水分，因此泡沫被带出井口的同时，井筒内大量积液也被带出井底。同时，泡沫柱底部的液体不断补充进来，逐步实现油管内的气液结构的连续分布（图 5-31）。随着排液过程的进行，井筒内积液对井底的回压得以减小，从而有效地解除气流道堵塞，减少"滑脱"损失，提高天然气流的垂直举液能力，使气井产能得到部分或完全恢复，从而达到增产、稳产的目的。泡沫排水采气具有设备简单、施工容易、见效快、成本低、又不影响气井生产的优点，在采气生产中得到广泛应用[67]。

起泡剂主要是一些具有特殊分子结构的表面活性剂和高分子聚合物，其分子上含有亲水和亲油基团，具有双亲性。泡沫主要通过以下几种效应实现排水采气。

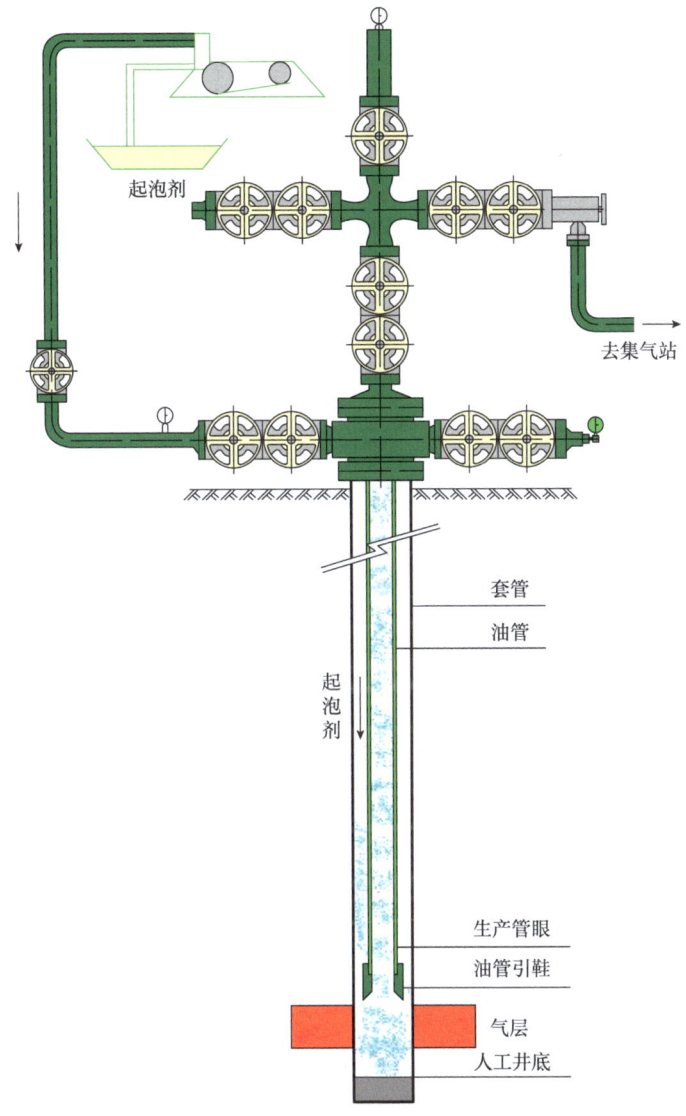

图 5-31 泡沫排水工艺原理图

1）泡沫效应

井底积液与起泡剂接触混合后产生泡沫，使得油管内气液两相垂直流动状态发生显著变化。气液两相介质的密度几乎可降低到原来的 1/10，从而使得液柱的压力大大降低，进而降低了两相垂直流动的临界流速，而且此状态下气液流度差别不大，所以有利于举升。Campbell 等探讨了泡沫降低临界流速的问题，并给出了泡沫排水的临界流速公式：

$$v_\mathrm{t} = \frac{1.593 \sigma^{\frac{1}{4}} \left(\rho_\mathrm{l} - \rho_\mathrm{g} \right)^{\frac{1}{4}}}{\rho_\mathrm{g}^{0.5}} \qquad (5\text{-}50)$$

式中：v_t 为气体临界流速，m/s；σ 为气液表面张力，N/m；ρ_l 为液相密度，kg/m³；ρ_g 为

气相密度，kg/m³。

2）分散效应

由于起泡剂主要是表面活性剂，它能起到降低地层水的表面张力的作用，使水在气流的扰动下容易被分散，大液滴变成细小的液珠，含在气泡间的表面活性层之间，有利于气水流态由举升效果差的气泡流或段塞流向易举升的雾状流或段塞流转变，减少气液的滑脱损失。这种分散能力取决于气流对液相的搅动、冲击程度，搅动越猛烈，分散程度越高，液滴越小，越容易被气流带出地面。

3）减阻效应

井底气水混合物因气流冲击会产生涡流，起泡剂会减少涡流造成的垂向流动阻力，提高管段液相的可输性。泡沫的减阻效应是通过添加减阻剂来实现的。由于井筒内气流对液相的冲击和搅动，管内的两相混合物始终处于湍流状态，这既有利于泡沫的形成，又符合减阻的动力学条件。泡沫体系的减阻效应主要通过减阻率来评价。

4）洗涤效应

泡沫药剂通常也是一种洗涤剂，可清洗井底及近井底地层，同时泡沫还能将不溶性污垢包裹起来，并携带出井筒。这样就起到解除堵塞，疏通管道，改善气井生产能力的作用。

2. 泡沫形成机理及性能

泡沫是由不溶性或微溶性的气体分散于液体中所形成的分散体系，分散相是气体，连续相是液体。实际应用中，洗涤剂、泡沫排水采气起泡剂、香波、高分子泡沫绝缘材料、加气混凝土、泡沫浮选矿石等都需要泡沫。泡沫和乳化剂都是分散体，许多控制其形成的因素和稳定性有相似之处，不同之处在于泡沫是气体被一层液体薄膜所包围，液膜将不同气泡分开，而表面活性剂分子呈层状结构排列。

按照泡沫稳定时间可将泡沫分为两种：一种是不稳定泡沫，这种泡沫存在时间很短，因表面张力与重力作用的影响而破裂；另一种是亚稳定泡沫，这种泡沫可稳定几秒到几小时，气液界面的表面活性剂可阻止气泡间液体的排出，并构成具有刚性及一定机械强度的双分子层泡沫结构，这种泡沫将受温度、压力、蒸发等环境因素影响而破坏，即使是最稳定的亚稳泡沫也会合并而破掉，因为气体从小泡向大泡扩散总是在发生。泡沫按其形态又可分为：球状泡沫、蜂窝状泡沫、多面体泡沫。

为了产生有效的泡沫，需要有一定强度的搅动使气液两相很好地分散，而且形成的泡沫还需要稳定保持一段时间，这都需要借助相关化学药剂的作用才能实现。这些化学药剂包括起泡剂、分散剂、稳定剂、缓蚀剂、减阻剂，以及消泡剂等。

泡沫排水采气的关键在于起泡剂，起泡剂主要成分为表面活性剂。表面活性剂可降低水的表面张力，使水在气流的扰动下容易分散、发泡，使密度较大的水变成密度小的泡沫。同时，表面活性剂有助于油管中气水流态的转变，把举升效果差的流态转变成举升效果好的流态。起泡剂的性能决定于内因（即分子结构）和外因（地层水矿化度、凝析油含量等）。起泡剂的发泡性能主要由发泡力（泡沫形成的难易程度和生产泡沫能力的大小）、泡沫稳定性（泡沫的持久性），以及表示排液能力的携液量三项指标决定，所以必须具备以下性能：

（1）起泡性能好，发泡量大。基液与气体接触后可产生大量泡沫，使气、液两相空间分布发生显著变化，水柱变成泡沫，密度大幅度下降，从而在较低气流速度下，就可以将低密度的含水泡沫带到地面，实现排水采气。

（2）泡沫携液量大。当气泡周围吸附的起泡剂分子达到一定浓度时，气泡壁就形成一层较牢固的膜。泡沫的水膜越厚，单位体积泡沫的含水量越高，表示泡沫的携液能力越强。起泡剂的现场使用量应根据产液量情况进行估算。

（3）泡沫稳定性合适。采用泡沫排水，从井底到井口行程几千米，如果泡沫稳定性差，有可能中途破裂而使水分落失，达不到将水携带到地面的目的。然而，如果泡沫的稳定性过强，则泡沫进入分离器后又会给消泡及气水分离带来困难。

（4）抗油性能好。原油具有消泡的作用，随着原油含量的增加，原油的消泡作用增强，泡沫携液量相应会减少。但是随着起泡剂浓度的增加，其抗油能力能够得到提高。因此，除根据气井实际情况选用适当类型的起泡剂外，还应酌情提高用量，以抵消原油的消泡作用。

（5）抗盐性能。盐对泡沫携液性能有一定的负面影响，但不显著。随着氯化钠含量的增加，泡沫携液量会下降，即便如此，气井泡沫排液在氯化钠含量为3.5%的恶劣条件下，仍有较好的携液效果，而一般气井中的地层水矿化度远远达不到这样高的含盐量。

（6）抗污染能力强，与地层流体及入井液配伍性好，化学剂性能稳定[68]。

二、泡排性能评价及优化

1. 泡排剂携液能力评价

泡沫携液能力是泡排剂性能最直观的体现，也是泡沫排水采气实际应用中最为关心的参数，表征了泡沫所能携带出液体体积的多少。泡沫携液能力越高，泡沫携带出的液体也就越多，表示泡排剂排水效果越好。

1）实验原理

选用气流法测定泡排剂携液能力，实验过程中，通过向底部容器内通入一定流速的氮气模拟井下天然气的流动，测定一段时间内泡沫携带出液体体积，并依据SY/T 6465—2000《泡沫排水采气用起泡剂评价方法》计算泡沫携液率来表征泡沫的携液能力，即：

$$\varphi = \frac{V_t}{V_0} \tag{5-51}$$

式中：φ为泡沫携液率；V_0为泡排剂溶液初始体积，包含上下两部分溶液体积，m^3；V_t为泡沫收集瓶内最终收集的液体体积，m^3。

为了更加真实地模拟井底温度环境，排除实验环境温度变化对实验结果的影响，实验中还将整个泡沫计装置置于恒温水浴系统。同时，实验中还增加了冷凝管装置，降低恒温系统相对实验环境高温下液体蒸发对实验结果的影响。

2）实验步骤

（1）配制一定浓度实验用泡排剂溶液，向发泡管中添加泡排剂溶液，并将泡排剂管置于恒温水浴中，保持整个实验过程中温度恒定；

（2）打开氮气阀门，调节气流速度恒定，保持气体从氮气瓶流向泡排剂管；

（3）当泡沫到达接收器时按下秒表，定时15min，接收随氮气排出发泡管泡沫；

（4）接收完毕后，关闭氮气阀门，停止实验，若泡沫接收器中含有泡沫较多，为快速消泡，可采用消泡剂进行消泡，然后将消泡后液体倒入量筒测定液体体积；

（5）最后根据泡沫携液率公式计算泡沫携液率，为降低实验随机因素对实验结果的影响，可多次测量，求取平均值。

2. 泡排剂稳泡时间评价

泡沫稳定性是指泡排剂产生泡沫的生存时间，是反应泡沫质量的重要指标之一。泡沫稳定性越好，表明泡沫生存时间越长，泡沫质量也就越好。采用泡沫半衰期时间 $T_{1/2}$ 来描述泡沫的稳定性，即泡沫高度衰减至一半所需的时间。采用 Waning Blende 法测定泡沫半衰期时间，测量原理是通过 Waning Blende 搅拌机高速搅拌量杯内泡排剂溶液一段时间，使泡排剂溶液充分起泡，然后静止，记录量杯内析出液体为所加泡排剂溶液一半时的时间 t，作为泡排剂半衰期时间 $T_{1/2}$。Waning Blende 法所用的药品少，实验周期短，使用条件不受限制，被广泛应用于泡沫半衰期测定中。

实验步骤为：

（1）配制一定浓度实验用泡排剂溶液，并向搅拌机量杯中加入 100mL 实验配制的泡排剂溶液；

（2）设置恒定转速 8000r/min，设置搅拌时间 60s，打开搅拌机，启动搅拌；

（3）搅拌停止后，按下秒表，并保持搅拌机静止放置，继续观测量杯下方溶液体积，记录量杯内析出 50mL 液体所需的时间，该时间即为泡沫半衰期时间，表征了泡沫的稳定性。关闭开关，马上读取泡沫体积，表示泡沫的起泡能力。

3. 泡排工艺参数优化

泡沫排水采气作为在近年来实践过程中首选的排水采气工艺得到了广泛的应用，该工艺具有投入小、施工方便、起效快等特点。在最近几年中，苏里格地区泡沫排水采气注重的是室内实验结果，关注点集中在泡排剂选型、临界携液流量泡排制度、加入量等方面，往往忽视了最重要的加注方式、加注时机等问题，从而造成了泡排的成功率较低。

1）注剂方式

气井泡排加注方式分为两种：油管泡排及套管泡排。具体泡排方式的选择需要考虑到几个影响因素：一是要考虑管柱结构，早期生产井，特别是水平井，套管存在顶封，该类井只能进行油管泡排；二是要考虑节流器，有节流器井，除非节流器以上积液，否则一般考虑套管泡排；三是要考虑套管压力，现有部分注剂工艺设备不能够满足压力需求，套管压力较高的井只能进行油管泡排；四是泡排剂类型，部分泡排剂在实际生产应用中，在注入高压套管内时，会出现堵塞套管的现象。除此以外，泡排剂注入方式有泵注法、平衡罐注法、泡沫排水车注法和投注法。

（1）泵注法。

该方法是将泡排剂溶液过滤后，从井口套管或油管泵入井内。适用于有人看守或距井站较近而又需要连续注入泡排剂的气井，气水比一般大于 $160m^3/m^3$。也可用于间歇注入泡排剂的气井。

（2）平衡罐注法。

该方法是将泡排剂溶液过滤后，倒入平衡罐内，在压差的作用下，将平衡罐内的泡排剂从井口套管或油管注入井内。主要用于无动力电源或需间歇式注入泡排剂的气井，气井的气水比一般大于 $330m^3/m^3$。

（3）泡沫排水车注法。

该方法与泵注法相同，只是注泡排剂的动力不是来自高压电源，而是由汽车供给动力。主要用于边远又无人看守或间歇注入泡排剂的气井，气水比一般大于 $200m^3/m^3$。

（4）投注法。

投注法是将棒状固体泡排剂从井口油管投入井内，在重力的作用下落入井底。主要用于间歇生产或间歇加注泡排剂，以及无人看守的边远小产量气井，气水比一般大于 $330m^3/m^3$，产水量小于 $80m^3/d$，液体在井筒内的流速不宜过高。泡排剂一般从油套环空注入，水呈泡沫段塞状态从油管与气一同排出后，在地面进行分离。注泡排剂的方式有便携式投药筒、泡沫排水专用车、井场平衡罐及电动柱塞计量泵等多种，苏里格气田泡排剂加注方式也要根据现场具体情况而定，需根据井场条件选择。

加注时机的确定主要通过现场对比试验来确定，油套压差的大小反映井底积液的多少，而气井产气量的高低一定程度上反映了地层能量的大小，因此对气井分成低压低产井、低压中产井和高压高产井三大类，针对各类气井在现场试验不同油套压差条件下的排水效果，通过寻求合理压差确定加药时机。现场气田的情况为确定低压低产气井在油套压差为 0.20~0.25MPa 时泡排效果最好，低压中产井油套压差为 0.5MPa 左右时泡排效果最好，高压高产气井油套压差为 2~2.5MPa 时泡排效果最好。

现场生产表明可根据气井产量、产水量、压力等因素共同确定泡排时机，无节流器生产气井实施泡排的判别方式为：

（1）正常生产阶段油套压差呈变大趋势、气量波动或套压呈上升、气量呈下降趋势气井；

（2）关井后油套压差不小于 3MPa 气井；

（3）重点跟踪气量不大于 $0.5×10^4m^3/d$ 气井，待井筒举升液体能力不足时，开展泡排作业协助气筒携液。

井下节流气井实施泡排的判别方式为：

（1）日常生产阶段套压平稳下降、气量波动或套压呈上升趋势、气量呈下降趋势气井；

（2）关井后油套压差不小于 3MPa 气井；

（3）重点跟踪气量不大于 $0.5×10^4m^3/d$ 气井，适时开展泡排剂协助气筒携液，或者打捞井筒节流器投加泡排棒或泡排剂。

2）注剂量

在泡排剂室内实验确定的最佳有效浓度为 2% 的基础上，分析水、井筒积液量与药剂量及浓度的关系，在药剂量不变的情况下，井筒积液量与药水浓度成正相关关系；药剂量增加，能排出的井筒积液量相应增加。

在确定好井内液柱高度后，可以算出井内液体体积。一般要求加注泡排剂后，井筒内泡排剂的比例应至少在千分之五以上。配液时，药剂稀释浓度应根据区块内井筒情况适时调整，一般保持在 1∶3 至 1∶10 之间。加注时，要考虑井筒挂壁残留等因素，一般加注量要比理论计算量多。

3）稀释比例

目前最为有效的定压差泡排制度是：在气井油套压差达到 2~4MPa 时，选择相应的泡排剂针对不同气井，每隔 3~4 天施工 1 次，每次加注泡排剂 10~20L，稀释液配比 1∶10。

根据气井连续出液情况，一般采取每天加注泡排剂 5~15L，稀释液配比 1∶10 的加注制度。考虑到泡排剂会吸附在油套管壁上，所以连续泡排稀释液配比较大，一般为 1∶20。此种泡排制度对于那些低压、多液气井有较好的助排效果。现场经验表明，日产水量大于 $30m^3$ 时，适合使用连续泡排。

4）注剂周期

连续生产井及长开短关井加注周期需要根据气井泡排后再次积液周期确定泡排周期。间歇井需要结合间歇制度进行泡排。一般情况下需要根据区块的实际情况来确定，新井可以适当减少药量，加大加注频率，而老井考虑到井筒内的洁净度问题，会提高加注量而减少加注频率，从而减少泡排剂在井筒内壁上的残留。

5）泡排工艺制度优化

对于滴注速度，针对生产状态良好和不佳的泡排井，分别采用不同策略：（1）生产状态良好：保持当前滴注速度；（2）生产状态不佳：按照当前滴注速度的 90% 和 110% 分别运行 3 天。

对于油套压力，针对生产状态良好和不佳的泡排井，分别采用不同策略：（1）油压缺失：当前滴注速度的套压高于近 3 次的套压值，按照当前滴注速度 130% 运行 3 天；否则，按照当前滴注速度 95% 运行 3 天。（2）套压缺失：当前滴注速度的油压高于近 3 次的油压值，按照当前滴注速度 130% 运行 3 天；否则按照当前滴注速度 95% 运行 3 天。（3）油套压均缺失：保持当前滴注速度，反馈"请及时对井口压力传感器进行维护"。

三、智能泡沫排水采气控制优化系统

1. 长庆气田泡沫排水工艺应用现状

随着气田开发，气井产量下降导致积液井数逐年增加，为了维持气田持续稳产，长庆气田开展了泡沫排水、速度管柱、柱塞气举、压缩机气举等多项排水采气工艺技术研究及现场试验,其中,泡沫排水采气以其设备简单、见效快、不影响气井正常生产等特点,成为气田排水采气的主体技术,实施工作量随之逐年递增(图5-32),年实施井数达到排水采气措施总井数的81%(图5-33)。

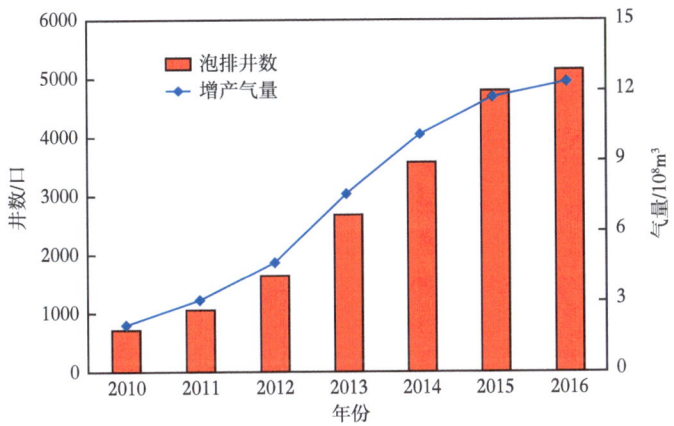

图5-32　长庆气田历年泡排井数及增产气量统计

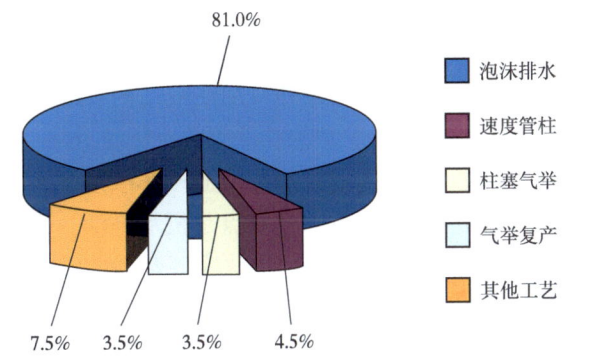

图5-33　长庆气田2016年排水采气工艺实施井数统计

1)长庆气田的水质情况

长庆气田各区块凝析油含量在0~30%,88.7%气井含凝析油,矿化度含量在0~200g/L,长庆气田具体水质情况见表5-5。

表5-5　长庆气田水质情况表

区块	占总井数比例/%	平均油水比/%	矿化度分布/(g/L)
靖边	11.3	0	50~200
苏里格	81.5	10	11~85
榆林	4.4	30	8~79
子洲—米脂	2.8	15	33~180

2）起泡剂使用情况

在用泡排剂主要为阴离子—非离子复配体系，在油水比 20% 条件下携液率均低于 60%，不满足 Q/SY 1815—2015《排水采气用起泡剂技术规范》的标准要求，整体措施有效率仅为 72.3%（图 5-34）。2016 年气田泡排剂采购量达到 3500t，投入费用超过 1 亿元，随着泡排井数的增加，泡排剂用量以 30% 以上的速度逐年递增。

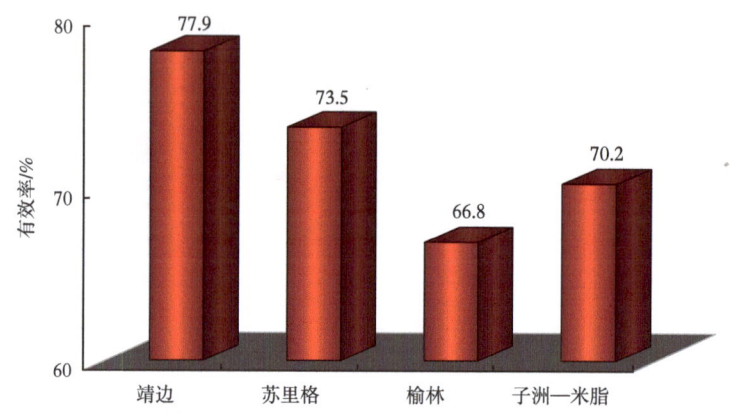

图 5-34　气田泡排措施有效率统计图

3）起泡剂加注方式

目前，液体起泡剂主要采用车载注剂泵井口加注或站内管线加注。

①注剂泵井口加注。

该加注方式是将已经配制好的液体泡排剂溶液通过车载注剂泵从井口油套环空或油管注入，利用泡排车的动力带动注剂泵运行。其特点是机动灵活，但施工费用较高，且受到人员、天气、车况、路况等因素的影响较大，无法实现药剂的定时定量加注。

②站内管线加注。

该加注方式通过集气站内注醇管线将液体泡排剂从井口油套环空或油管注入，仅适用于采用高压集气模式的气井，工艺局限性较大，目前只有靖边气田集气站内安装有注醇管线，且冬季单井需要注醇防冻，需交替使用。该工艺优点是可实现药剂加注的站内控制，缺点是受季节影响较大，且管线长，沿程损失大，易堵塞。

4）起泡剂加注制度

井筒积液量是确定泡排加注制度（包括加注量及加注周期）的主要依据，目前积液诊断方法无法实现井筒液量的准确计算，起泡剂的加注主要按照经验定期加注，导致泡排制度针对性差，平均措施有效率仅 72%。

2. 智能泡沫排水采气控制系统

针对长庆气田泡沫排水用起泡剂适用性差、成本高，泡排加注制度主要靠经验，措施有效率低等问题，长庆在研发适用于气田水质的泡排剂的基础之上，进一步研发形成系列化适用于液体泡排剂的自动加注装置及控制系统，实现泡排剂加注的远程自动控制。

1）系统组成

智能泡沫排水采气控制系统主要由井口自动加注设备、自动控制系统及太阳能供电系统三部分组成（图5-35）。

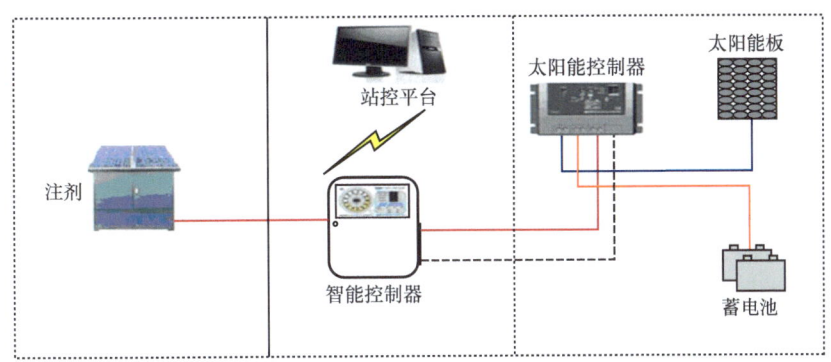

图5-35　气井泡排剂自动加注系统组成

自动控制系统由井口控制器及站内控制软件组成，可利用井口RTU及数传电台进行数据采集传输、诊断气井积液状态并发送指令至井口加注设备，实现起泡剂加注的自动控制。

太阳能供电系统包括太阳能电池板、蓄电池、太阳能控制器等组件，为井口加注设备的运行提供电力供应。

2）井口自动加注设备

（1）液体起泡剂自动加注装置。

①工作原理。

自动注剂系统采用橇装设计，注剂泵、自动控制器、供电控制系统及储液罐集成在箱体中，如图5-36和图5-37所示。

图5-36　液体泡排剂自动加注装置外观图

图5-37　液体泡排剂自动加注装置内部结构

自动注剂装置工作原理：太阳能光伏面板将光能转换成电能储存在蓄电池内，逆变器将储存在蓄电池内的48V直流电转变成380V交流电，为注剂泵电机提供动力，当控制系统发出指令时，动力部分继电器吸合，电机驱动注剂泵将药剂箱内起泡剂溶液注入气井油套环空，从而实现液体泡排剂自动加注的目的。

②注剂系统结构及参数设计。

注剂系统主要包括注剂泵、过压保护系统、液位传感器、药剂箱等。

a. 注剂泵。

注剂泵选择往复式柱塞泵，由于液体泡排剂通常由井口油套环空加注，注剂泵最高工作压力参数取决于井口套压，苏里格气田气井投产初期井口套压在 20~25MPa 之间，生产中后期产气量降至临界携液流量以下导致井筒积液，统计结果表明，苏里格气田积液气井井口套压在 4~20MPa 之间，考虑设备运行安全性，设计注剂泵的最高工作压力为 25MPa。

苏里格气田积液井起泡剂加注量在 50~120L/d，由于系统采用太阳能供电，注剂泵的排量参数不宜过高，根据现场需要，设计注剂泵排量为 60L/h，每天加注 1~2h。

b. 过压保护器。

通过泵出口过压溢流和电流过载双重控制，确保系统安全。

过压溢流保护系统：当油套环空中压力超过设备额定压力值时，设备自动开启溢流管口阀柱，从而实现过压保护功能。

电流过载保护：当系统瞬时电流超过设定值时，过载系统自动切断设备电源，防止由于电流过大导致电机损坏。

c. 液位传感器。

用于监控加药箱内部液面变化，当液位下降到设定值时，系统自动发出报警信号，在设定时间内，如果液位未出现上升，（未进行药剂补充），系统将切断电源，停止加注。

③注剂系统稳定性测试。

自动注剂装置现场安装调试前进行设备稳定性室内测试，通过时间控制模式控制启停，记录设备开启与关闭时间点及实际加注量，测试数据见表 5-6。

表 5-6　注剂泵稳定性室内检测记录

日期	设定时间段	注入压力 / MPa	标准排量 / L/h	实际排量 / L/h	备注
2011 年 2 月 27 日	8:00—9:00	10	60	60	1h 连续加注
2011 年 2 月 28 日	8:00—8:10 8:20—8:30 9:00—9:10 9:20—9:30	10		59.5	6 个时间段完成 1h 加注
2011 年 3 月 1 日	8:00—9:00	15		60	
2011 年 3 月 4 日	8:00—10:00	15		120	
2011 年 3 月 8 日	8:00—9:00	20		60	设备运转正常
2011 年 3 月 12 日	8:00—10:00	20		120	
2011 年 3 月 17 日	8:00—9:00	25		60	
2011 年 3 月 23 日	8:00—10:00	25		120	

测试结果表明：时钟控制模式反应灵敏，测试过程中柱塞泵排量稳定；550W 交流电动机转动平稳，负荷轻，泵头吸水顺畅，与电动机连接部位紧密，无任何渗漏现象，满足

现场试验要求。

（2）固体泡排棒自动投放装置。

①装置结构及工作原理。

泡排棒自动投放装置采用电磁驱动，通过时间控制器及远程控制器实现电磁头的通断电控制。装置主要由壳体、电磁头、转盘、储棒筒等部分组成，如图 5-38 所示。

投棒装置安装在采气树顶部，二者通过法兰连接，实施过程如下：

a. 装棒过程。

装棒前，关闭井口采气树 1#、4# 阀门，壳体泄压后将一根泡排棒放入当前与装料口相连通的储棒筒中，手动控制电磁头通电，电磁铁产生的力矩促使转盘发生旋转，固定于转盘上的储棒筒同时旋转固定角度。此时，下一根储棒筒与装料口连通，装入第二根泡排棒。重复上述过程，依次完成装料操作。

b. 投棒过程。

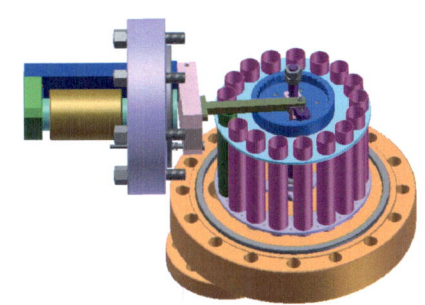

图 5-38　自动投棒装置内部结构三维效果图

装棒完成后，关闭放空阀及装料口，打开采气树 1#、4# 阀门壳体充压，此时，没有装入泡排棒的第 13 根储棒筒与井口相连通，电磁头通电，储棒筒旋转固定角度，此时，第一根装有泡排棒的储棒筒与井口连通，泡排棒在重力作用下落入井筒。重复上述过程，当泡排棒全部加注完成后，人工到井口重新装填药剂。

②系统参数设计。

a. 额定工作压力。

固体泡排棒由井口油管投放，苏里格气田气井开井生产时井口油压小于 4MPa，积液井关井油压不超过 20MPa，设计投棒装置额定工作压力 21MPa，对于部分井口压力低的气井，设计投棒装置的额定工作压力为 14MPa。

b. 储棒量。

在设备承压一定的情况下，随着储棒量增加，体积及质量递增明显（表 5-7），考虑井口设备的安全性，设计额定工作压力 21MPa 的投棒装置储棒容量为 12 根，额定工作压力 14MPa 的投棒装置储棒容量为 20 根。

表 5-7　储棒量设计参数表

编号	额定压力/MPa	储棒量/根	质量/kg	直径/mm	高度/mm	功率/W
方案一	21	8	300	200	670	50
方案二	21	12	370	279	670	50
方案三	21	18	820	427	670	85
方案四	16	12	310	260	670	50
方案五	16	16	365	325	670	50
方案六	16	20	780	380	670	50

(3)固体泡排球自动投放装置。

为了进一步提高储药筒的容量,延长上井周期,同时不增加设备重量,研发了泡排球自动加注装置,其主要特点是储球筒不承压,储药容量大,重量轻。

装置主要由主控阀、驱动电机、投球活塞、投球控制拨轮、储球筒等部分构成,如图 5-39 所示。

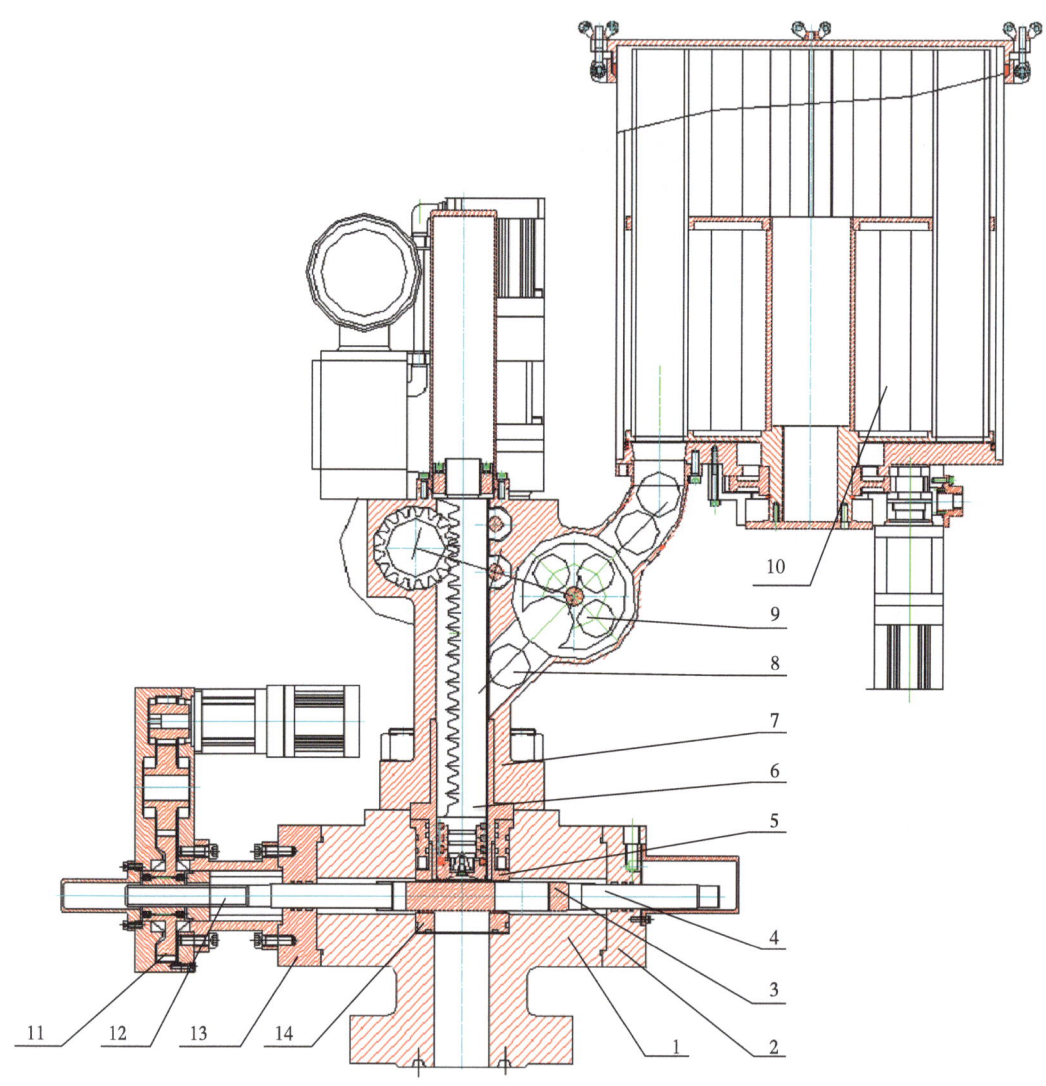

1—阀体;2—右阀盖;3—闸板;4—右阀杆;5—上阀瓣;6—投球活塞;7—活塞缸体;8—泡排球;
9—拨轮;10—储球筒;11—驱动齿轮;12—左阀杆;13—左阀盖;14—下阀瓣。

图 5-39 自动投球装置结构示意图

投球实施过程如下:

①主控阀阀口封闭,投球活塞端面贴向主控阀阀板端面,投球控制拨轮口对准泡排球等待区。

②投球活塞向上运动，投球控制拨轮同步顺时针旋转一周，输送一个泡排球落入缸体，拨轮口再次对准泡排球等待区，此时泡排球暂时储存在缸体中，等待投球活塞封闭缸体。

③投球活塞向下运动，封闭投球控制拨轮与缸体间的连接口，投球控制拨轮同步逆时针旋转，输送一个泡排球暂时储存于拨轮口中。

④主控阀电机控制阀板向左运动，主控阀阀口开启，启动泡排球井口投放通道。

⑤泡排球在重力作用下落入井口，完成一次投球过程，投球活塞向下运动，投球控制拨轮逆时针旋转，泡排球落入等待区，主控阀阀板向右运动，封闭井口，装置恢复到初始工作状态。

3）自动加注控制系统

自动加注控制系统主要包括时间控制及远程控制两种模式。时间控制模式是通过时间控制器设定日期、时间来控制井口加注设备的开启与关闭，可以任意指定时间点开始注剂或投棒操作。远程控制模式初期采用 GSM 网络信号，通过手机或远程控制终端发送信息控制井口加注设备的启停，如图 5-40 所示。

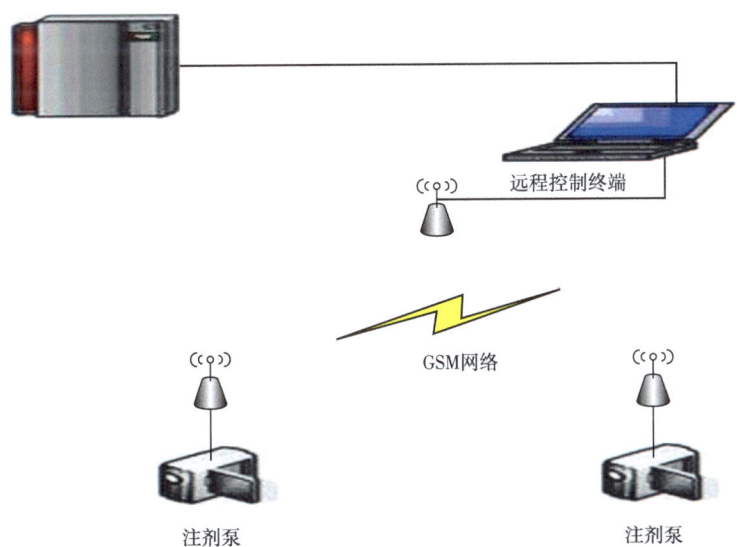

图 5-40　GSM 网络远程控制示意图

为了进一步提高控制系统智能化程度，结合气田数字化管理平台，对远程控制系统进行了升级改造，利用井口数据远传系统采集井口油套压、产气量数据并传输至集气站，编制泡排智能控制软件，实时分析气井积液情况，确定起泡剂加注制度，并发送指令至井口控制器，实现起泡剂自动加注，如图 5-41 所示。

（1）数据采集及传输系统。

数据采集及传输技术由安装在井口各相应部位的传感器实现井口压力、温度、流量数据的实时采集，采集到的信号传送到井场的数据采集电路处理，并通过无线电台远程传输到集气站。传输过程示意图如图 5-42 所示。

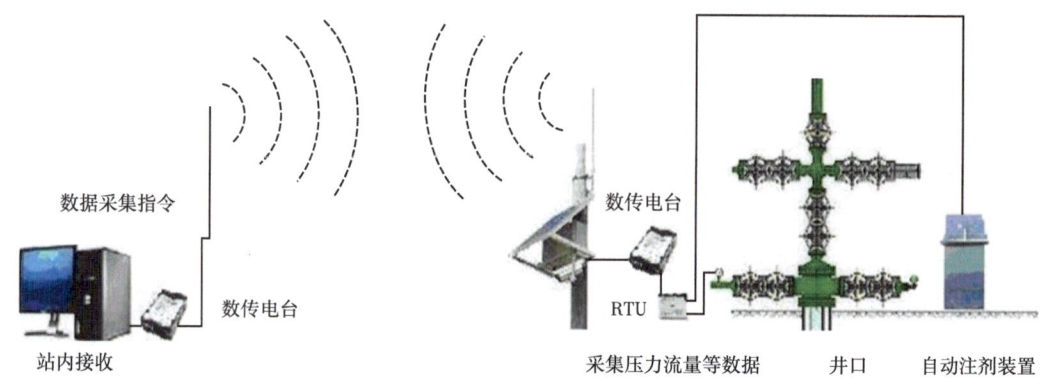

图 5-41　站控平台远程控制示意图

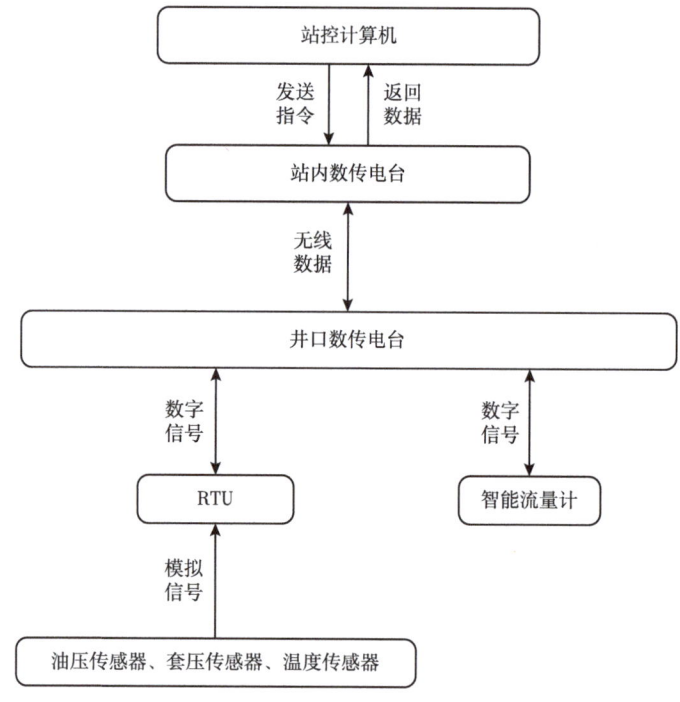

图 5-42　传输过程示意图

①基本原理。

a. 井口油压、套压、温度数据均以 4~20mA 模拟信号传输至 RTU，RTU 将模拟信号转换为数字信号，经过 CRC16 数据校验后将数据以 RS485 通信方式传给数传电台并发送回集气站。

b. 智能流量计的通信传输方式为 RS485，传输距离远且稳定可靠，数据传送至数传电台。

c. 数据接收：站控计算机经站内数传电台发送指令和接收反馈数据，当数据采集轮巡到某口井时，计算机将发送经过检验后的数据，RTU 和流量计收到指令后将按照地址识别数据，经过校验对比后给站控计算机返回正确数据。

②系统功能。

a. 对气井井口压力等异常状况发出报警信息。

b. 具有数据断电保护功能，可长期保存设定参数及历史数据。

c. 实现远程气井井口截断阀的关闭、开启控制。

d. 设备中的数据采集和通信模块具备远程参数设置和维护功能。

e. 控制中心可以主动问询每口气井的油压、套压、井口温度、流量等数据。

f. 自动记录气井工作过程、开井和关井时间，保存历史信息。

g. 具有静态数据浏览和编辑等功能：包括气井井况等数据，并能添加新井、删除关停井、修改作业井数据。

h. 具有油压、套压、井口温度、流量等参数的实时趋势、历史趋势记录功能，监控气井的参数变化情况。

i. 曲线报表功能：可以生成油压、套压、井口温度、流量曲线和各种报表。

j. 远程视频监控井场状况。

k. 监测管压，自动实现截断阀对超欠压情况实施即时保护。

l. 井场供电系统状态监测。

m. 数据自动上传功能。

③系统架构。

针对井口各类设备传输协议不同、信号传输中通信方式不同，对各设备进行数模转换，使采集信号全部为 RS485 信号。传输过程中将数据采集控制部分构建 RS485 架构，并对采集的各 485 信号进行光电隔离，每个信号传输过程中形成独立的通道，避免采集的信号相互干扰。

（2）井口自动控制器。

为了通过数据远传系统实现对井口泡排剂（泡排棒）加注设备的远程控制，研发了泡沫排水井口自动控制器，内置 485 数据接口，可通过井口 RTU 及数传电台进行远程通信，如图 5-43 所示。

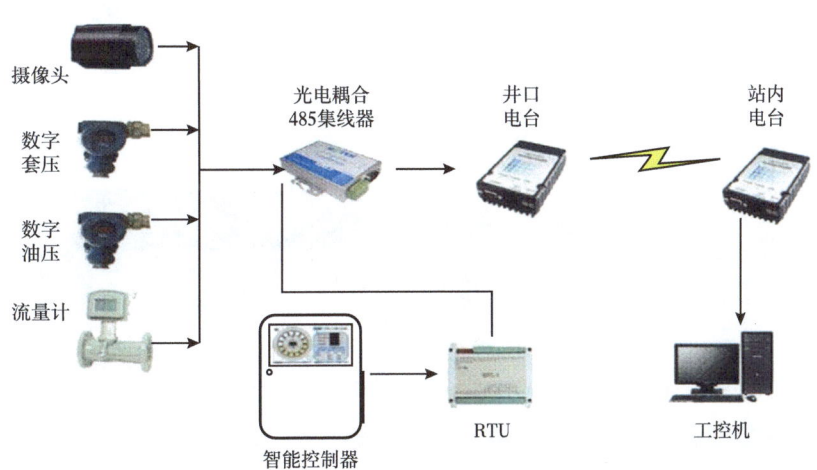

图 5-43 井口设备数据传输示意图

控制器采用 ARM11 嵌入式单板机，运行 WINCE6 系统，可通过图形化操作界面监控系统状态、设置运行参数。控制器集成手动及自动两种控制模式，自动模式下可通过时间设定或接收远程指令控制加注设备启停，手动模式下进行设备调试及加药操作。

①状态监控。

控制器状态监控功能显示当前系统压力、温度，注剂装置运行方式、泡排剂用量，以及当前继电器工作状态等参数，如图 5-44 所示。

②手动运行。

手动运行功能可控制自动加注设备进行手动操作，图 5-45 为投棒装置手动控制界面，点击"投棒"按钮，继电器会根据系统参数设置的继电器吸合时间及间隔时间连续吸合两次，完成一次投棒操作，剩余泡排棒数量自动调整。点击"点动调整"按钮继电器会自动吸合 1 次，用于临时调整储棒筒位置。

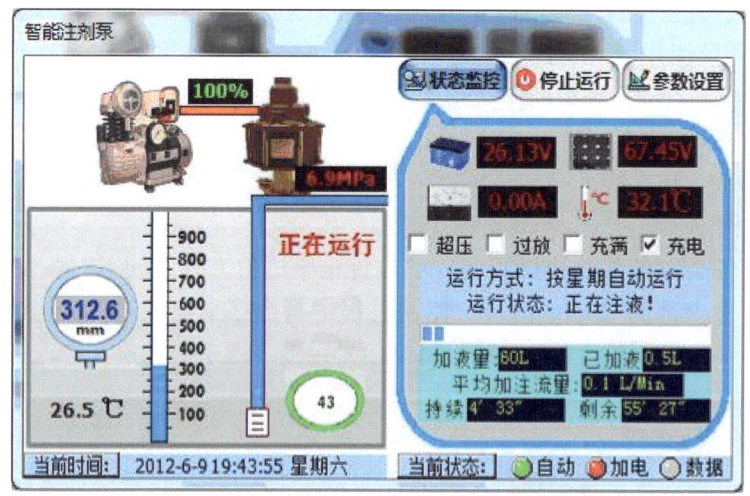

图 5-44　自动注剂控制器状态监控界面

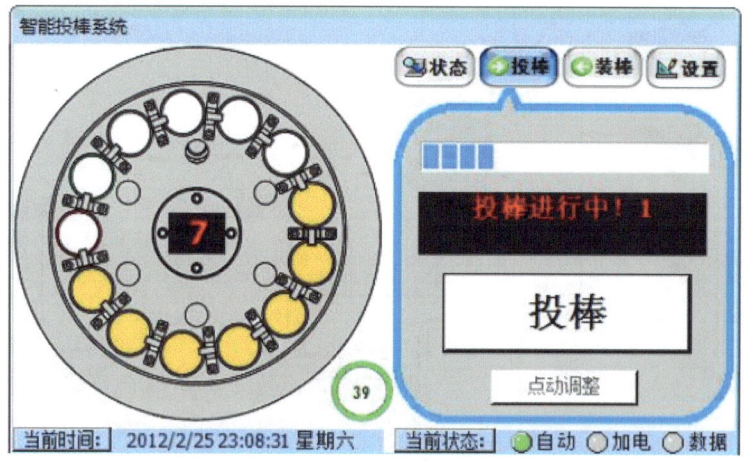

图 5-45　智能投棒控制器手动控制界面

③参数设置。

参数设置模块集成了时间控制器功能,通过设定时间控制井口加注设备的开启与关闭,如图5-46所示。

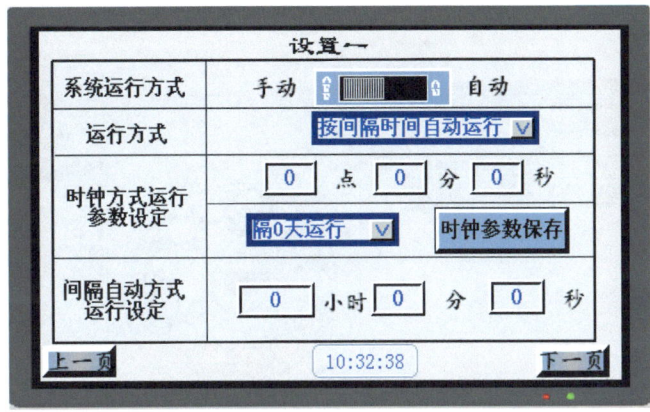

图5-46 智能注剂控制器参数设置界面

(3)泡沫排水自动控制软件。

站内电台接收井口发送的数据信号由主控机进行处理,配套研发的泡沫排水自动控制软件对所采集的数据进行分析诊断,自动完成气井泡排剂加注方案设计并发送指令至井口加注设备,实现泡排剂加注的智能控制。

泡排智能控制软件与站控软件通过系统组态合并为统一的管理平台,通过数据远传系统与井口智能控制器进行实时通信,实现了井口设备监控与参数设置的站内远程控制功能,如图5-47和图5-48所示。

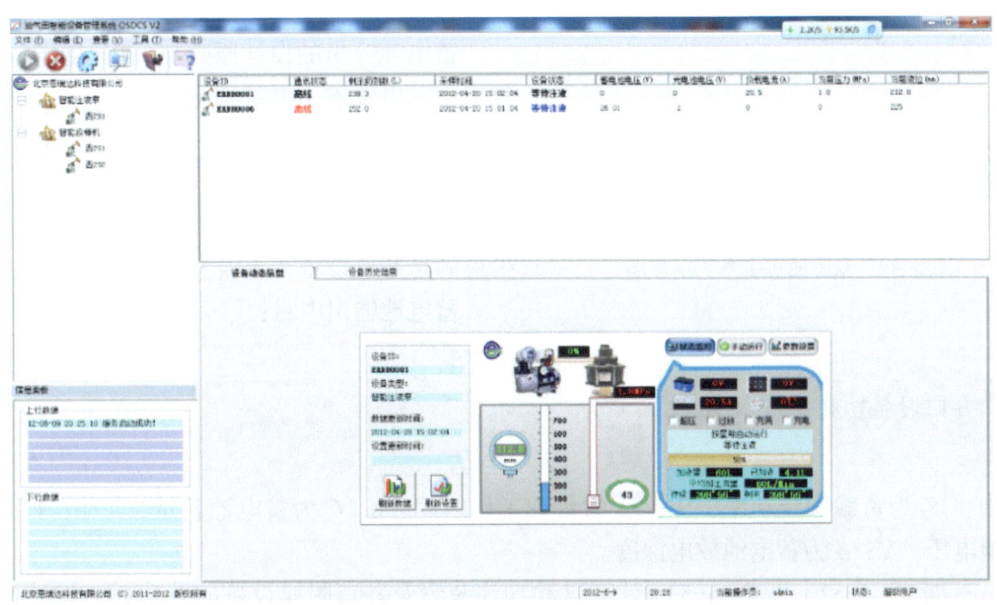

图5-47 泡排剂自动加注系统软件界面

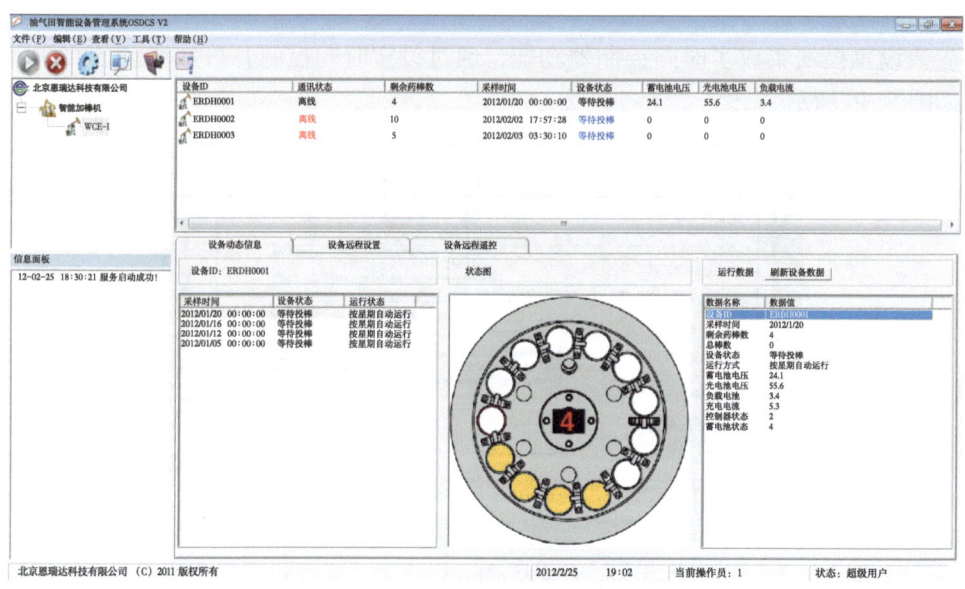

图 5-48　泡排棒自动加注系统软件界面

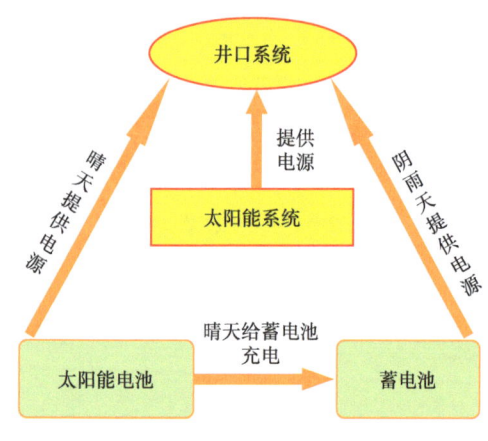

图 5-49　太阳能供电系统示意图

3. 太阳能供电系统

太阳能供电系统由太阳能面板、蓄电池及太阳能充放电控制器等部件组成，如图 5-49 所示。供电系统参数设计内容主要包括太阳能电池板功率及蓄电池容量的计算。

1）蓄电池容量

蓄电池容量的设计原则是：在连续阴雨条件下，蓄电池输出电量满足井口加注设备及控制系统用电需求。

统计结果表明：长庆气田平均连续阴雨天气小于 7 天，因此，设计蓄电池的输出电量至少应满足井口设备 7 天以上持续供电要求。

蓄电池输出电量：

$$P_e = CV\beta \tag{5-52}$$

井口设备功耗：

$$P_f = W_f H_f \tag{5-53}$$

式中：W_f 为负载额定功率，W；H_f 为负载工作时间，h；C 为蓄电池容量，A·h；V 为蓄电池电压，V；β 为蓄电池放电深度。

根据式（5-52）和式（5-53）计算自动加注装置及井口附属设备的总功耗，设计蓄电池容量见表 5-8。计算结果表明，选择的蓄电池容量满足连续阴雨条件下井口设备连续运转 7d 以上的供电要求。

表 5-8 蓄电池容量参数设计表

装置类型	加注装置		控制系统及附属设备		系统每天总功耗/W·h	蓄电池容量/A·h	蓄电池输出电量/W·h	持续供电时间/d
	日工作时间/h	功耗/W·h	日工作时间/h	功耗/W·h				
自动注剂	1.000	550.00	24	120	670.00	150×4	5760	8.6
自动投棒	0.006(20s)	0.28	24	120	120.28	55×2	1056	8.8
自动投球	0.003 0.139 0.167	47.33	24	120	167.33	120×1	1152	7.0

2）太阳能电池板功率

太阳能电池板参数的设计原则是：发电量要满足井口设备正常运转及蓄电池充电的电量需求。

电池板发电量：

$$P_\mathrm{t} = W_\mathrm{t} \xi \eta \quad (5\text{-}54)$$

蓄电池输入电量：

$$P_\mathrm{i} = CV \quad (5\text{-}55)$$

式中：W_t 为太阳能板额定功率，W；ξ 为日照指数，h；η 为太阳能板有效系数。

根据公式（5-54）和公式（5-55）计算井口设备总功耗及蓄电池充电的输入电量，设计太阳能电池板功率见表 5-9。

表 5-9 太阳能电池板参数设计表

装置类型	太阳能电池板		系统每天总功耗/W·h	蓄电池容量/A·h	蓄电池输入电量/W·h	蓄电池充满时间/d
	功率/W	日发电量/W·h				
智能注剂	150×2	1800	670.00	150×4	7200	4.0
自动投棒	50×2	600	120.28	55×2	1320	2.2
自动投球	100×1	600	167.33	120×1	1440	2.4

四、智能泡排技术现场应用

1. 液体泡排剂自动加注试验

截至 2016 年底，CQF-1 液体起泡剂应用自动加注装置 320 口井，其中直井 226 口，丛式井 94 口，形成了适用于不同类型气井的自动加注工艺。

1）直井自动注剂试验

（1）加注工艺。

对于油套连通气井，液体起泡剂主要采用井口油套环空加注方式，井口加注流程如图 5-50 所示。

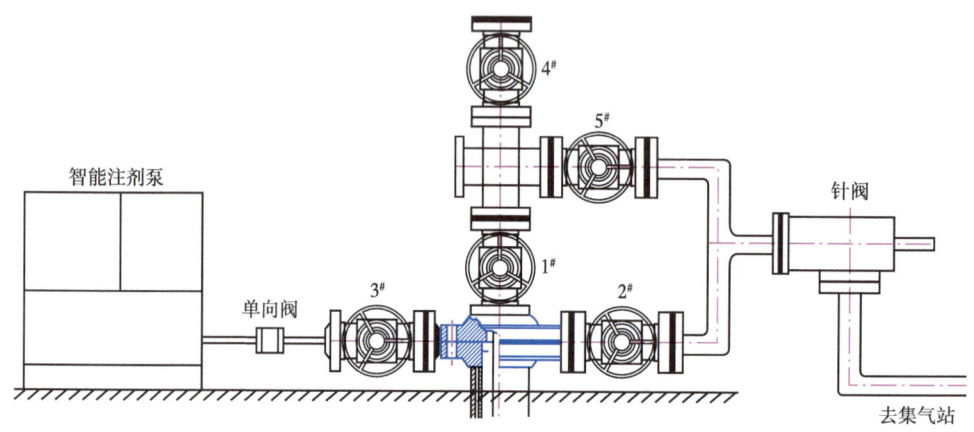

图 5-50　直井液体起泡剂自动加注流程示意图

（2）典型井试验效果分析。

①苏东 45-68 井。

苏东 45-68 井 2009 年 6 月 12 日投产，气井基本数据见表 5-10，试气无阻流量 $1.85 \times 10^4 \mathrm{m}^3/\mathrm{d}$，投产前油压、套压均为 21.5MPa，初期配产 $1.0 \times 10^4 \mathrm{m}^3/\mathrm{d}$。截至 2014 年 5 月，累计产气量 $1963.12 \times 10^4 \mathrm{m}^3$。该井采用井下节流工艺生产，节流器下深为 2080m，气嘴直径为 2.3mm，投产初期生产较为平稳，2014 年 6 月该井生产时呈现套压波动、产气量下降的趋势，判断井筒积液。

表 5-10　苏东 45-68 井钻完井基本数据表

地理位置	内蒙古乌审旗乌巴音高勒		地面海拔 /m	1275.44
构造位置	鄂尔多斯盆地伊陕斜坡		补芯海拔 /m	1280.24
开钻日期	2008 年 10 月 29 日	完钻层位	套补距 /m	5.2
完钻日期	2008 年 11 月 8 日	完钻井深 /m　3050	油管外径 /mm	73
完井日期	2008 年 11 月 11 日	人工井底 /m　3045.12	油管内径 /mm	62
采气树型号	KQ65-70 型	气层中深 /m　2940.5	油管悬挂方式	下悬挂

该井 2014 年 7 月打捞节流器并开始起泡剂加注试验，初期采用人工加注方式及固定的加注制度，试验后平均油套压差降低 2.76MPa，平均产气量增加 $0.09 \times 10^4 \mathrm{m}^3/\mathrm{d}$，2015 年 5 月开始自动加注试验（图 5-51），起泡剂加注制度根据井筒积液量变化调整，试验前后生产数据见表 5-11，采气曲线如图 5-52 所示。

表 5-11 苏东 45-68 井试验前后生产数据

生产阶段	加注周期 /(d/次)	加注量 /L	产气量 /(10⁴m³/d)
试验前	—	—	0.35
人工注剂	4	150	0.44
自动注剂	根据井筒积液量、产气量变化调整		0.51

图 5-51 苏东 45-68 井自动注剂现场试验

这口自动注剂试验井,试验过程中设备运行稳定,太阳能系统供电充分,控制系统反应灵敏,该井试验成功证明了自动注剂系统的适用性。

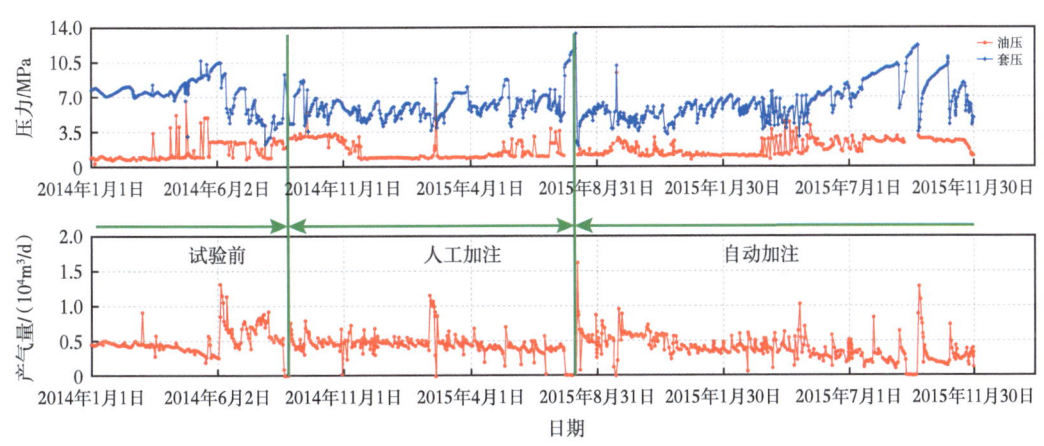

图 5-52 苏东 45-68 井采气曲线

②苏 20-11-19S 井。

苏 20-11-19S 井 2007 年 7 月 26 日投产,投产前油压、套压均为 25.0MPa,初期配产 $2.0 \times 10^4 m^3/d$,气井基本数据见表 5-12。

表 5-12 苏 20-11-19S 井基本数据表

地理位置	内蒙古自治区乌审旗达布察克乡		地面海拔 /m	1339.26
构造位置			补芯海拔 /m	1346.76
开钻日期	—	完钻层位	盒 8 段	套补距 /m	7.8
完钻日期	—	完钻井深 /m	3418	油管外径 /mm	73
完井日期	—	人工井底 /m	3391.85	油管内径 /mm	62
采气树型号		气层中深 /m	3298	油管悬挂方式	下悬挂

随着生产延续，该井产气量逐步降低，井筒逐渐积液，2013 年 6 月开始采用泡排车加注起泡剂，产气量保持在 $0.45×10^4 m^3/d$，2015 年 4 月开始进行自动注剂试验（图 5-53），维持了该井的平稳生产，目前产气量 $0.61×10^4 m^3/d$，试验前后生产曲线如图 5-54 所示。

图 5-53 苏 20-11-19S 井自动注剂现场试验

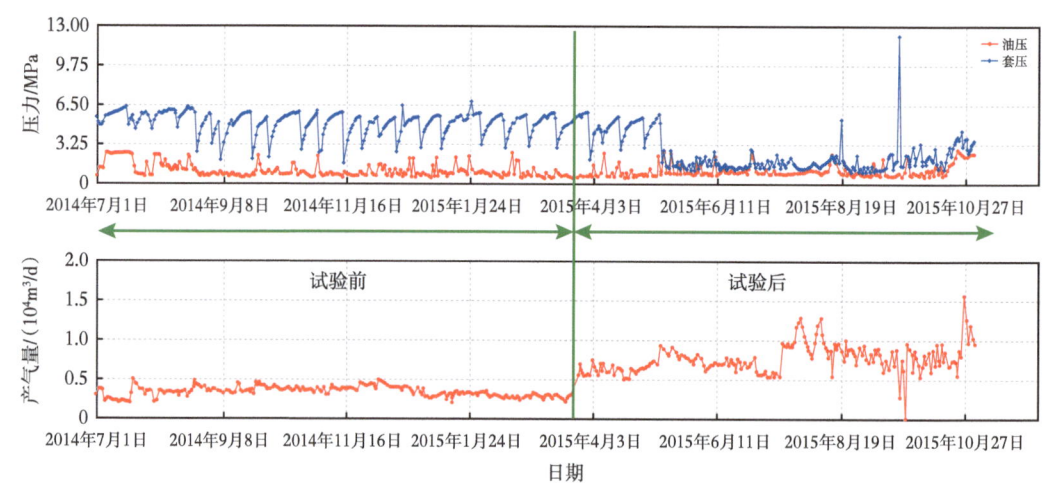

图 5-54 苏 20-16-19 井试验前后采气曲线

2)丛式井自动注剂试验

(1)加注工艺。

在直井自动注剂装置试验的基础上,开展了丛式井加注工艺研究,在注剂装置箱体内部增加了多路控制阀(图5-55),实现了丛式井场一套设备多口井加注的目的。

图 5-55　丛式井自动注剂泵及多路控制阀

丛式井自动注剂井口加注流程如图 5-56 所示。

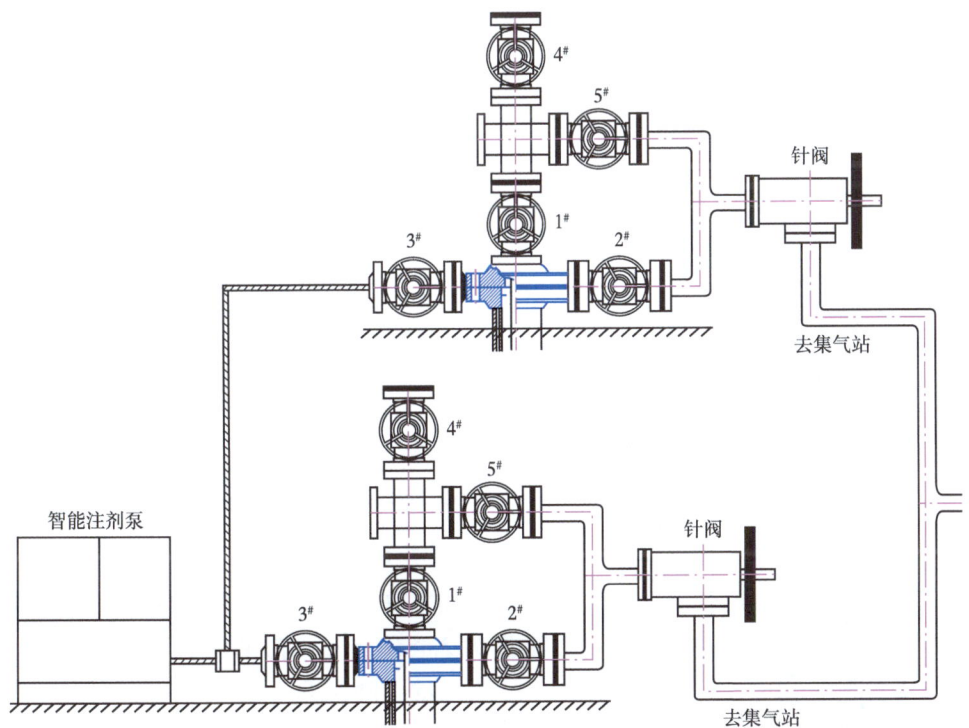

图 5-56　丛式井液体起泡剂井口加注流程示意图

(2)试验效果分析。

2012年,开展了苏14-2-07丛式井组(共3口井)自动注剂现场试验,该井组2009

年7月6日投产，投产初期3口井平均套压24.0MPa，初期平均配产$0.9×10^4m^3/d$，随着地层压力不断下降，产气量逐渐降低，无法正常携液生产，2015年6月，进行丛式井自动加注试验（图5-57），单井平均增产气量$0.08×10^4m^3/d$，苏14-2-07丛式井组试验前后生产数据见表5-13。

图5-57 苏14-2-07井组自动注剂现场试验

表5-13 苏14-2-07井组试验前后生产数据

生产阶段	平均油压/MPa	平均套压/MPa	平均压差/MPa	平均产气量/($10^4m^3/d$)
试验前	2.36	9.42	7.06	0.20
丛式井自动注剂	2.25	7.66	5.41	0.28

丛式井自动注剂装置实现了1套设备多口气井同时加注，进一步降低了泡沫排水实施成本，同时提高了自动注剂技术的适用性。

2. 自动投棒试验

1）加注工艺

气井固体泡排棒通过油管投放，自动投棒装置通过法兰连接安装在采气树顶部，如图5-58所示。

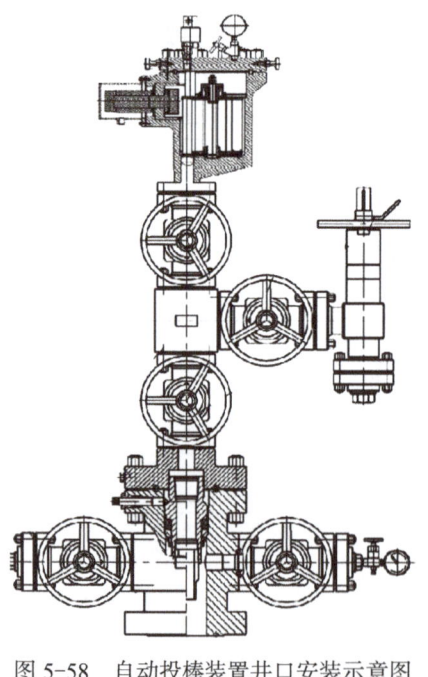

图5-58 自动投棒装置井口安装示意图

2）典型井试验效果分析

苏14-02-13井2008年11月23日投产，试气无阻流量为$2.6×10^4m^3/d$，初期配产$1.0×10^4m^3/d$，2014年4月产气量下降至$0.5×10^4m^3/d$，井口套压不断升高，井筒开始积液。2014年7月开始自动加注试验（图5-59），起泡剂加注制度根据井筒积液量变化调整，增产效果明显，该井试验前后生产数据见表5-14，采气曲线如图5-60所示。

图 5-59 苏 14-02-13 井自动投棒现场试验

表 5-14 苏 14-02-13 井试验前后生产数据

生产阶段	加注周期	加注量	产气量/($10^4m^3/d$)
试验前	—	—	0.52
试验后	根据井筒积液量变化调整		0.68

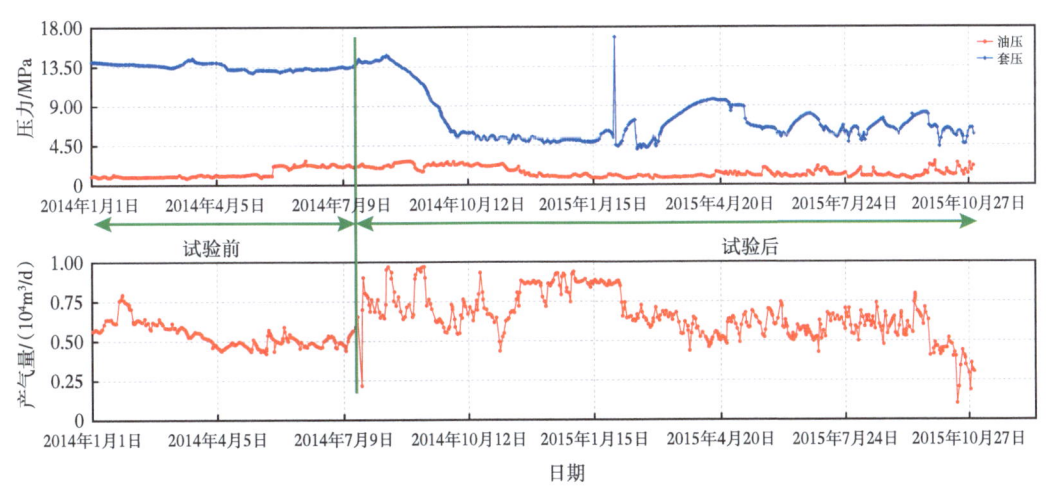

图 5-60 苏 14-02-13 井试验前后采气曲线

3. 实施效果评价

智能泡排技术根据井筒积液的变化调整加注制度，实现加注制度自动优化及远程控制，进一步提高了泡排剂加注的准确性、及时性。通过长庆油田 320 口井 CQF-1 泡排剂自动加注装置现场试验，措施有效率由 84% 提高至 91%，单增产气量由 $0.12×10^4m^3/d$ 提高至 $0.17×10^4m^3/d$，如图 5-61 和图 5-62 所示。

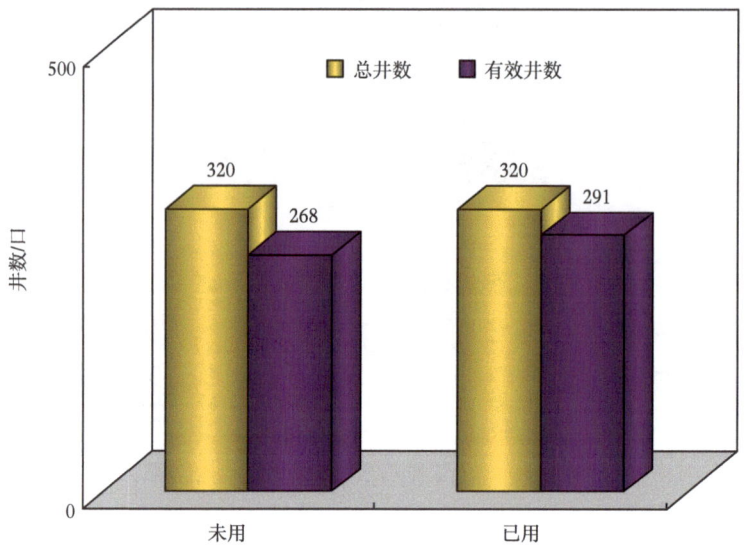

图 5-61 泡排剂自动加注技术 + 积液实时诊断技术应用前后有效井数对比

与常规泡排工艺相比，智能泡排技术大幅度降低药剂及施工成本，提高了泡沫排水采气工艺效果。对气井生产中后期综合管理具有重大意义，对于长庆及全国致密气田的低产低效井进一步提高采收率，具有十分重要的借鉴意义[69]。

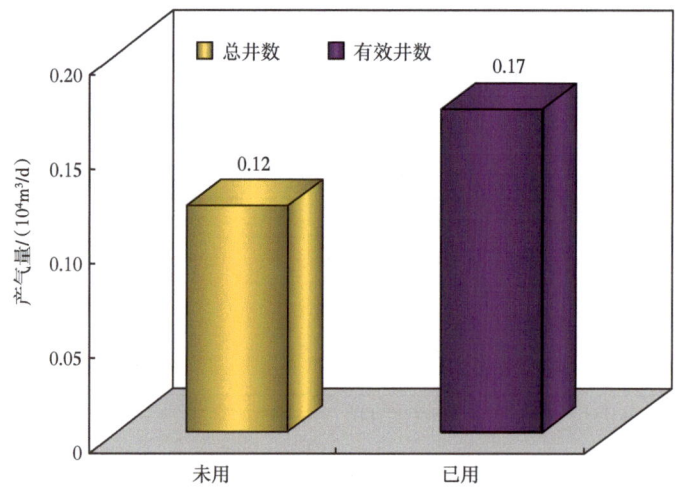

图 5-62 泡排剂自动加注技术 + 积液实时诊断技术应用前后产气量对比

第三节　致密气井智能间开技术

随着气田的持续开发，气井地层能量逐渐下降，携液能力减弱，积液现象越来越严重，气井产量越来越低，甚至形成"死井"。因此，积液已成为影响气井产能发挥的主要因素。间歇开关井生产（简称间开）是一种简单高效、高性价比的针对积液气井的生产制度，间开是指在生产过程中，根据单井生产动态及地质分析研究，对不能连续生产单井采取无瞬流后关井恢复，待压力升高到一定值后再开井的生产方式。间开制度有助于提高气井携液能力，从而提高气井利用率。

一、间开生产原理

产水气井在生产的中后期，近井筒地带地层压力衰减大，生产压差随之减小，造成气量下降，达不到最小临界携液流量，液滴在井筒滑脱并聚集于井底形成积液，增大了井底流压，进一步减小生产压差，最终减小了单井气产量，严重时可导致气井水淹停产。间开的目的就是通过关井之后气体的运移，使近井地带的地层压力得到一定的恢复，在关井恢复一段时间后开井，气井能够以大于临界携液流量的产量生产，排出井筒积液，改善气井生产状况。

因此，间开生产分为两个阶段：开井生产和关井恢复。图5-63所示为关井前积液状态（近井筒地带压力为7MPa）和压力恢复后开井（近井筒地带压力为9.5MPa）时的流入流出曲线。从图5-63中可以看出，开井生产阶段后期即关井前积液状态时，流入流出曲线的交会点（协调点）气量为$0.67×10^4 m^3/d$，小于临界携液气量（如绿色虚线所示），气井积液气量逐渐减小甚至停产关井恢复后，协调点处气量为$1.55×10^4 m^3/d$，大于此状态的临界携液气量，气井能够正常携液生产。近井筒地带压力逐渐减小，达到积液时的地层压力时，气井又有积液迹象，需要关井恢复，周而复始。

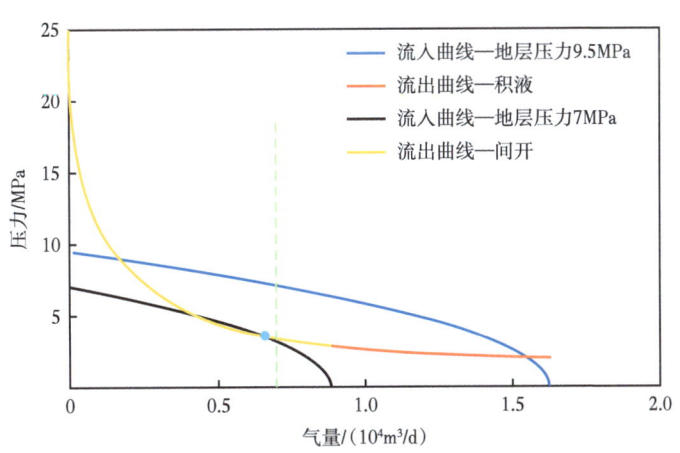

图 5-63 积液时和间开携液时的流入流出曲线

图5-64所示为关井前积液状态和压力恢复后开井时沿井筒的气流速度分布。从图5-64中可以看出，两种情况下，气体流速沿井筒向上呈现指数式增大，但是开井生产阶段后期即关井前积液状态时，气流速度仅在井口处为2.58m/s，刚超过临界携液流速（大约为2.41m/s），气井不能正常携液，导致气量逐渐减小甚至停产；关井恢复后开井，最小气流速度出现在井底，为3.52m/s，大于此状态的临界携液气流速度，气井能够正常携液生产。

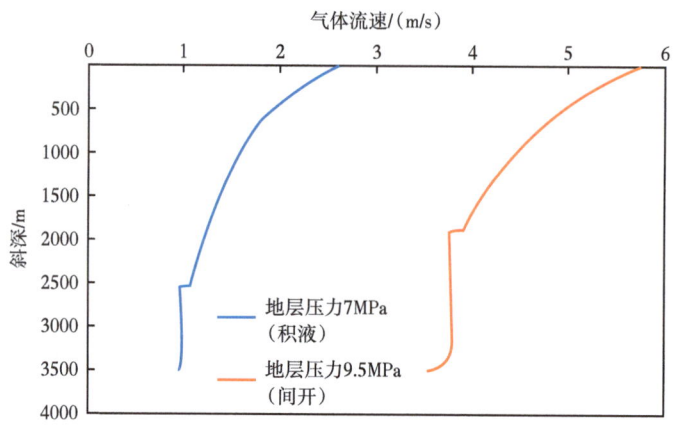

图 5-64　积液时和间开携液时沿井筒的气流速度分布

间开分为人工间开和智能间开两种模式，其中人工间开存在以下几个方面的不适应性：

（1）存在一定的安全风险：由于气田现场具有"点多、线长、面广"的特点，作业人员往返开关井容易受到交通、天气等影响，此外还存在现场操作安全风险；

（2）人工成本高，综合效益低：人工间开单位投资和维护成本高，作业人员往返费时费力效率低；

（3）生产制度不合理：每口间开井开井生产时间及压力恢复时间等各不相同，人工开关井无法满足及时操作，导致了间开井产能得不到充分发挥，预期效果不易保证；

（4）气井生产变化不能及时调整：依赖人工操作，气井的工况变化基本靠操作人员的经验判断，导致了间开井作业制度较难落实，无法实现精细化调整生产[70]。

人工间开的这些弊端成为制约气田现场生产、技术和安全管理升级的薄弱环节。为了提高间开效率，通过工艺信息化升级改造，开展间开气井智能管理技术研究，实现气井远程管控和信息化管理，这对于降低员工工作强度和管理难度、降低设备和作业成本、提高间开的增产效果和效率具有重要意义。

二、智能间开理论基础

目前对于间开气井井筒和地层计算，常忽略井筒流体流型的变化，把这个渗流过程直接等效为稳态渗流过程，或把井筒和地层划分为两个独立的系统来分别进行研究。实际上，间开气井生产过程中出现的油管动液面和油套环空液面变化都是一个瞬态过程，气液速度和压力随时间变化很大，常用的稳态模型已不再适合于描述该过程。本部分对间开井井筒和地层中的流动机理进行了深入剖析，建立间开井地层、井筒非稳态渗流数学模型和地层井筒耦合非稳态数学模型，并将该耦合模型应用于苏里格气田的矿场实践。

气井间开模型的基本假设如下：（1）井筒中只存在气、水两相；（2）井筒中气组分全部以自由气的形式存在于气相中；（3）水全部存在于液相中，不存在凝析水；（4）井筒中气体与水不互溶；（5）井筒不可压缩。

1. 井筒压力分布模型

1)压力分布基本方程

在气、液两相管流的压降计算中,一般是以单相流体一维稳定管流压力梯度基本方程为基础。压力梯度方程为:

$$\frac{\mathrm{d}p}{\mathrm{d}z} = \rho_\mathrm{m} g \sin\theta + f_\mathrm{m} \frac{\rho_\mathrm{fr} v_\mathrm{m}^2}{2D} + \rho v_\mathrm{m} \frac{\mathrm{d}v_\mathrm{m}}{\mathrm{d}z} \quad (5\text{-}56)$$

其中,重力、摩阻和动能压降梯度项的两相流密度 ρ_m、ρ_fr 和 ρ 在一些经验相关式中均统一表示为重力项的两相混合物密度,即:

$$\rho_\mathrm{m} = \rho_\mathrm{L} H_\mathrm{L} + \rho_\mathrm{g}(1 - H_\mathrm{L}) \quad (5\text{-}57)$$

通常,由于流速增大所引起的动能变化较小,动能项常被忽略。

求解方程(5-56)涉及流体物性参数均表示为流动状态(压力、温度)的函数。将压力梯度方程(5-56)的求解处理为常微分方程的初值问题。

$$\begin{cases} \dfrac{\mathrm{d}p}{\mathrm{d}z} = F(z, p) \\ p(z_0) = p_0 \end{cases} \quad (5\text{-}58)$$

其中,$F(z, p)$ 为压力梯度方程(5-58)的右函数。由已知起点 z_0(井口或井底)处的流压 p_0 构成初值条件。

2)气液两相流压力分布计算

考虑到流动的基本几何差别,对发达的段塞流和发展中的段塞流分别进行研究。以一个发达的段塞流单元为例,全部气体和液体的质量平衡关系分别为:

$$v_\mathrm{sg} = \phi_\mathrm{l} v_\mathrm{gtb}(1 - H_\mathrm{ltb}) + (1 - \phi) v_\mathrm{gls}(1 - H_\mathrm{lls}) \quad (5\text{-}59)$$

$$v_\mathrm{sl} = (1 - \phi_\mathrm{l}) v_\mathrm{lls} H_\mathrm{lls} + \phi l v_\mathrm{ltb} H_\mathrm{ltb} \quad (5\text{-}60)$$

$$\phi_\mathrm{l} = \frac{L_\mathrm{tb}}{L_\mathrm{su}} \quad (5\text{-}61)$$

式中:L_tb 为段塞单元中泰勒气泡长度,m;L_su 为段塞单元长度,m。

对于某些气井,当井筒出现两段流型后,气井产水趋近于零。可视为上段流体也为纯流动气柱,利用单相流模型计算。忽略动能压降梯度,垂直气井的压力梯度方程为:

从液体段塞到泰勒气泡,对液体和气体分别研究质量平衡,则得:

$$(v_\mathrm{lls} - v_\mathrm{tb}) H_\mathrm{lls} = [v_\mathrm{tb} - (-v_\mathrm{ltb})] H_\mathrm{ltb} \quad (5\text{-}62)$$

$$(v_\mathrm{tb} - v_\mathrm{gls})(1 - H_\mathrm{lls}) = (v_\mathrm{tb} - v_\mathrm{gtb})(1 - H_\mathrm{ltb}) \quad (5\text{-}63)$$

v_tb 为泰勒气泡的上升速度,其等于轴线速度加上静液柱中的气泡上升速度,即:

$$v_{tb} = 1.2v_m + 0.35\left[\frac{gD(\rho_l - \rho_g)}{\rho_l^2}\right]^{\frac{1}{2}} \tag{5-64}$$

液塞中的气泡速度为：

$$v_{gls} = 1.2v_m + 1.35\left[\frac{gD(\rho_l - \rho_g)}{\rho_l^2}\right]^{\frac{1}{4}} H_{lls}^{0.1} \tag{5-65}$$

v_{tb} 可以用泰勒气泡段的空隙率 ϕ_{tb} 表示：

$$v_{tb} = 9.916\left[gD\left(1 - \phi_{tb}^{\frac{1}{2}}\right)\right]^{\frac{1}{2}} \tag{5-66}$$

液塞的空隙率 ϕ_{ls} 用西尔威斯特根据费尔南德斯等和施密特的数据所提出的关系式得到：

$$\phi_{ls} = \frac{v_{sg}}{0.425 + 2.65v_m} \tag{5-67}$$

最后，用迭代法解式（5-58）至式（5-63）、式（5-66）至式（5-67）8个方程，就可以得出发达的段塞流模型的全部8个未知数 v_{gtb}、v_{ltb}、H_{ltb}、v_{tb}、v_{gls}、v_{lls}、H_{lls} 和 ϕ_{ls}。根据推导，上述8个方程的求解可以转化为一个函数方程，化简后的方程仅仅是泰勒气泡—液膜区域 L_{tb} 的空隙率 ϕ_{tb}（即 1-ϕ_{tb}）的函数，表示为：

$$F(\phi_{tb}) = v_{ltb}(1 - \phi_{tb}) - v_{tb}\phi_{tb} + \tilde{A} = 0 \tag{5-68}$$

其中：

$$\tilde{A} = v_{sg} + v_{sl} - v_{sl}\phi_{ls}(v_{0\infty} - v_T) \tag{5-69}$$

$$L_c = \frac{1}{2g}\left[v_{tb} + \frac{v_{ngtb}}{H_{nltb}}(1 - H_{nltb}) - \frac{v_m}{H_{nltb}}\right]^2 \tag{5-70}$$

其中，v_{ngtb} 和 H_{nltb} 用极限液膜厚度 δ_n 计算：

$$\delta_n = \left[\frac{3}{4}D\frac{v_{nltb}\mu_l H_{nltb}}{g(\rho_l - \rho_g)}\right]^{\frac{1}{3}} \tag{5-71}$$

而

$$v_{nltb} = \frac{v_{ngtb}(1 - H_{nltb}) - v_{sg}}{H_{nltb}} \tag{5-72}$$

$$H_{nltb} = 1 - \left(1 - \frac{2\delta_n}{D}\right)^2 \tag{5-73}$$

$$v_{\text{ngtb}} = v_{\text{tb}} - \left(v_{\text{tb}} - v_{\text{gls}}\right)\frac{1-H_{\text{lls}}}{1-H_{\text{nltb}}} \tag{5-74}$$

根据经验，得出泰勒气泡的长度为：

$$L_{\text{tb}} = \frac{L_{\text{ls}}}{(1-\phi_{\text{l}})}\phi_{\text{l}} \tag{5-75}$$

$$L_{\text{tb}}^{*2} + \left(\frac{2ab-4c^2}{a^2}\right)L_{\text{tb}}^{*2} + \frac{b^2}{a^2} = 0 \tag{5-76}$$

其中：

$$a = 1 - \frac{v_{\text{sg}}}{v_{\text{tb}}} \tag{5-77}$$

$$b = \frac{v_{\text{sg}} - v_{\text{gls}}A(1-H_{\text{lls}})}{v_{\text{tb}}}L_{\text{ls}} \tag{5-78}$$

$$c = \left(\frac{v_{\text{tb}} - v_{\text{lls}}}{\sqrt{2g}}\right)H_{\text{lls}} \tag{5-79}$$

求出 L_{tb}^* 之后，可以按以下各式计算其他局部参数：

$$v_{\text{ltb}}^*(L) = \sqrt{2gL} - v_{\text{tb}} \tag{5-80}$$

$$h_{\text{ltb}}^*(L) - \frac{(v_{\text{tb}} - v_{\text{lls}})H_{\text{lls}}}{\sqrt{2gL}} \tag{5-81}$$

$$\phi_{\text{l}}^* = \frac{L_{\text{tb}}^*}{L_{\text{su}}^*} \tag{5-82}$$

$$\left(\frac{\text{d}p}{\text{d}L}\right)_{\text{h}} = \left[(1-\phi_{\text{l}})\rho_{\text{ls}} + \phi_{\text{l}}\rho_{\text{g}}\right]g\sin\theta \tag{5-83}$$

摩阻压力梯度只考虑液体段塞部分，由式（5-84）计算：

$$\left(\frac{\text{d}p}{\text{d}L}\right)_{\text{f}} = \frac{f_{\text{ls}}\rho_{\text{ls}}v_{\text{m}}^2}{2D}(1-\phi_{\text{l}}) \tag{5-84}$$

其中，液体段塞的摩阻系数 f_{ls}，按以下的雷诺数计算：

$$Re_{\text{ls}} = \frac{D\rho_{\text{ls}}v_{\text{m}}}{\mu_{\text{ls}}} \tag{5-85}$$

$$\left(\frac{\text{d}p}{\text{d}L}\right)_{\text{h}} = \left[(1-\phi_{\text{l}}^*)\rho_{\text{ls}} + \phi_{\text{l}}^*\bar{\rho}_{\text{tb}}\right]g\sin\theta \tag{5-86}$$

其中，$\bar{\rho}_{tb}$ 可以根据随液膜厚度变化的泰勒气泡段的平均持液率 $\bar{H}_{ltb}$ 求得：

$$\bar{\rho}_{tb} = \rho_l \bar{H}_{ltb} + \rho_g \left(1 - \bar{H}_{ltb}\right) \tag{5-87}$$

其中，$\bar{H}_{ltb}$ 可以通过 L_{tb}^* 求得：

$$\bar{H}_{ltb} = \frac{2(v_{tb} - v_{lls}) H_{lls}}{\sqrt{2gL_{tb}^*}} \tag{5-88}$$

摩阻压力梯度由式（5-89）计算：

$$\left(\frac{dp}{dL}\right)_f = \frac{f_{ls}\rho_{ls}v_m^2}{2D}\left(1 - \phi_l^*\right) \tag{5-89}$$

2. 井筒气水两相分布模型

1）液相分布模型

油管内流体分为上下两段，液体在油管内上下段的分布并不相同。对于上段流体，液体以分散的液滴相存在，由于流体流速很低，携液能力很弱，液滴在上段流体中存在的总量很小。对于下段流体，液体以分散相或连续相存在，流体持液率明显高于上段流体，且随深度的增加而增大。油管中液量主要存在于下段流体。

井筒积液量为油管液量、油套环空液量、油管鞋以下空间液量之和，其表达式为：

$$Q_w = Q_{wt\_upper} + Q_{wt\_beneath} + Q_{wa} + Q_{ws} \tag{5-90}$$

式中：$Q_{wt-upper}$ 为上段流体液量，m^3；$Q_{wt-beneath}$ 为下段流体液量，m^3；Q_{wa} 为油套环空液量，m^3；Q_{ws} 为油管鞋以下空间液量，m^3。

对于低液气比流体，可以忽略上段流体中的液量，即：

$$Q_{wt\_upper} = 0 \tag{5-91}$$

对于中、高液气比流体，上段流体中的液量可表示为：

$$Q_{wt\_upper} = \pi r_{ti}^2 H_I \int_0^{H_I} \varphi_l(h) dh \tag{5-92}$$

式中：$Q_{wt-upper}$ 为上段流体液量，m^3；r_{ti} 为油管内半径，m；H_I 为油管内界面井深，m；$\varphi_l(h)$ 为持液率函数。

对于分流动形态模型，下段流体液量为各流动形态段含液量之和：

$$Q_{wt\_beneath} = \pi r_{ti}^2 (H_W - H_I) \sum_{i=1}^{N} \int_{H_{ui}}^{H_{bi}} \varphi_{li}(h) dh \tag{5-93}$$

式中：$Q_{wt-beneath}$ 为下段流体液量，m^3；H_W 为井深，m；N 为流动形态数；H_{bi} 为第 i 个流动形态段下界面深度，m；H_{ui} 为第 i 个流动形态段上界面深度，m^3；$\varphi_{li}(h)$ 为第 i 个流动形态段持液率函数。

对于未分流动形态模型，下段流体液量可表示为：

$$Q_{wt\_beneath} = \pi r_{ti}^2 (H_W - H_1) \int_{H_1}^{H_W} \varphi_1(h) dh \quad (5-94)$$

油套环空中的液量都存在于下段静液柱，环空中液量表示为：

$$Q_{wa} = \pi (r_{ai}^2 - r_{to}^2)(H_W - H_{al}) \quad (5-95)$$

式中：Q_{wa} 为油套环空液量，m^3；r_{ai} 为套管内半径，m；r_{to} 为油管外半径，m；H_{al} 为油套环空气液界面井深，m。

油管鞋以下空间中的液量都存在于下段静液柱，其液量表示为：

$$\begin{cases} Q_{ws} = \pi r_{ai}^2 (H_W - H_s), & H_{al} > H_s \\ Q_{ws} = \pi r_{ai}^2 (H_W - H_{al}), & H_{al} < H_s \end{cases} \quad (5-96)$$

式中：Q_{ws} 为油管鞋以下空间液量，m^3；H_s 为油管鞋井深，m。

2）气量分布模型

在上段流体，气体以连续相存在。对于下段流体，气体以分散相或连续相存在，流体持气率明显低于上段流体，且随深度的增加而减小。

井筒内气量为油管气量、油套环空气量之和，其表达式为

$$Q_g = Q_{gt\_upper} + Q_{gt\_beneath} + Q_{ga} \quad (5-97)$$

式中：Q_{gt_upper} 为上段流体气量，m^3；$Q_{gt\_beneath}$ 为下段流体气量，m^3；Q_{ga} 为油套环空气量，m^3。

对于低液气比流体，可以忽略上段流体中的液量，即：

$$Q_{gt\_upper} = \pi r_{ti}^2 H_1 \int_0^{H_1} \frac{1}{B_g(h)} dh \quad (5-98)$$

式中：Q_{gt_upper} 为上段流体气量，m^3；r_{ti} 为油管内半径，m；H_1 为油管内界面井深，m；$B_g(h)$ 为气体体积系数函数。

对于中、高液气比流体，上段流体中的气量可表示为：

$$Q_{gt\_upper} = \pi r_{ti}^2 H_1 \int_0^{H_1} \frac{[1 - \varphi_1(h)]}{B_g(h)} dh \quad (5-99)$$

式中：$\varphi_1(h)$ 为持液率函数。

对于分流动形态模型，下段流体气量为各流动形态段含气量之和：

$$Q_{gt\_beneath} = \pi r_{ti}^2 (H_W - H_1) \sum_{i=1}^{N} \int_{H_{ui}}^{H_{bi}} \frac{[1 - \varphi_{li}(h)]}{B_g(h)} dh \quad (5-100)$$

式中：H_W 为井深，m；N 为流动形态数；H_{bi} 为第 i 个流动形态段下界面深度，m；H_{ui} 为第 i 个流动形态段上界面深度，m；$\varphi_{li}(h)$ 为第 i 个流动形态段持液率函数。

对于未分流动形态模型，下段流体气量可表示为：

$$Q_{\text{gt\_beneath}} = \pi r_{\text{ti}}^2 \left(H_{\text{W}} - H_1\right) \int_{H_1}^{H_{\text{W}}} \frac{\left[1-\varphi_1(h)\right]}{B_{\text{g}}(h)} \mathrm{d}h \quad (5\text{-}101)$$

油套环空中的气量都存在于上段静气柱，环空中气量表示为：

$$Q_{\text{ga}} = \pi \left(r_{\text{ai}}^2 - r_{\text{to}}^2\right) H_{\text{al}} \int_0^{H_{\text{al}}} \frac{1}{B_{\text{g}}(h)} \mathrm{d}h \quad (5\text{-}102)$$

式中：Q_{ga} 为油套环空气量，m^3；r_{ai} 为套管内半径，m；r_{to} 为油管外半径，m；H_{al} 为油套环空气液界面井深，m。

三、智能间开控制系统

1. 智能间开控制原理

为了实现智能间开效果，间开系统需要有实时的生产数据等信息作为间开管理的依据，以及可靠、安全的硬件、智能的算法分析和可拓展性。智能间开系统通过井口安装 RTU 植入具有自动开关井功能的程序，设定不同的开关井条件，控制电磁阀开关，实现气井的自动开关。主要包括井口 RTU、智能控制系统两部分（图 5-65）。

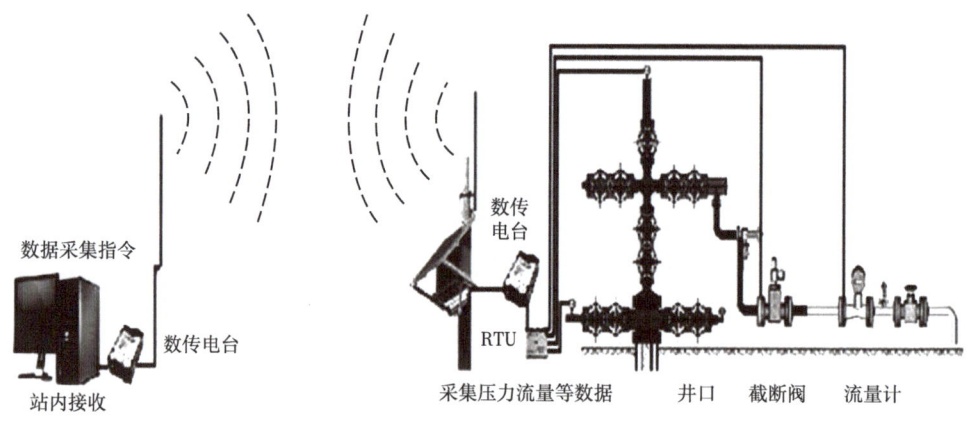

图 5-65 智能间开井控制原理图

井口数据通过井口 RTU 封装，经井口数传电台将电信号转变为无线电波信号传输至站控数传电台，站控数传电台将接收到的电波信号转换为电信号传输至站控系统。站控系统具有人工修改相关参数的功能。站控系统数传电台将站内的修改参数信号转变为无线电波信号发送至井口数传电台，井口数传电台将接收到的无线电波信号转换为电信号传输至井口 RTU 模块，实现了 RTU 模块程序中的设定条件（参数）远程修改功能。

2. 智能间开控制系统

智能间开控制系统主要包括智能控制阀、截止阀、流量计、远传模块、太阳能板、通信箱、压变、蓄电池等部分，模块化设计方便根据实际的需求选择所需功能模块。系统的组成如图 5-66 所示，其中智能间开控制系统采用一拖多的方式，同一井场采用同一个

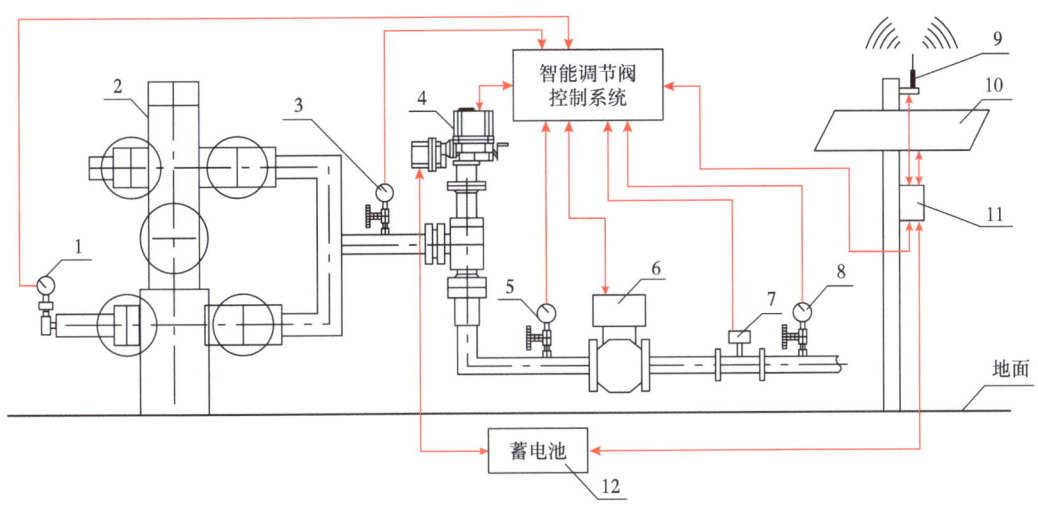

1—套压压变；2—采气树；3—油压压变；4—智能针阀；5—输压压变；6—截止阀；7—流量计；
8—压变；9—远传模块；10—太阳能板；11—通信箱；12—蓄电池。

图 5-66　智能间开控制系统构成图

控制平台，控制井场上的不同单井的控制阀执行机构，在平台上通过设置开关模式（时间、压力、压力区间）打开或关闭控制阀（调节开度），实现远程智能化管理。能够实现远程定压、定时、定流等多种开关模式。

1）智能控制阀

智能间开系统中最重要的部分是智能控制阀，目前现场常用的智能控制阀有智能流量调节器、智能针阀、气动隔膜阀+电磁阀三种类型，三种控制阀的参数和功能对比见表 5-15。

表 5-15　智能控制阀对比表

项目	智能流量调节器	气动薄膜阀+电磁阀	智能针阀
驱动方式	电动，24V DC 低功耗本安防爆电驱	气动，电磁阀开关	电动，380V 或 24V 驱动
通过性	固体粒径小于 10mm，无堵塞	固体粒径小于 3mm，无堵塞	固体粒径小于 3mm，无堵塞
调节精度	千分度调节行程不小于 60mm	全开全关，无法调节开度	常规针阀调节精度
泄漏检测	硫化氢、甲烷泄漏检测报警功能	无	无
安装方式	调节式法兰，替换老井针阀原位安装	NPT 螺纹安装，需要管道焊接改造	固定法兰安装，老井改造需管线焊接
压力检测	内置双级高精度压力检测，更好地抗振动及辐射干扰，防护能力高	无	部分可外接压力检测，管线连接复杂，泄漏风险大
流速检测	内置流速检测，实时监测气井工作状态	无	无
工作模式	时间、压力、流量模式，支持控制函数二次开发	按已有程序自动循环	按已有程序自动循环
控制器	可控制多井或单井多台设备，工业 CPU 核心最高算力 2 MIPS，支持复杂算法升级	MCU 单片机最高算力 0.2 MIPS，仅支持逻辑控制，无法进行复杂算法	MCU 单片机最高算力 0.5 MIPS，仅支持逻辑控制，无法进行复杂算法

智能流量调节器集成了井口油套压、井口流速、可燃气体泄漏监测等传感器，可实现千分度的调节精度，结构设计可靠，拥有部分基础控制模式，并支持二次开发，能满足智能间开技术的感知、计算、决策、执行要求。当智能流量调节器接收到调大开度指令后，驱动模块中的驱动电机正转带动流量调节阀杆上移，随着阀杆上移，流道流通面积增加，智能流量调节器开度调大；反之，智能流量调节器开度调小。

气动隔膜阀一般与电磁阀配合使用，通过实现电磁阀驱动膜的开启或关闭，以达到开关井操作。并设计智能控制器，计算机远程输入参数并操作阀门。同时，根据现场开发驱动程序的需要，在满足常规数据采集的基础上，开发了三种控制方式，分别用于单井智能生产的夹套压力控制、定时控制、流量套管压缩复合控制，通过气动隔膜阀切换到气井生产进行精细化管理。

智能针阀内部结构为锥形阀芯，通过锥形阀芯的移动改变流体流道截面积，从而达到调节流量大小的目的，如图 5-67 所示。节流阀的阀尖与阀座主密封采用堆焊钴基硬质合金，耐磨抗硫耐冲蚀，符合 API Spec 6A 规范，安全可靠，互换性强。具有防冻堵、低压高压保护和安全截断功能，可冲击式破冰，扭矩+行程双判断以确保阀门能够关死，能精确控制针阀开度。

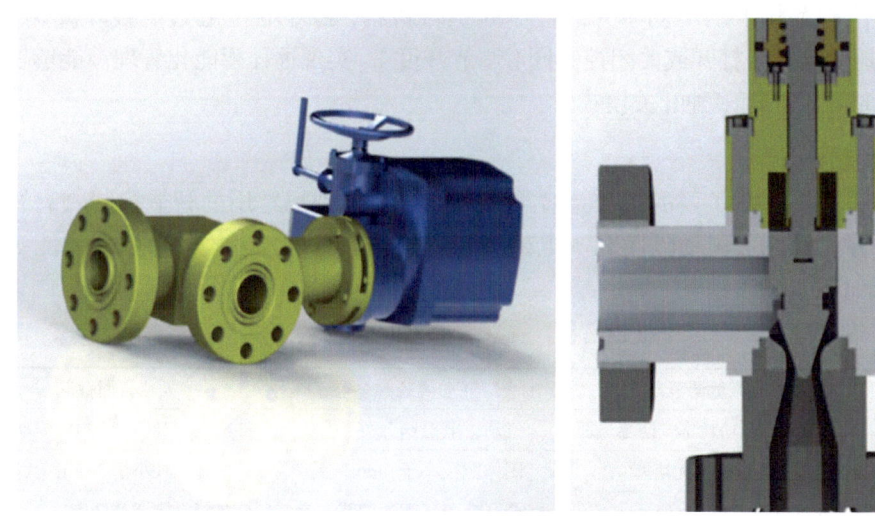

图 5-67　智能针阀外观及其内部结构示意图

2）远程控制系统

智能间开控制系统的另一个重要组成部分为远程控制系统，远程控制系统利用油套压力、管压、流量计压力和流量等瞬态信号作为判断井切换过程中系统状态的依据。核心工作是实时检测井口油压、地面管道系统压力和井口流量，根据井口的运行参数实时调节流量，确保地面系统在切换井过程中不会过压，模拟手动开关井的方式，实现高压气井的远程自动开关井操作。

此外，远程控制系统采用现场冗余双通道 Modbus 总线控制，总线通信通道采用电气隔离技术；执行机构采用非侵入式设计，具有二级密封、支持红外遥控器和按钮两种方式进行参数配置,完全实现免开盖调试;阀门和执行机构之间采用 ISO 5210 标准接口;系统会自动监测关闭情况,出现内漏即会报警提醒监控人员。

远程控制系统所具有的主要特点如下:

(1)可以实现 0~100% 开度自由调节,精确度 1‰。

(2)具有高压、低压保护功能,可以设置 PID 压力恒定调节模式。

(3)可实现定时、定流、定压控制模式,设置时间自动调节开度,实现多井的轮替间开生产,也可跟踪设定好的压力、流量等生产数据进行开度自动调节。

(4)可以设置自动调节压力区间,在低压下自动关井恢复压力,高压下生产保证产量。

(5)具有实时数据监控及丰富的数据分析功能,实时生产数据监测,为生产调节提供充分数据。

(6)拥有告警系统,系统自检告警、短信、微信、邮件三重提醒,保证系统安全运行[71]。

四、智能间开管理系统

智能间开管理系统常和智能柱塞气举相结合,其优化控制运行过程为(图 5-68):

(1)从甲方的数据库中心获取生产井的基础参数集、动态生产数据(油压、套压分钟数据);

(2)智能间开控制方法通过积液分析、生产历史拟合、生产预测、最优方案筛选等步骤得到气井生产状况、最优间开制度的分析预测结果;

(3)将分析预测结果反馈给甲方的数据库中心进行结果可视化展示、生产制度下发至井口。

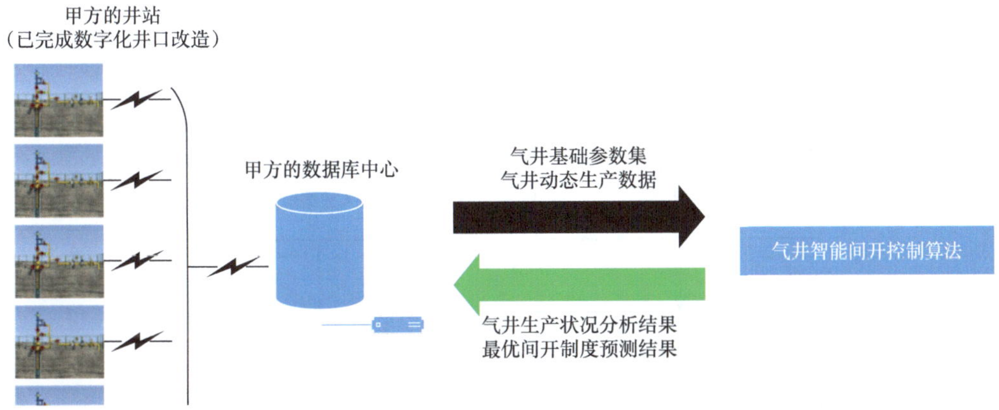

图 5-68 智能间开管理系统运行模式示意图

智能间开管理系统的运行逻辑包括系统接入转换、生产数据预处理、井筒积液量分析、压力恢复分析、气井生产动态分析、分析结果导出转换,如图 5-69 所示。实现了间开井的井筒积液量、压力恢复能力、工艺方法评估等气井生产分析,以及最优生产制度规划控制等所有研究目标。

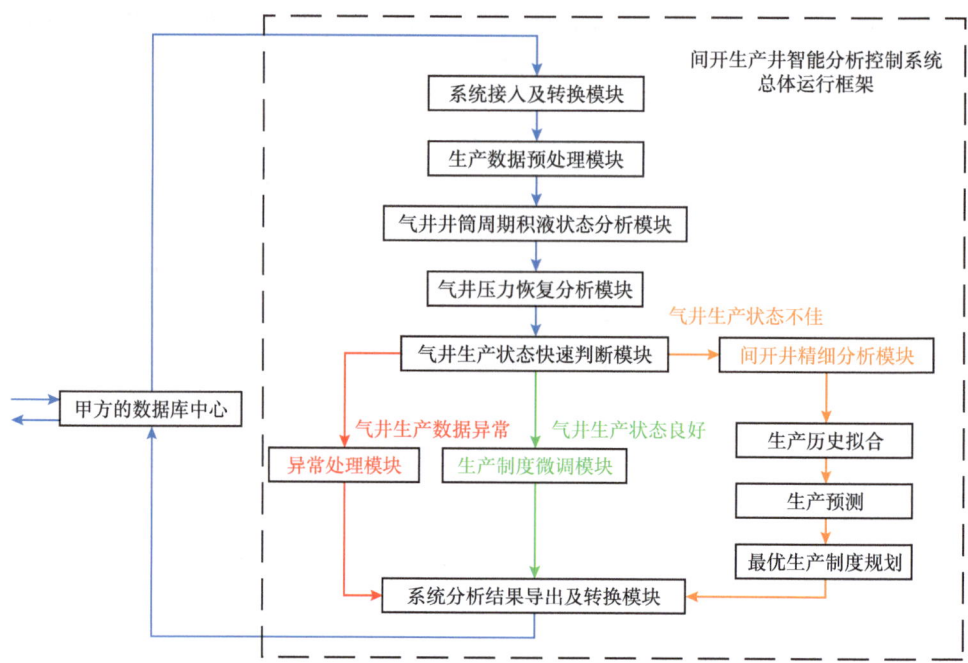

图 5-69　智能间开管理系统算法逻辑图

1. 系统接入及转换模块

该模块主要设计目的是将外部数据库导入的数据转换成系统所需的格式（图 5-70），模块功能定位及技术特点包括：

（1）为不同数据库平台的数据导入提供对应格式接口。

（2）编译环境转换、数据格式转换。

（3）具有多数据平台的兼容性、可扩展性。

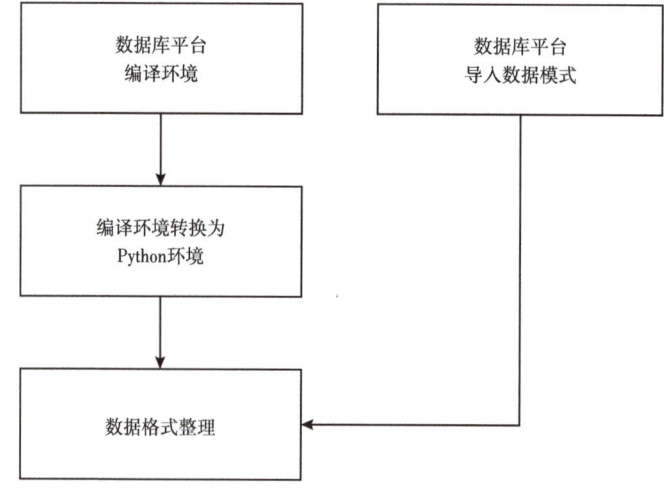

图 5-70　智能间开管理算法的接入模块示意图

1）输入项

（1）井号（wellName）：字符串类型，并不直接参与算法计算，但可以给计算结果提供 ID 以便于整理。

（2）静态参数集（staticParams）：元组格式，参数类型、顺序及示例见表 5-16。

表 5-16　静态参数集汇总表

序号	参数类型	单位	参数值（示例）
1	序号	无	6
2	井号	无	靖 50-17
3	采气厂	无	一厂
4	作业区	无	八区
5	原始地层压力	MPa	25
6	地层温度	℃	95.8
7	井口平均温度	℃	20
8	油管管鞋垂深	m	3302.65
9	油管内径	mm	60
10	油管外径	mm	73.02
11	套管内径	mm	121.36
12	管壁粗糙度	mm	0.026
13	累计产气量	$10^4 m^3$	979.7786
14	高压保护	MPa	4.5

（3）生产数据集（prdData）：元组格式，参数类型、顺序及示例见表 5-17。

（4）单井分析的并发进程（numProcess）：字符串，单进程取"1"，多进程 x 取"x"，推荐 10，可取范围为 5~15。

（5）生产数据输入格式（format_prdData）：字符串。若为原始格式，则取"Raw"；若为定制格式，例如中实公司，则取"Format_ZhongShi"。

表 5-17　生产数据汇总表

序号	参数类型	单位	参数说明	参数值（示例）
1	时间	无	表征数据收集的绝对日期	2021 年 01 月 09 日 00:00
2	状态	无	0 为关井，1 和大于 1 为开井	0
3	油压	MPa	油管的井口压力	2.622
4	套压	MPa	套管的井口压力	4.021

2）输出项

本模块的输出在算法系统内部，不对用户开放。不同编译环境转换为 Python 编译环境，不同数据库平台导入的数据转换为算法所需的数据格式。

2. 生产数据预处理模块

将生产数据转换成排采工艺分析所需的格式，初步处理数据异常，模块功能定位及技术特点如图 5-71 所示，包括：

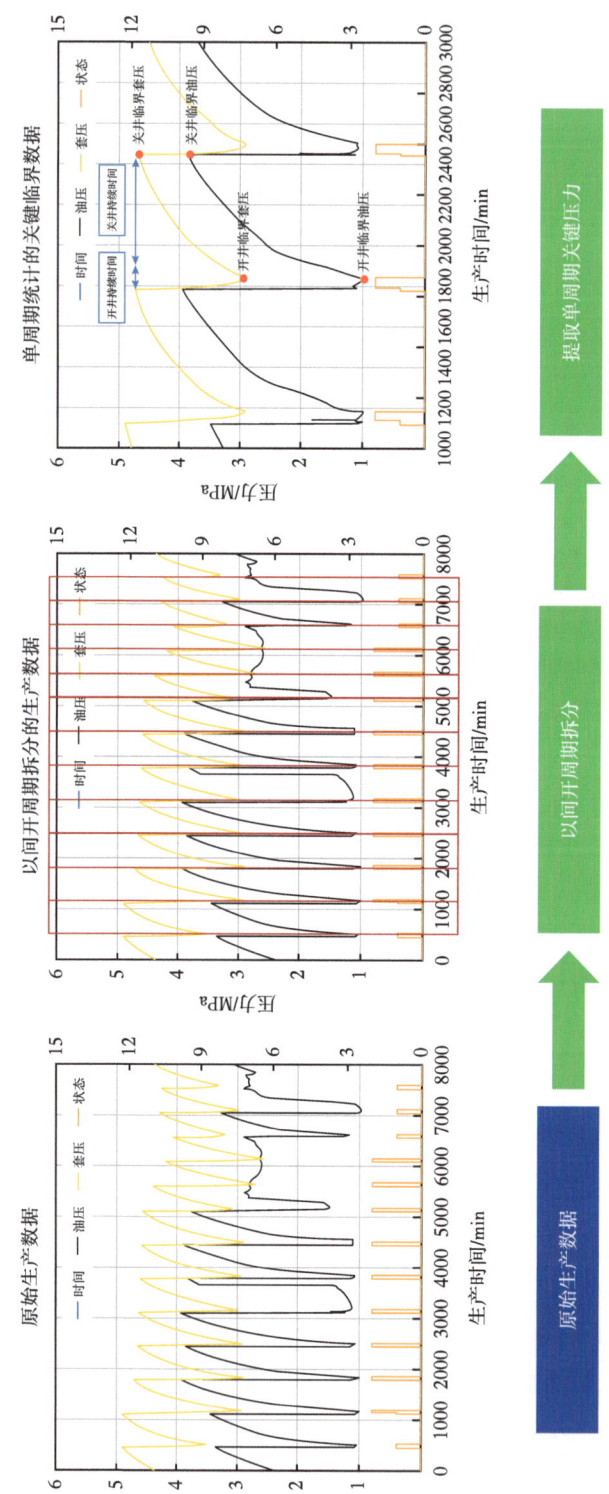

图5-71 生产预处理模块功能示意图

（1）将连续的分钟生产数据转换为周期数据；
（2）处理缺失数据和异常数据；
（3）提取各周期关键特征（开关井时间、开井油套压、关井油套压）。

1）输入项

系统接入及转换模块整理好的生产数据和静态数据集。

2）输出项

本模块的输出在算法系统内部，不对用户开放。

3. 井筒周期积液状态分析模块

考虑气井井身结构，结合提取的周期关键特征，分析井筒积液状态。模块功能定位及技术特点如图 5-72 所示，包括：

（1）井筒积液量评估；
（2）井筒周期排液量评估；
（3）环空积液高度分析；
（4）油管积液高度分析。

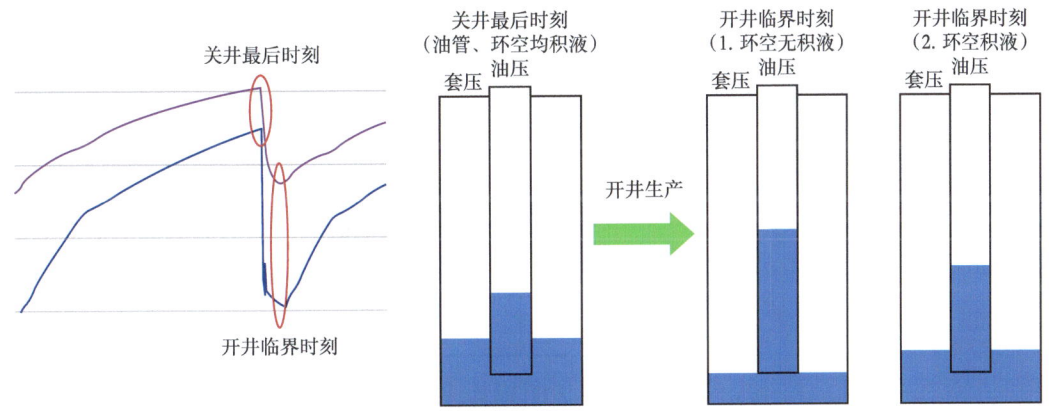

图 5-72　智能间开控制算法的井筒周期积液状态分析模块原理示意图

1）输入项

生产数据预处理模块整理好的生产数据和静态数据集。

2）输出项

周期积液量（res_waterAccum）：元组格式，分析结果的类型、顺序及示例见表 5-18。

表 5-18　井筒周期积液量输出结果汇总表

序号	参数名	单位	说明	取值（示例）
1	周期序号	无	程序内部计算的周期序号	1
2	起始日期	无	周期实际起始日期	2021 年 05 月 09 日 01:21
3	结束日期	无	周期实际结束日期	2021 年 05 月 09 日 06:37
4	分析有效性	无	1 表示有效，0 表示无效	1

续表

序号	参数名	单位	说明	取值（示例）
5	关井井筒积液量	m³	关井时刻的井筒积液量	0.5121548
6	关井油管积液高度	m	关井时刻的油管积液高度	312.215
7	关井套管积液高度	m	关井时刻的套管积液高度	47.125
8	关井井底流压	MPa	关井时刻的油管管鞋压力	6.82791

4. 气井生产状态综合分析模块

根据气井井筒周期积液量、压恢能力和有效周期数，快速评估气井生产状态，根据该结果选择相应方法进行生产制度优化，判别逻辑如图 5-73 所示。模块功能定位及技术特点包括：

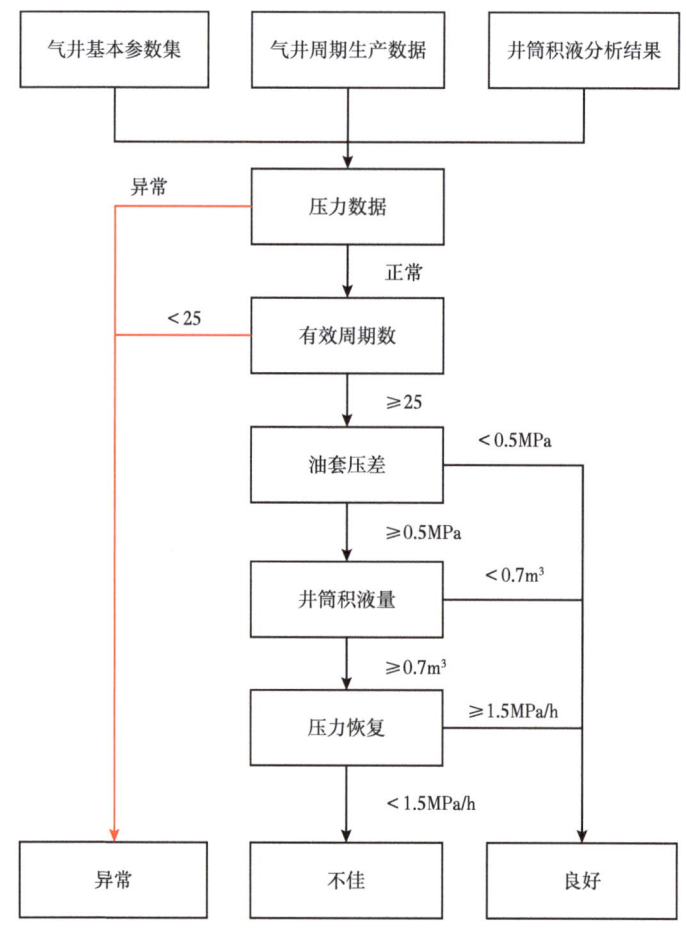

图 5-73 气井生产状态判别逻辑框图

（1）气井生产状态综合分析；
（2）将气井生产状态分为三类：良好、不佳、异常；
（3）选择生产制度优化方法：微调（良好）、精细（不佳）、异常（异常）；

（4）生产状态良好的气井进行生产制度微调。

1）输入项

各模块导入的数据和分析结果。

2）输出项

本模块的输出在算法系统内部，不对用户开放。

5. 气井生产历史精细分析模块

针对生产状态不佳的气井，进行精细的数据分析和制度优化，分析逻辑如图 5-74 所示。模块功能定位及技术特点包括：

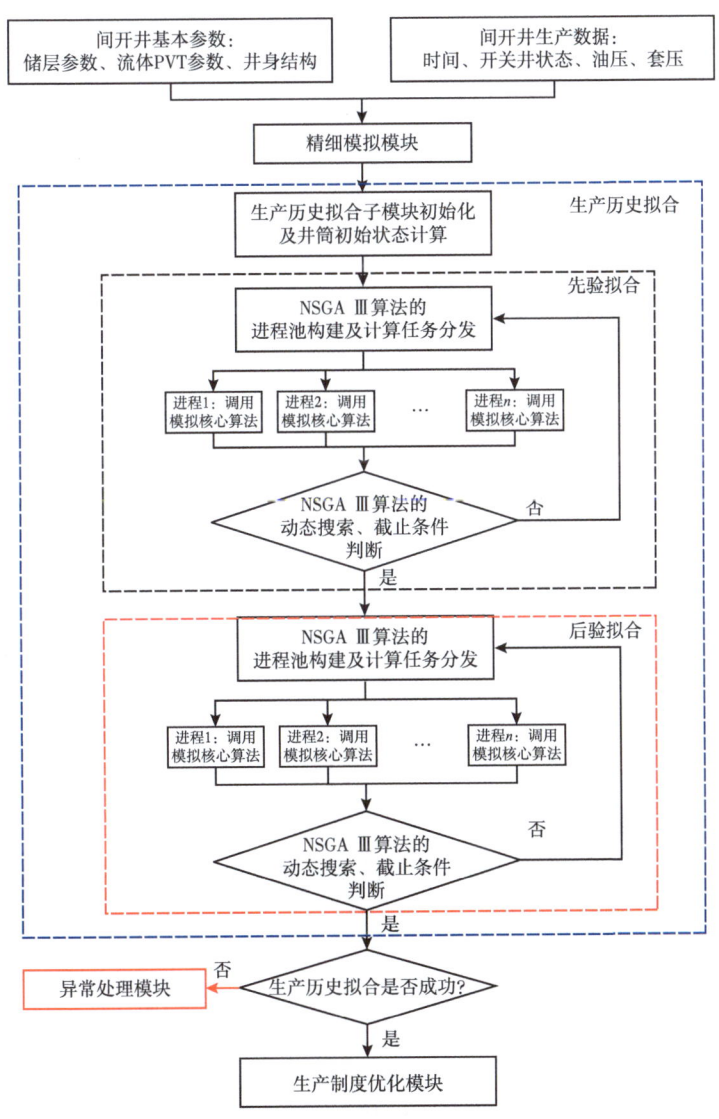

图 5-74 气井生产历史精细分析逻辑框图

（1）构建间开井生产模拟核心算法，采用数值解的方式计算；

（2）分析地层的供气能力、供液能力，评估地层能量；

（3）分析井筒当前的两相流态、排液能力。

1）输入项

各模块导入的数据和分析结果。

2）输出项

本模块的输出在算法系统内部，不对用户开放。

6. 最优生产制度优化模块

针对生产状态不佳的气井，进行生产制度评价与优化，优化逻辑如图 5-75 所示。模块功能定位及技术特点包括：

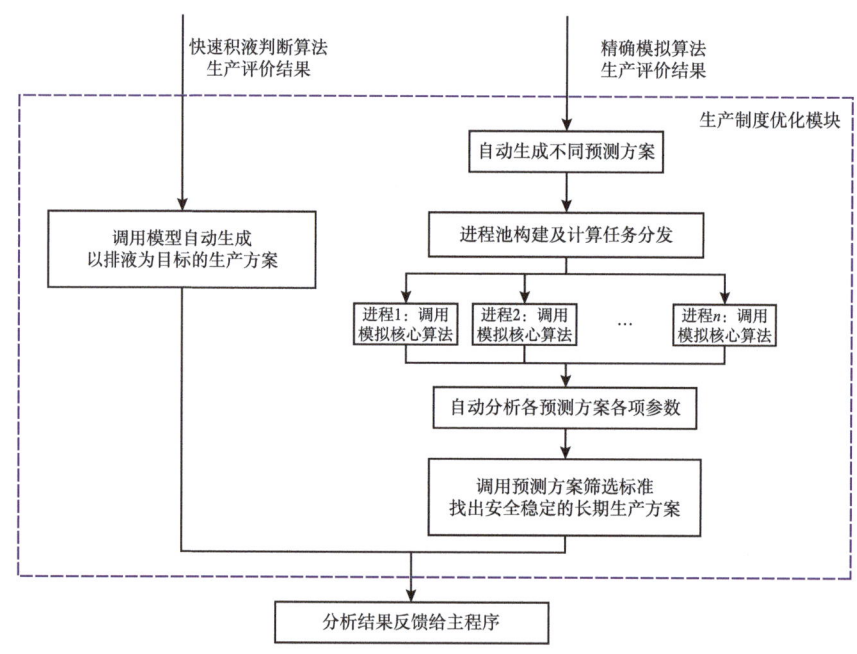

图 5-75　气井最优生产制度优化逻辑框图

（1）生成不同的间开方案进行生产预测；

（2）统计不同的间开方案对应的井筒积液量、油套压变化关系、产气量和产水量；

（3）筛选最优间开方案。

1）输入项

各模块导入的数据和分析结果，生产历史拟合模块的参数组。

2）输出项

（1）生产制度优化是否成功（analysis_eff）：字符串，如果成功，输出"success"；如果失败，输出"failed"。

（2）生产方案来源（solution_info）：字符串，基准格式为"PrdPlan_XX"：

① "PrdPlan_LV0"：来源于判别模块的微调功能，表明该井处于良好的生产状态，无须调用柱塞模拟模块。

② "PrdPlan_LV1"：来源于柱塞模拟模块，且采用严格的限制标准计算的间开方案结果。

③ "PrdPlan_LV2"：来源于柱塞模拟模块，且采用中等的限制标准计算的间开方案结果。

④ "PrdPlan_LV3"：来源于柱塞模拟模块，且采用宽松的限制标准计算的间开方案结果。

⑤ "PrdPlan_LV4"：来源于柱塞模拟模块，且采用极度宽松（最大关井套压）的限制标准计算的间开方案结果。

⑥ "PrdPlan_Infer"：来源于方案推断模块，当前制定的限制标准无法适用于该井的评估，通过推断的方式提供的建议间开方案。

⑦ "PrdPlan_MinimumGuarantee"：来源于保底方案生成模块，该模块的功能是：填补长关井、长开井和新井的漏洞；对周期积液量有效数目低于 25 个周期的井，提供一个不推荐使用的保底方案。

（3）推荐间开方案（res_Best_PrdPlan）：元组格式，单位为分钟。若分析成功，则返回（time_open，time_shut）；若分析失败，则返回（60，600）的保底生产方案。

7. 异常处理模块

系统内调用该模块的前提是核心算法无法完成目标生产井的生产历史拟合，系统无法完成生产方案优化的工作。因此该模块将分析目标生产井的异常特征，最终交由人工进行方案调整和故障排查，该模块的运行逻辑如图 5-76 所示。

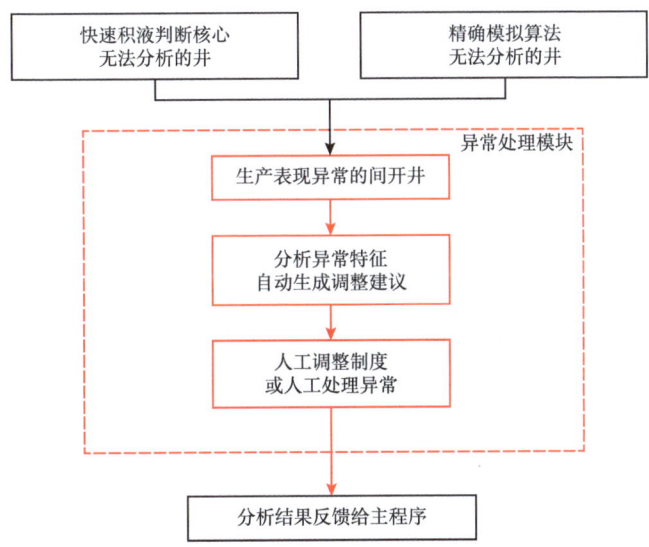

图 5-76 异常处理模块运行逻辑图

五、智能间开技术现场应用

利用构建的气井智能间开控制管理系统，在长庆油田大量气井上进行了现场验证与应用，结果表明该系统适应于长庆油田采用频繁间开生产制度的气井。

1. 双 36-46C6 井

由图 5-77 可知，双 36-46C6 井的生产历史拟合效果较好，计算的油套压与真实值几乎重合，证明了模型对间开井进行生产数据分析的有效性；在生产历史拟合后，对该井进行了生产预测，在大量预测生产方案中最终选择了开井 60min 和关井 200min 的间开方案。

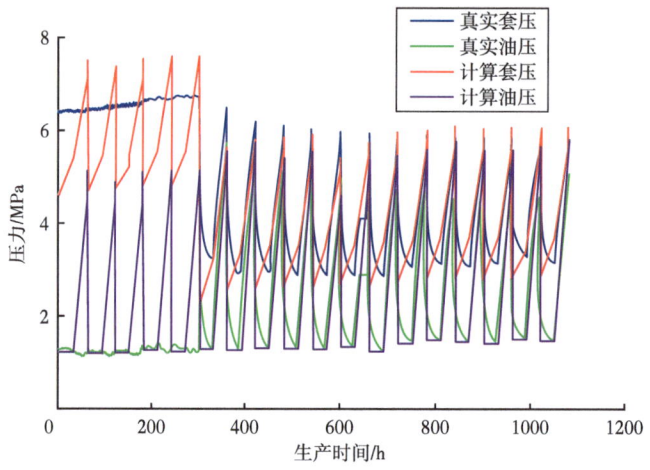

图 5-77　双 36-46C6 井生产历史拟合图

从图 5-78 可以看出，该方案执行后的气井生产状态稳定性和井筒积液情况好于优化前。从优化后的生产特征可以看出，计算的产气量提升约 422m³/d，井筒仍能保持良好的排液能力，气井生产状态稳定。采用开井 60min 和关井 200min 的间开方案能够在执行更长的时间且在地层两相流不发生较大变化的情况下无须再次优化。

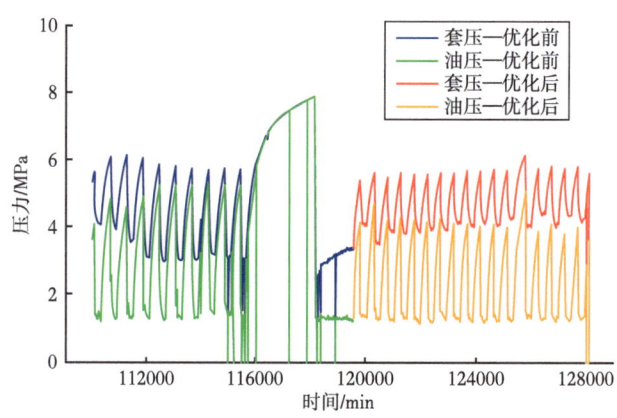

图 5-78　双 36-46C6 井生产优化前后对比图

2. 苏 39-14 井

由图 5-79 可知，苏 39-14 井生产数据质量较差，但模型的生产历史拟合仍能保持较好的效果，计算的油套压能够从趋势上匹配真实值，证明了模型对间开井进行生产数据分析的有效性；在生产历史拟合后，对该井进行了生产预测，在大量预测生产方案中最终选择了开井 60min 和关井 1220min 的间开方案。

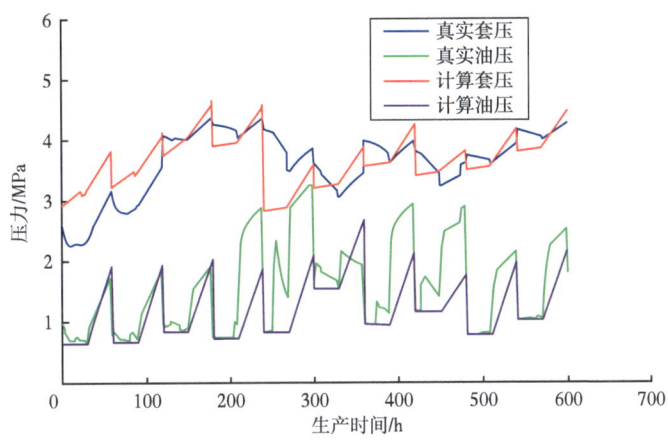

图 5-79 苏 39-14 井生产历史拟合图

从图 5-80 可以看出，由于油压恢复速度及开井前的油压值远高于优化前，因此该方案执行后的气井生产状态稳定性和井筒积液情况好于优化前。从优化后的生产特征可以看出，该井平均关井油套压差降低了 0.33MPa，平均井筒积液量降低了 0.26m³。采用开井 60min 和关井 1220min 的间开方案虽然方案优化改善了气井的生产状态，但油套压变化特征并未达到理想状态，这与采用段塞流流态排液的不稳定性有关。

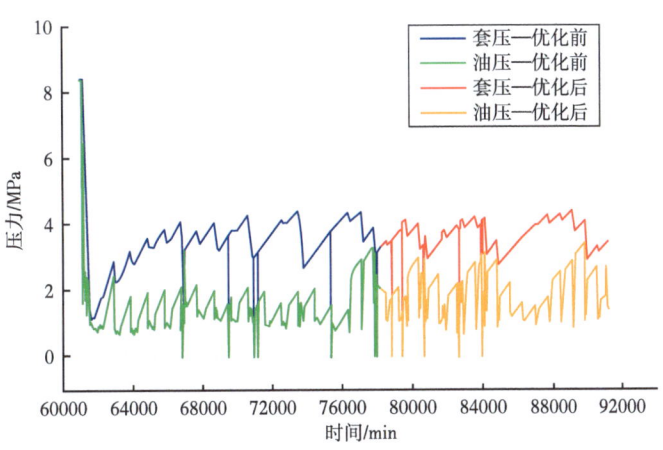

图 5-80 苏 39-14 井生产优化前后对比图

3. 苏 39-14-3 井

由图 5-81 可知，苏 39-14-3 井生产数据质量极好且可以直观断定该井的井筒积液量始终保持在较低水平，模型的生产历史拟合保持较好的效果，计算的油套压几乎与真实值重合，证明了模型对间开井进行生产数据分析的有效性；在生产历史拟合后，对该井进行了生产预测，在大量预测生产方案中最终选择了开井 802min 和关井 645min 的间开方案。

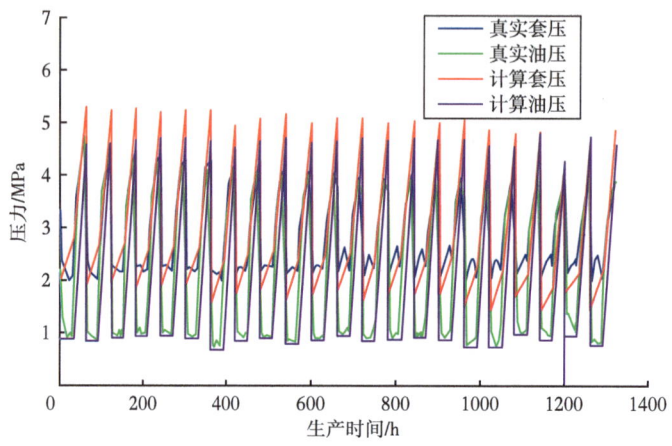

图 5-81　苏 39-14-3 井生产历史拟合图

从图 5-82 可以看出，油套压数据在优化前后均保持了良好的间开状态，关井套压最大值有缓慢降低的特征，证明了在保持低井筒积液的情况下，地层气体流入井筒的量和井口产气量得到了一定程度的提升。从优化后的生产特征可以看出，采用开井 802min 和关井 645min 的间开方案保持了气井在优化前的生产状态和井筒积液状态，且一定程度上提升了气井的产气能力。

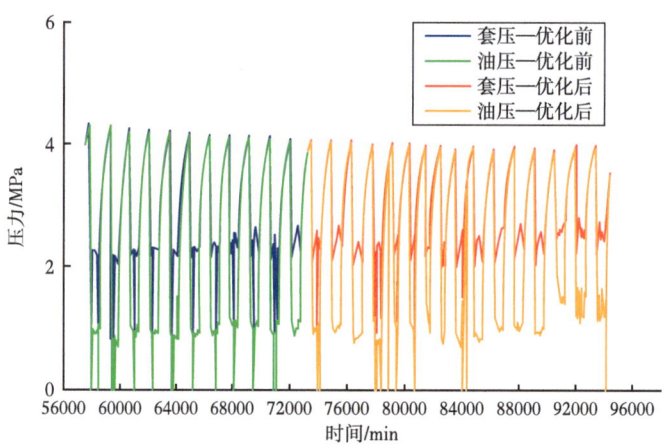

图 5-82　苏 39-14-3 井生产优化前后对比图

4. 苏 39-14-4 井

由图 5-83 可知，苏 39-14-4 井生产数据质量波动较大，井筒积液量高且井筒排液能力不稳定，模型的生产历史拟合保持较好的效果，计算的油套压从总体趋势上匹配了真实值，证明了模型对间开井进行生产数据分析的有效性；在生产历史拟合后，对该井进行了生产预测，在大量预测生产方案中最终选择了开井 60min 和关井 1080min 的间开方案。从图 5-84 可以看出，生产制度优化后，该井平均关井油套压差降低了 3.47MPa，平均井筒积液量降低了 2.49m³。井筒形成稳定的段塞流，制度优化效果较为明显[72]。

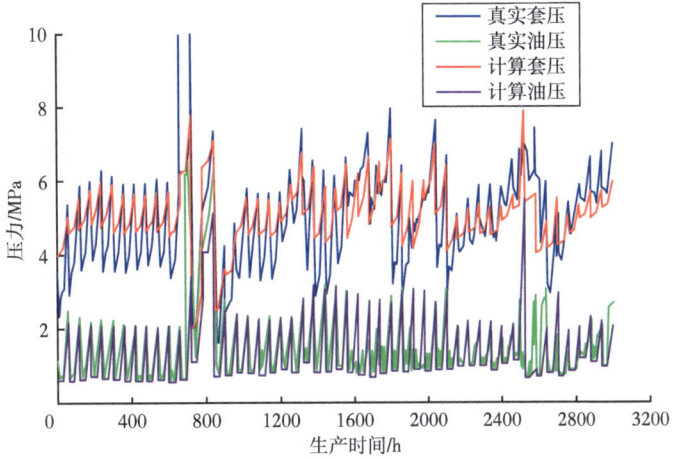

图 5-83 苏 39-14-4 井生产历史拟合图

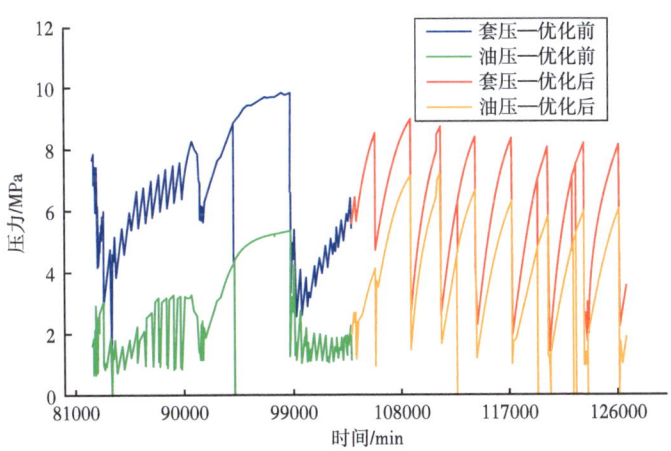

图 5-84 苏 39-14-4 井生产优化前后对比图

从四口间开井的生产历史拟合和应用效果可以看出，优化算法可行且有效，对不同生产状态的气井均有良好的应用效果，满足了气井智能控制准确率 100% 的目标。

第四节　致密气井智能柱塞气举技术

柱塞举升是间歇气举的一种特殊形式，柱塞作为一种固体的密封界面，将举升气体和被举升液体分开，减少气体窜流和液体回落，从而提高举升效率。柱塞和其上部的液体在气体的推动下向上运动、排除井底积液，增大生产压差，从而延长生产周期。柱塞举升可以充分利用地层气体能量、排液效率高、初期投资和运行费用比较低，经济效益显著，安装维护方便、易于管理，并且柱塞举升还具有智能化水平高的特点，因此柱塞举升适用于高气液比油井生产和气井的排水采气，现已成为全球低产致密气田排水采气重要技术之一。

针对长庆气田致密气藏柱塞气井建立起来的一套专家体系，对包括柱塞井的生产状态、井筒积液、生产预测，以及最优间开方案制定进行了深入研究，实现了自动评价、动态控制、精准预测的智能算法，通过大量生产井的实际应用验证了系统的准确性和普适性。

一、智能柱塞系统基本构成

传统的排水采气柱塞技术存在一些缺点，例如无法实时监测井底压力变化，井底卡定装置位置固定，随着排水采气的进行，积液液面会产生相应变化，此时无法调整排水采气柱塞举液深度，造成柱塞运行制度单一化，而且无法调整；当积液较少时导致柱塞排水采气效率降低；而当地层瞬时出液量较多时，柱塞可能无法到达井口；采用单一的定时开关井模式，需要人工到井口调参，加大了现场生产管理的难度。

为了更好地满足工程需求，尤其是针对致密气田气井低压、低产阶段时间长、积液井不断增多的现状，产气量小于 $0.3×10^4 m^3/d$ 的积液气井存在着井筒积液排除不彻底、无效关井时间长、排液效率低等严重问题，运用智能工程思想、模块化设计和优化设计思想等现代设计方法，对传统柱塞系统进行智能化改造势在必行。智能柱塞气举系统主要包括地面设备和井下设备两大部分，如图 5-85 所示。从图 5-85 中可以看出，系统的智能化主要体现在两个方面，一是井下设备：柱塞；二是地面设备：自动控制系统。

1. 柱塞

智能柱塞气举系统的井下设备包

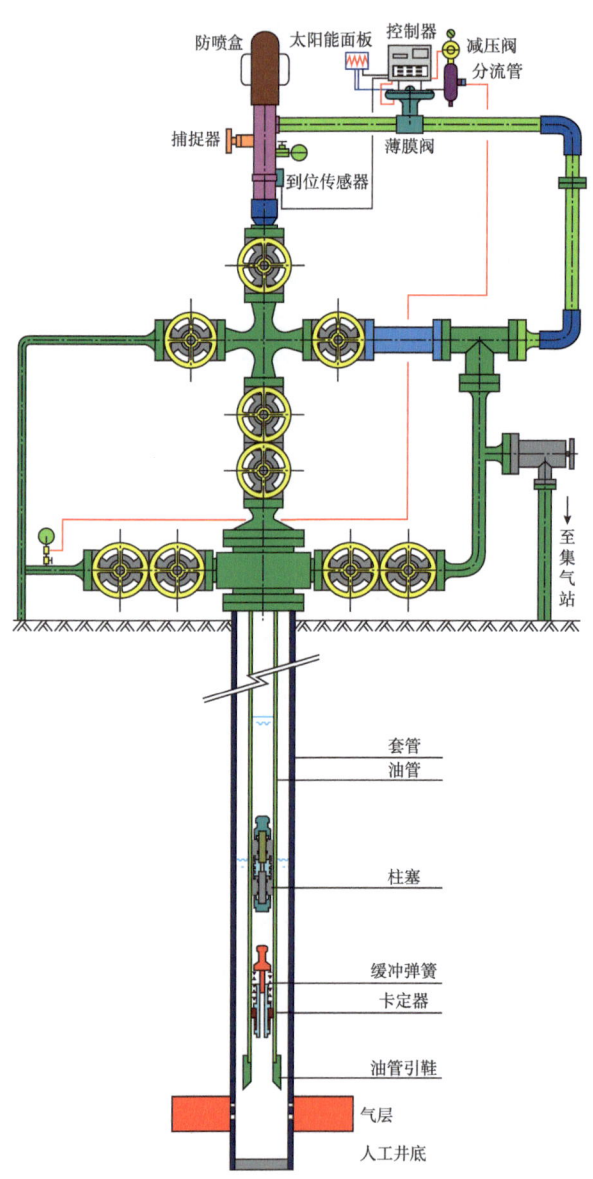

图 5-85 智能柱塞气举装置示意图

括柱塞、卡定器、井下缓冲器等。柱塞是关键工具，也是整个系统中活动最频繁的部件。

柱塞类型非常多，具体类型可达数十种之多，针对致密气井低产阶段排水采气难题，长庆油田自主研制出了系列柱塞，如图 5-86 所示。

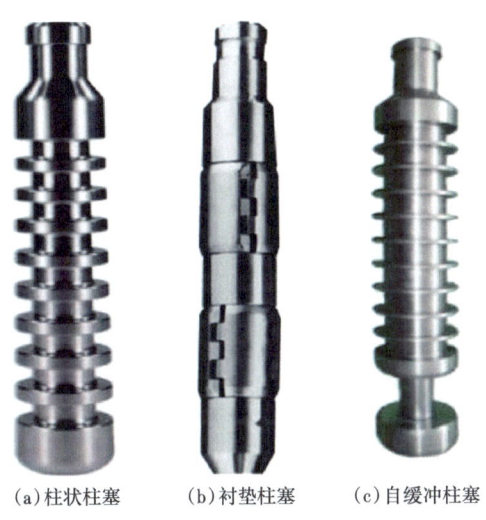

(a) 柱状柱塞　　(b) 衬垫柱塞　　(c) 自缓冲柱塞

图 5-86　各类柱塞实物图

1）柱状柱塞

柱状柱塞是一种简单、安全、有效的柱塞类型，按结构设计可分为空心柱塞和实心柱塞，通常都是由整块钢材一体化加工制造。在柱状柱塞本体中部表面开有数个一定深度和宽度的紊流凹槽，这种设计有利于当气液通过时形成气液混相紊流而达到密封的作用。该类柱塞设计和加工成本比较低，在运行过程中对井筒内壁产生的锈垢、盐或石蜡等物质具有清洁作用，还拥有耐磨、无维护成本、允许井筒内存在微量砂等优点。但是，由于柱状柱塞的外径固定不变，因此对油管规则度的要求较高，若油管在井筒中发生扭曲变形，柱状柱塞就难以下落到油管底部而无法排液。柱状柱塞的举升效率相对较差，一般适用于气液比较高气井或高气液比油井。

2）衬垫柱塞

衬垫式柱塞也叫弹簧片柱塞，在其本体中部装有几组可自由伸缩的衬垫。该类柱塞在井筒内运行时，独特的衬垫设计使其在一定范围内可以随油管内壁的变化而自动伸缩（自动变径），保持紧贴井壁，产生持续、紧密的密封效果，从而可以很大程度上减小液体的"滑脱"损失。该类柱塞对油管内壁的要求相对较低，是所有柱塞种类中效率最高的一种，通常在低压、低产、小水量气井有较好的应用效果。但由于该类柱塞活动组件多，在设计和加工时价格比较高，使用时容易被井筒中的沉砂等杂质阻塞，失去自动伸缩功能，从而卡在井筒中。因此，该类柱塞在应用中要求井筒清洁无杂质。

3）自缓冲柱塞

自缓冲柱塞内部设置弹簧，实现柱塞自缓冲的功能，替代了传统的井下缓冲器；柱塞底部导向杆和挡圈起到固定弹簧位置、防止弹簧滑脱，并支撑弹簧的作用；导向头起到在柱塞下落过程中导向及在井底支撑柱塞本体的作用，导向杆设置为中空，弹簧圆柱销起到固定挡圈和导向头的作用。该柱塞主要应用于大斜度井和水平井，也可应用于直井，简化了井下工具。自缓冲柱塞解决了水平气井应用柱塞气举工艺进行排液采气的难题，避免了传统的水平井采用泡沫排水工艺带来的有污染、费用高和工作量大、排液效果差等问题[73]。

2. 自动控制系统

智能柱塞气举系统的地面设备主要包括防喷总成、柱塞捕捉器、柱塞控制器、柱塞到达传感器、气动薄膜阀（电磁阀）、太阳能电池面板、调压总成等，如图5-87所示。

图 5-87　智能柱塞气举地面设备

智能柱塞系统工作时，利用采集的井下压力、温度和时间等信息控制自身流道，实现在井内上下行走。当开启流道时，智能柱塞在重力作用下下行，达到预设值时自动关闭中心流道，受井底气压作用智能柱塞及上部的流体上返至井口，智能柱塞自动开启中心流道，再次下行，如此往复运行，实现对积液气井由上而下、逐级、定量排液，实现连续稳定生产。同时井口数据远传系统将采集的数据传输至集气站站控平台，利用柱塞气举智能控制软件，对柱塞运行状态进行实时诊断、分析和优化，确定最优的柱塞气举开井制度，并及时向井口控制器和薄膜阀发送控制指令，实现柱塞气举远程智能控制，以期达到智能柱塞气举工艺参数的最优化运行。在整个过程中自动控制系统起着重要作用，自动控制系统基本包括了气举系统的所有地面设备。

1）柱塞捕捉器

柱塞捕捉器一般安装在井口位置，常采用弹簧伸缩机构设计，在柱塞运行时保持打开状态，当需要取出柱塞检查时，将该捕捉器关闭，即可在柱塞到达井口后捕捉住并取出柱塞，节省了额外的钢丝作业打捞费用。也有一些低产的气井在续流时不足以支持柱塞停留在井口，可使用一种自动捕捉器，在每次柱塞到达井口后捕捉住柱塞，关井后释放柱塞落回井底，辅助柱塞气举系统运行。

2）柱塞控制器

柱塞控制器是智能柱塞气举系统中举足轻重的部件，是整个柱塞气举控制系统的决策机构。除了设置智能柱塞生产制度之外，还负责接收智能柱塞采集到的井底温度、压力、流量，以及柱塞运行速度等参数，并通过对这些参数变化规律的分析判断实现智能柱塞运行的动态调整。控制器的执行机构通常是一个微型电磁阀，通过是否供给气动薄膜阀气源来实现气井开关井的操作，如图 5-88 所示。

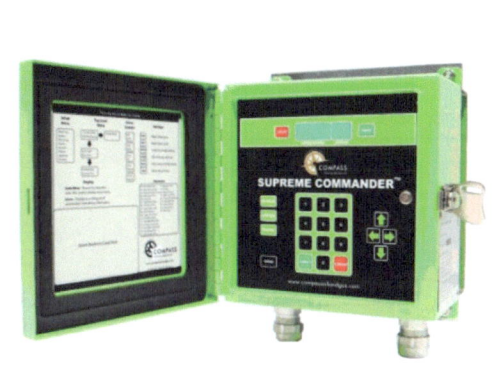

图 5-88 柱塞控制器

常见的控制模式有定时开关井模式、时间自动优化模式、套压自动优化模式。

（1）定时开关井模式：定时开关井模式是通过计时器，人为设定固定的开关井时间来执行定时开关井制度。

（2）时间自动优化模式：如图 5-89 所示，通过检测柱塞到达井口的时间，然后与该井计算的最佳到达时间对比，系统自动判断需要延长开井时间或关井时间，如果未检测到柱塞到达井口，还将设置额外时间关井。只需初期设置好参数，后面控制盒将在一段时间后将井调试到最优化状态，并且会自动根据井况变化做出制度调整。该模式中，柱塞到达传感器必须拥有较高的可靠性。

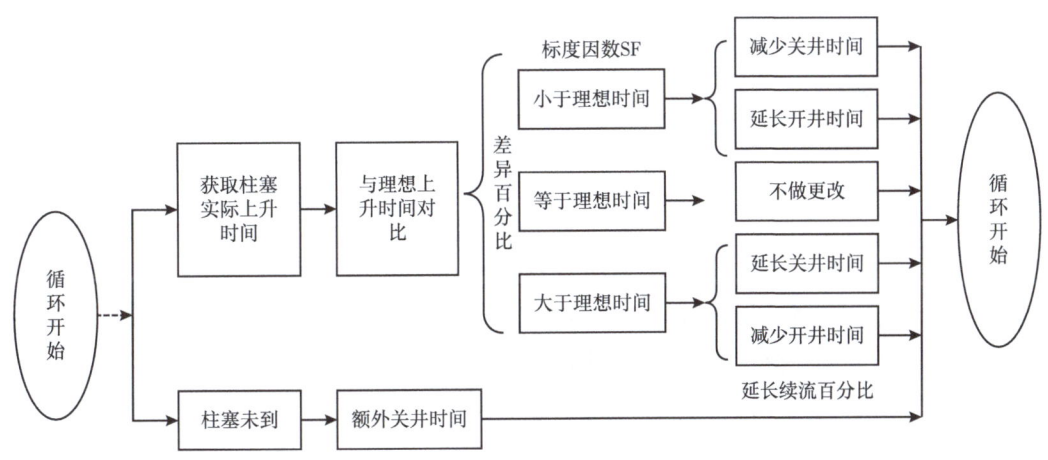

图 5-89 时间自动优化逻辑图

（3）套压自动优化模式：如图 5-90 所示，气井开井生产后，套压会一直下降，当井底逐步产生积液时，套压会有逐步升高的趋势。该模式就是以这种气井开井后套压与井筒积液的变化规律为依据,在开井过程中实时监测套压变化情况,自动寻找最佳的关井时机。具体过程为:气井开井生产后,持续监测套压变化,找到套压最小值,然后当套压升高到设定值时,自动执行关井操作。开井过程是通过监测套压升高到设定值时,执行开井操作。

图 5-90 套压自动优化模式图

该模式适用于油套管连通性较好,且关井后压力恢复速度大于 0.5MPa/h 的气井,对于输压变化具有较强自动调整、适应能力,可大幅降低人工调参工作量。

3) 柱塞到达传感器

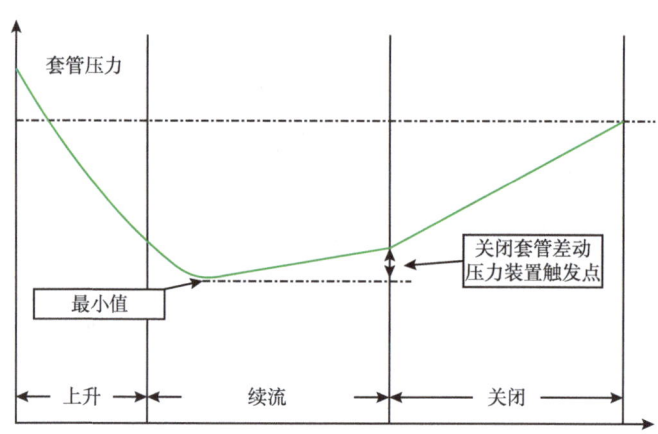

图 5-91 气动薄膜阀

到达传感器的作用是感应柱塞到达井口并将电脉冲信号传达给控制器,用以辅助判断。常见的到达传感器采用监测磁通量变化来实现感应柱塞是否到达井口,结合控制器的计时器和气井深度,即可得到柱塞到达时间和位置,从而计算出柱塞在井筒内的运行速度,为柱塞运行参数优化提供重要依据。

4) 气动薄膜阀

气动薄膜阀是智能柱塞气举系统开关井操作的执行者,如图 5-91 所示,通常使用气开阀,气源压力在 0.2~0.4MPa 之间。主要操作过程:控制器通过是否向气动薄膜阀供气,实现气动薄膜阀开启和关闭状态控制,从而控制柱塞的上下运行。当气动薄膜阀开启时,柱塞从井底开始排水采气,柱塞到达井口之后,柱塞上部液体排出、下部气体采出之后,控制器送出信号关闭薄膜阀,柱塞脱离捕捉器开始下落,进入下一个排水采气周期,并等待薄膜阀开启[74]。

二、智能柱塞气举井筒压力系统

1. 柱塞运动阶段

单个柱塞运行周期分为上行、下行两个主要阶段。上行主阶段可细分为气柱上行、液柱上行、续流等三个上行子阶段；下行主阶段可细分为气柱下行、液柱下行、卡定器停留等三个下行子阶段。各细分流动周期见表5-19，如图5-92和图5-93所示。

表 5-19　柱塞单周期的流动阶段划分表

主要流动阶段	流动子阶段	备注
开井阶段	气柱上行	柱塞上方液柱未到达井口
	液柱上行	柱塞上方液柱到达井口
	续流	柱塞在井口停留
关井阶段	气柱下行	柱塞在气柱中下行
	液柱下行	柱塞在液柱中下行
	卡定器停留	柱塞在卡定器上停留

如图5-92所示，在开井阶段，油管中气体流出井筒进入地面低压管线，油压降低，油套环空中的气体和地层产出气进入油管膨胀，柱塞底部的压力大于地面油压、柱塞及其上部液段的重力和柱塞上行时与管壁的摩擦力的总和时，气体将推动柱塞及其上部液段离开卡定器沿油管上行。当柱塞到达井口时，液体排出井筒，柱塞被捕捉在井口防喷器中。此时油压进一步降低，若地层能量充足、关井复压较高，气井可放喷一段时间。随着生产进行，地层水产出和环空中的积液又重新在油管内聚集，当地层能量不足以排出气体和液体时，重新关井复压，开始下一个工作周期。

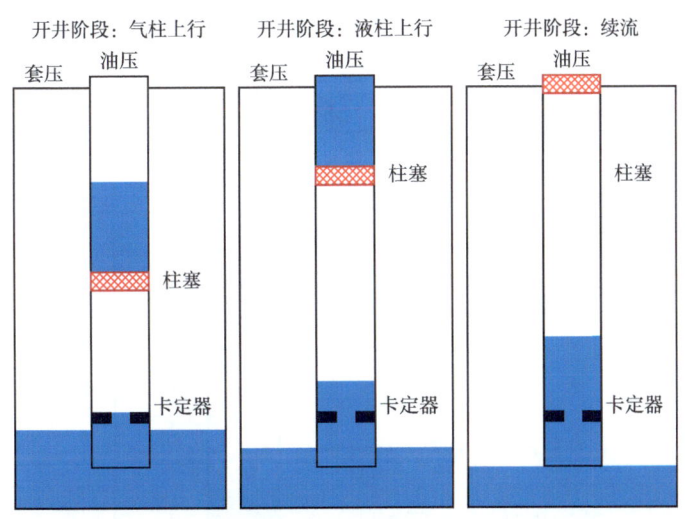

图 5-92　单个柱塞运行周期上行主阶段及三个上行子阶段示意图

如图5-93所示，在关井阶段，柱塞在自身重力作用下在油管中穿过气柱和积液下落，直至到达井底卡定器的缓冲弹簧上坐稳。柱塞会在卡定器上的缓冲弹簧上停留一段时间，在此期间，井底能量逐渐恢复，井眼周围油气逐渐聚集，地层中产出的气体和液体进入油套环空之中和油管内，由于井底装置和井筒积液的原因，大部分气体进入油套环空中，大部分液体和少量气体则进入油管内。油管内积液高度上升,油管、套管压力均会回升,上升程度由地层能量决定。

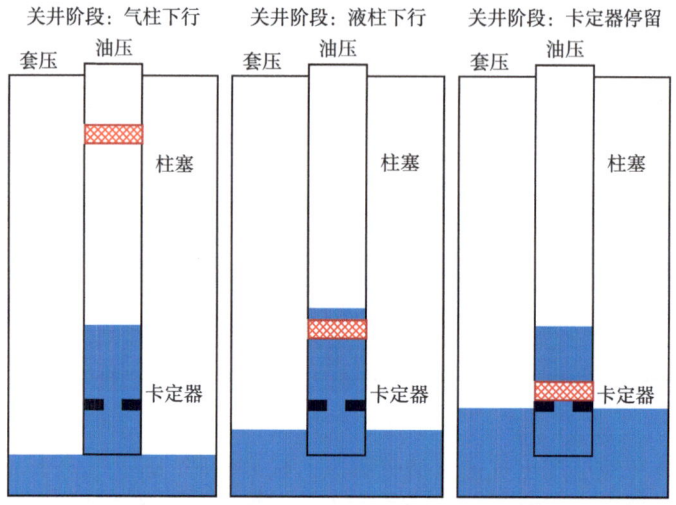

图 5-93　单个柱塞运行周期下行主阶段及三个下行子阶段示意图

2. 井筒压力系统

为了明确柱塞气举/间歇生产运行过程中,气井井身各位置的气液分布与压力的变化,将气井井身细分为三个压力系统,分别为柱塞上方压力系统、柱塞下方压力系统、环空压力系统,如图 5-94 所示。

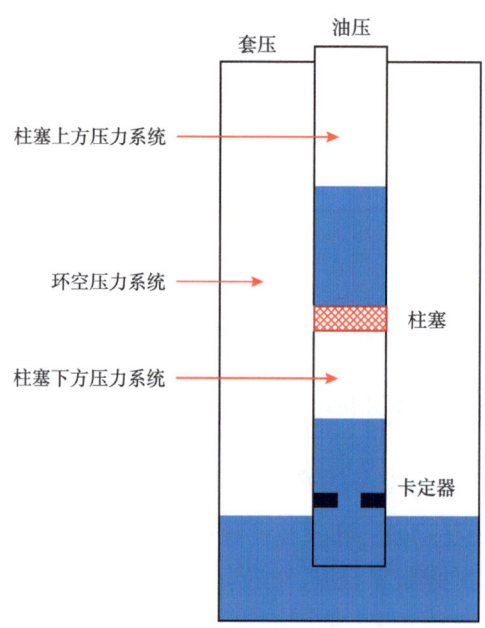

图 5-94　井筒三压力系统划分示意图

将井筒分为三个压力系统的假设条件为：（1）柱塞上行过程中，柱塞上方、下方压力系统不连通或通过柱塞漏液方式交换液相体积；（2）柱塞下行过程中，柱塞上方、下方压力系统连通。

各压力系统包含了气柱和液柱这两种流体，且均满足基本的物质守恒条件，即：

$$m^k = m^{k-1} + m_{in}^k - m_{out}^k \quad (5-103)$$

式中：m^{k-1}、m^k 分别为第 $k-1$ 步和第 k 步质量；m_{in}^k、m_{out}^k 分别为第 k 步流入和流出质量。

1）柱塞上方压力系统

柱塞上方压力系统包括柱塞上方液柱、气柱、井口流出，该压力系统的示意图如图 5-95 所示。

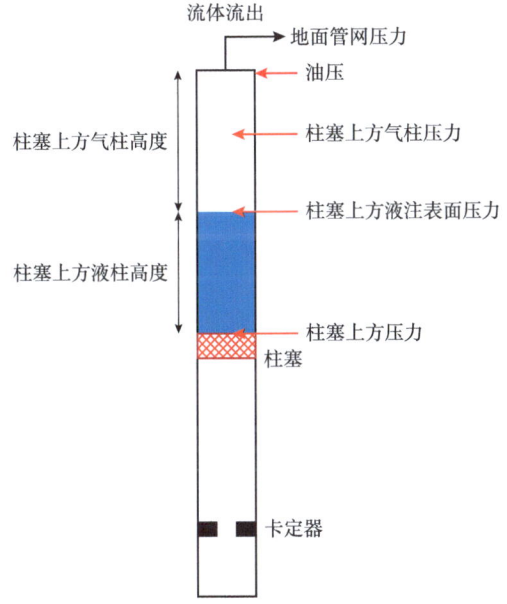

图 5-95 柱塞上方压力系统示意图

该系统追踪的运动参数见表 5-20。

表 5-20 柱塞上方压力系统追踪的运动参数汇总表

序号	名称	符号	单位
1	柱塞上方液柱压力	p_{l_up}	MPa
2	柱塞上方气柱压力	p_{gsys_up}	MPa
3	油压	p_t	MPa
4	柱塞上方液柱高度	H_{l_up}	m
5	柱塞上方气柱高度	H_{g_up}	m
6	柱塞上方气柱物质的量	n_{g_up}	mol

2）柱塞下方压力系统

柱塞下方压力系统分为环空有液柱和环空无液柱两种状态（与环空液柱高度对应），如图 5-96 所示，该系统包括柱塞下方气柱、液柱、地层液体流入、地层气体流入、环空气体流入（环空无液柱时）。

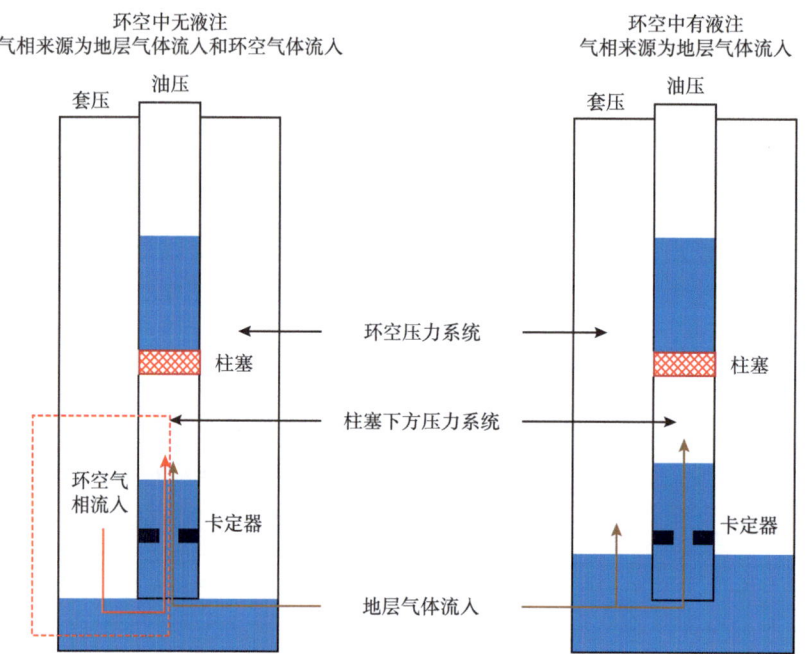

图 5-96　柱塞下方压力系统示意图

该系统追踪的运动参数见表 5-21。

表 5-21　柱塞下方压力系统追踪的运动参数汇总表

序号	名称	符号	单位
1	柱塞下方液柱压力	p_{l_down}	MPa
2	柱塞下方气柱压力	p_{gsys_down}	MPa
3	井底流压（油管管鞋处）	p_{wf}	MPa
4	柱塞下方液柱高度	H_{l_down}	m
5	柱塞下方气柱高度	H_{g_down}	m
6	柱塞下方气柱物质的量	n_{g_down}	mol

3）环空压力系统

环空压力系统分为环空有液柱和环空无液柱两种状态，如图 5-96 所示，该系统包括柱塞下方气柱、液柱、地层液体流入、地层气体流入、环空气体流出（环空无液柱时）。

该系统追踪的运动参数见表 5-22。

表 5-22　环空压力系统追踪的运动参数汇总表

序号	名称	符号	单位
1	环空液柱压力	p_{l_hk}	MPa
2	环空气柱压力	p_{gsys_hk}	MPa
3	套压	p_c	MPa
4	环空液柱高度	H_{l_hk}	m
5	环空气柱高度	H_{g_hk}	m
6	环空气柱物质的量	n_{g_hk}	mol

4）其他构成

除了三大压力系统的追踪参数外，模拟程序还追踪了柱塞自身运动状态和受力状态、地层流入流体量、井口产出流体量等参数，见表 5-23 和表 5-24。

表 5-23　柱塞气举模拟柱塞运动参数汇总表

类型	序号	名称	符号	单位
柱塞运动状态	1	柱塞运行时间	prd_time	无
	2	生产状态（开关井状态）	prd_state	无
	3	当前运动子阶段	$motion\_state$	无
	4	柱塞加速度	a_{plug}	m/s²
	5	柱塞速度	v_{plug}	m/s
	6	柱塞位置（卡定器为 0）	pos_{plug}	m
	7	柱塞上方压力	p_{plug_up}	MPa
	8	柱塞下方压力	p_{plug_down}	MPa

表 5-24　柱塞气举模拟井口状态参数汇总表

类型	序号	名称	符号	单位
井口状态	1	井口产气量	q_{g_out}	m³
	2	井口产水量	q_{w_out}	m³
	3	井口累计产气量	G_{p_out}	m³
	4	井口累计产水量	W_{p_out}	m³
	5	回压（管网压力）	p_{after_choke}	MPa
地层状态	6	地层流入气量	q_{g_in}	m³
	7	地层流入水量	q_{w_in}	m³
	8	地层累计流入气量	G_{p_in}	m³
	9	地层累计流入水量	W_{p_in}	m³
	10	地层压力	p_e	MPa

表 5-20 至表 5-24 描述了各压力系统、柱塞、井口和地层等组成柱塞模拟程序的四大基础类的追踪参数，共计 36 个参数。柱塞气举模拟的运行结果即为这 36 个参数的时间序列[75]。

三、柱塞气举动力学模型

1. 流体相态模型

包括偏差因子、气体密度、气体物质的量等计算方法，具体使用的方法见表 5-25。

表 5-25　流体相态计算方法汇总

序号	流体相态类型	计算方法
1	气体偏差因子，Z	11 参数方法
2	气体体积系数，B_g	公式
3	气体密度，ρ_g	公式
4	p/Z 转换为 p	自动拟合，一元四次方程
5	V_{gsc} 转换为 n_g	公式
6	n_g 转换为 V_{gsc}	公式
7	p_g 转换为 n_g	公式
8	n_g 转换为 p_g	公式
9	n_g 与 m_g 的相互转换	公式
10	V_w 与 m_w 的相互转换	公式

2. 井口流动模型

气体的井口流出模型为节流模型，液体则为管流模型。

1）井口产气量计算公式

基于等熵原理，亚临界流状态的节流公式：

$$q_{sc} = \frac{0.408 p_{bc} d_c^2}{\sqrt{\gamma_g T_{bc} Z_{bc}}} \sqrt{\frac{\kappa}{\kappa-1}\left[\left(\frac{p_{ac}}{p_{bc}}\right)^{\frac{2}{\kappa}} - \left(\frac{p_{ac}}{p_{bc}}\right)^{\frac{\kappa+1}{\kappa}}\right]} \quad (5\text{-}104)$$

式中：q_{sc} 为气体流量，m³/s；p_{bc} 为节流前的压力，MPa；p_{ac} 为节流后的压力，MPa；d_c 为节流嘴内径，mm；γ_g 为气体相对密度；T_{bc} 为节流前温度，K；Z_{bc} 为节流前气体偏差因子；κ 为绝热指数。

2）井口产液的管流模型

液体管流模型采用：

$$q_{sc} = 1.106 d^2 C_d \sqrt{\frac{p_{bc} - p_{ac}}{(1-\beta^4)\rho_l}} \quad (5\text{-}105)$$

式中：q_{sc} 为液体流量，m^3/s；d 为节流阀孔径，m；ρ_l 为液体密度，kg/m^3；C_d 为液体流量系数，建议取 0.987；p_{bc}，p_{ac} 分别为节流前后压力，Pa；β 为节流阀孔径与油管直径之比[76]。

3. 柱塞运动模型

1）柱塞上行过程

柱塞向上运动过程中，柱塞和液体段塞向上运动的动力主要是柱塞下部的气体压力，阻力是液体段塞上部的气体压力、液体段塞和柱塞的重力，以及气液的运动摩阻。柱塞和液体段塞向上运动过程中，受力情况如图 5-97 所示。

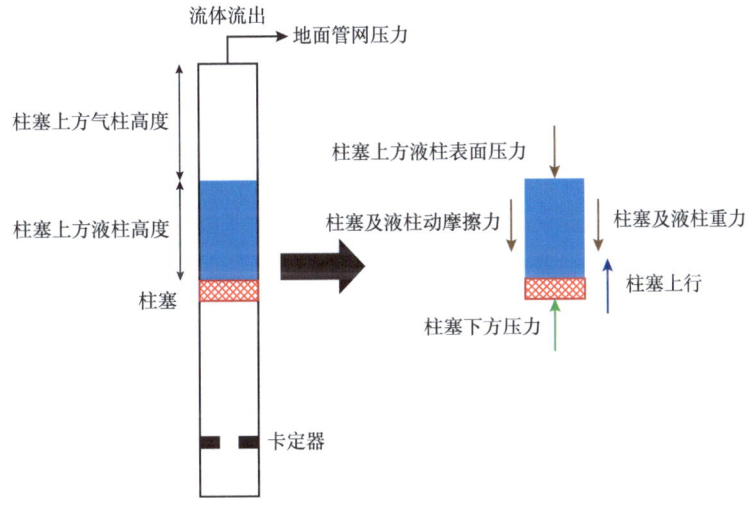

图 5-97 柱塞和液柱段塞上行过程中的受力示意图

利用牛顿第二定律可以建立如下方程：

$$F_{plg} = p_{plg\_down} A_{tube} - \left[\left(m_{w\_up} + m_{plg} \right) g + F_f + p_{l\_up} A_{tube} \right] \quad (5-106)$$

式中：F_{plg} 为柱塞和液体段塞向上运动时所受的合外力，N；p_{plg_down} 为柱塞下方的气体压力，Pa；A_{tube} 为油管横截面积，m^2；m_{w_up} 为柱塞上方液柱质量，kg；m_{plg} 为柱塞质量，kg；g 为重力加速度，m/s^2；F_f 为柱塞和液柱的动摩擦阻力，N；p_{l_up} 为柱塞上方液面压力，Pa。

柱塞上方液柱质量的表达式为：

$$m_{w\_up} = \frac{\pi}{4} \rho_w d_{tube\_inner}^2 H_{l\_tube\_up} \quad (5-107)$$

式中：ρ_w 为液体密度，kg/m^3；d_{tube_inner} 为油管内径，m；$H_{l\_tube\_up}$ 为柱塞上方液柱高度，m。

柱塞和液柱的动摩擦阻力可表示为：

$$F_f = \frac{\pi}{8} d_{tube\_inner} \left(f_w \rho_w H_{l\_tube\_up} + f_{plg} \rho_{plg} H_{plg} \right) v_{plg}^2 \quad (5-108)$$

式中：f_w 为与液体相关的摩擦系数；ρ_w 为液体的某种密度相关量（可能与运动状态有关），kg/m³；f_{plg} 为与柱塞相关的摩擦系数；ρ_{plg} 为柱塞与运动状态有关的密度，kg/m³；H_{plg} 为柱塞高度，m；v_{plg} 为柱塞运动速度，m/s。

当前时刻柱塞液柱上方液面压力为：

$$p_{l\_up}^k = \frac{Z_i^{k-1}R\overline{T}\left[m_{g\_up}^{k-1} - \frac{0.408\rho_{gsc}\Delta t p_t^{k-1} d_c^2}{\sqrt{\gamma_g T_{wh} Z_t^{k-1}}}\sqrt{\frac{\kappa}{\kappa-1}\left[\left(\frac{p_{ac}}{p_t^{k-1}}\right)^{\frac{2}{\kappa}} - \left(\frac{p_{ac}}{p_t^{k-1}}\right)^{\frac{\kappa+1}{\kappa}}\right]}\right]}{V_{g\_hk\_shut} M_g e^{0.03418\frac{\gamma_g H_{g\_up}}{2T Z_t^{k-1}}}} \quad (5\text{-}109)$$

式中：$p_{l\_up}^k$ 为当前时刻柱塞液柱上方液面压力，Pa；Z_i^{k-1} 为 i 位置在 $k-1$ 时刻的气体压缩因子；R 为通用气体常数，J/(mol·K)；$\overline{T}$ 为平均温度，K；$m_{g\_up}^{k-1}$ 为 $k-1$ 时刻柱塞上方气柱质量，kg；ρ_{gsc} 为天然气的某种密度相关量，kg/m³；$\Delta t p_t^{k-1}$ 为 $k-1$ 时刻油管压力变化量，Pa；d_c 为管径，m；κ 为等熵指数；p_{ac} 为标准状态下的压力，Pa；p_t^{k-1} 为 $k-1$ 时刻的油管压力，Pa；$V_{g\_hk\_shut}$ 为环空气体体积相关量，m³；M_g 为天然气的摩尔质量，kg/mol；γ_g 为天然气的重度，N/m³；T_{wh} 为井口温度，K；Z_t^{k-1} 为时刻 k 在油管处的气体压缩因子；T 为绝对温度，K。

在柱塞向上运动阶段，举升柱塞和液体段塞的能量主要来源于原先储存在油套环空中的气体膨胀和地层产气。柱塞向上运动的同时地层也在产出液体，因此柱塞下端面的压力主要取决于柱塞下面气体的膨胀，液体部分及气液混合部分也有一定的影响（这里不考虑气液混合部分）。因此，当前时刻柱塞液柱下方压力可表示为：

$$p_{plg\_down}^k = \frac{4Z_{g\_down}R\overline{T}}{\pi d_{tube\_inner}^2 H_{g\_donw}^k M_g}\left(m_{g\_down}^{k-1} + \rho_{gsc}\Delta t \frac{d_{tube\_inner}^2}{d_{casing\_inner}^2}q_{gsc}^k + m_{g\_hk2tube}\right) \quad (5\text{-}110)$$

式中：$p_{plg\_down}^k$ 为 k 时刻柱塞液柱下方压力，Pa；Z_{g_down} 为柱塞下方气体的压缩因子；$H_{g\_down}^k$ 为 k 时刻柱塞下方气柱高度，m；$m_{g\_hk2tube}$ 为柱塞下方气柱质量，kg；Δt 为时间步长，s；q_{gsc} 为天然气流量，m³/s；d_{casing_inner} 为套管内径，m；$m_{g\_hk2tube}$ 为环空向油管的气体质量，kg。

在当前时间步长内，环空向柱塞下方系统的气体补给量将分为两种情况（图 5-96）：当环空存在积液时，气体补给量为 0；当环空无积液时，气体补给量应先计算地层向环空的补给量，计算在无积液情况下环空气柱质量、系统压力，以及井底流压，根据环空计算的井底流压与柱塞下方系统计算的井底流压进行比较，推算井底流压恒等条件下环空向油管的气体补给量。

当柱塞上方液柱刚好到达井口之后进入液柱上行阶段，采用公式（5-105）计算液体在单位时间步长内的井口最大流出量。需要注意的是，液体由于不具备膨胀性，公式（5-105）的计算结果只能作为流出量的上限，需要根据当前的柱塞运动速度计算实际流出量，不然可能出现严重的计算错误（图 5-98）。因此，当前时刻液体流出井口的质量流量表达式为：

$$m_{w\_out} = \min\left(1.106\rho_w d_{tube\_inner}^2 C_d \sqrt{\frac{p_t^{k-1} - p_{ac}}{(1-\beta^4)\rho_w}}\Delta t, \rho_w v_{plg}^{k-1}\Delta t A_{tube}\right) \quad (5\text{-}111)$$

式中：m_{w_out} 为当前时刻液体流出井口的质量流量，kg；C_d 为流量系数；p_{ac} 为大气压力或某参考压力，Pa；β 为与油管内径和其他管径相关的比例参数。

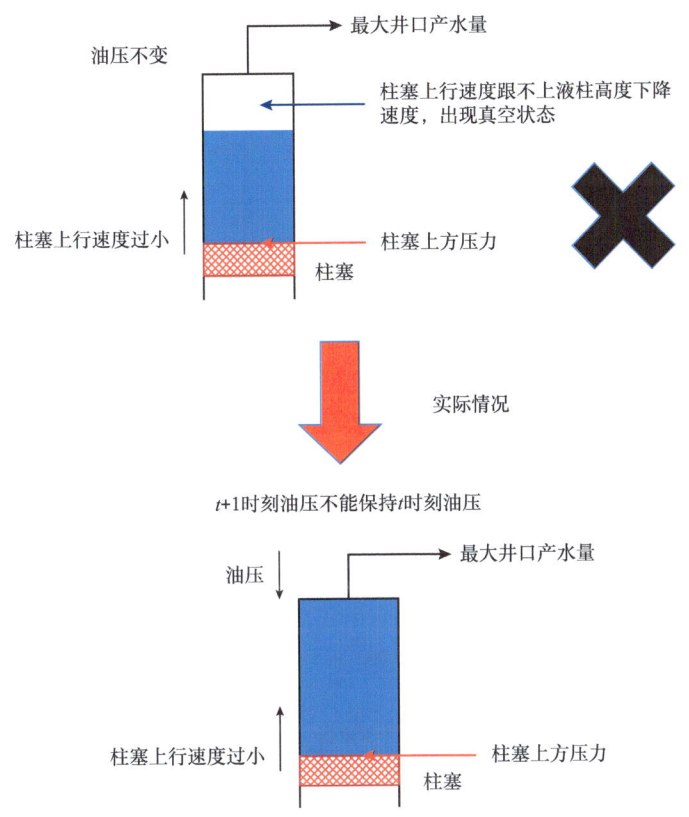

图 5-98　按照最大液体流出量计算可能产生严重错误的示意图

油气井续流阶段是指柱塞上的液体段塞全部进入地面管线，柱塞被井口捕捉装置捕获后，井口阀门保持打开状态这个阶段。在该阶段气井开始正常生产，直到由于井底积液井底流压升高需要关井为止。柱塞运动到地面时被柱塞捕捉器捕捉后，气体开始生产，液体在井底聚积。根据式（5-106）、式（5-107）计算单位时间步长内的地层流入量。

2）柱塞下行过程

由于井底积液，井底流压增加；当井底流压增加到某个值时，井口阀门关闭，压力恢复阶段开始。在该阶段，若地层的供气能力较低，柱塞下降到卡定器的缓冲弹簧上后要停留一段时间，可细分为柱塞在气柱中下落和在液柱中下落，如图 5-99 所示。

在气柱中下落时，向下的动力主要为柱塞自身重力，阻力为柱塞与油管之间的动摩擦力，表达式为：

$$m_{plg}g - \frac{\pi}{8}d_{tube\_inner}f_{plg}\rho_{plg}H_{plg}v_{plg}^2 = 0 \qquad (5-112)$$

在液柱中下落时，向下的动力依然为柱塞自身重力，阻力为柱塞与油管之间的动摩擦力和液体对柱塞的浮力，表达式为：

$$m_{\text{plg}}g - \frac{\pi}{8}d_{\text{tube\_inner}}f_{\text{plg}}\rho_{\text{plg}}H_{\text{plg}}v_{\text{plg}}^2 - \rho_{\text{w}}gH_{\text{plg}}A_{\text{tube}} = 0 \qquad (5\text{-}113)$$

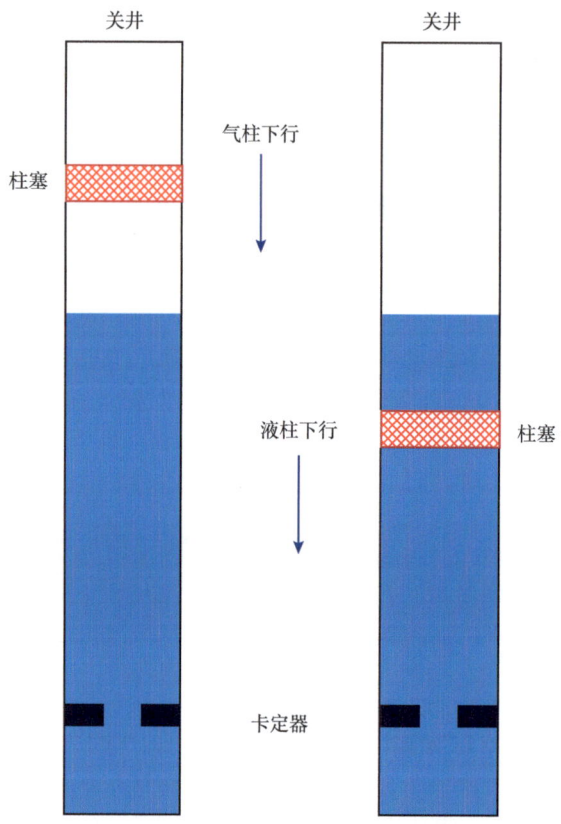

图 5-99　柱塞下行过程的两种状态示意图

需要注意的是，液柱下行的最后时刻应做好判断，以免出现如图 5-100 所示的错误情况。

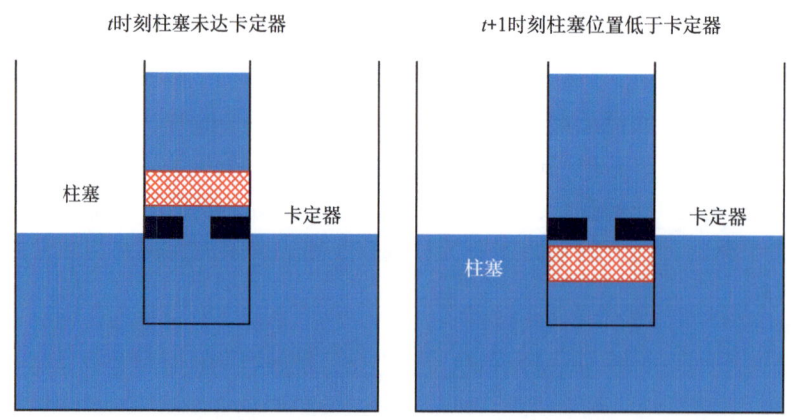

图 5-100　柱塞液柱下行过程最后时刻可能出现的计算错误示意图

井口节流阀关闭后进入压力恢复阶段,随着地层气体和液体不断进入井筒,井底流压不断上升。该阶段,地层气和水进入油套管,在油管鞋处气液在油套管的分配与井底管柱结构有关[77]。

四、智能柱塞气举工艺优化分析

为保证气井智能柱塞气举正常和有较高产量,需要对影响柱塞举升和井口产气量的各个参数进行优化设计。对于一口实施柱塞气举的气井,优化设计就是对开井时井口油套压、续流开井时间、井筒积液高度等进行优化设计。

1. 生产历史拟合

长庆油田绝大部分气井在井口连续测试的数据为井口油压和井口套压,并未测试井口产气量和产液量。结合前文给出的动态参数集,对于模型的生产历史拟合而言,已知2个维度的数据信息,计算33个维度的数据信息,客观上使得模型具有较大的多解性,表现在生产历史拟合上即为未知参数组的多解性。

基于上述客观事实,采用了Pareto最优解集及贝叶斯结构对模型进行生产历史拟合算法框架的构建,如图5-101所示。

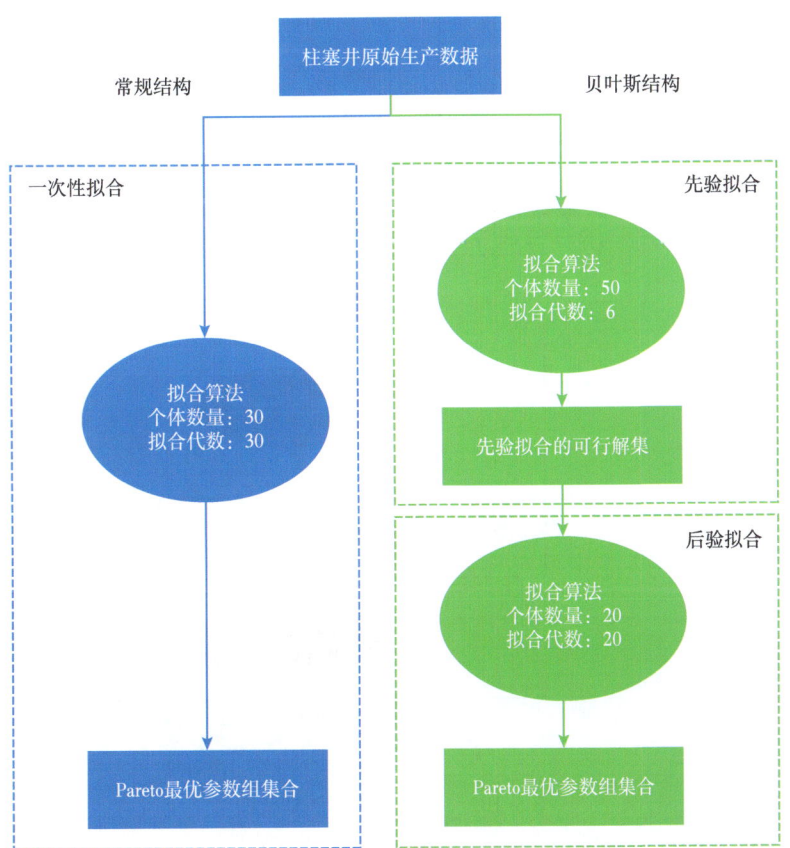

图5-101 基于Pareto最优解集和贝叶斯结构的生产历史拟合算法框架图

（1）常规的算法结构为一次性拟合，受参数边界条件的影响，得到局部最优的概率较大，受过拟合、欠拟合影响的概率较大。经大量气井样本验证后，这种算法结构的历史拟合成功率在 50%~53% 范围内变化，不利于智能系统的大规模推广。

（2）贝叶斯结构是以快速先验拟合找出可行解集、精细后验拟合找出最优解集的方式进行生产历史拟合的。先验拟合能够尽量挖掘可行参数解，后验拟合能够在继承先验可行解的基础上搜索参数空间内的最优解集。经大量气井样本验证后，这种算法结构的历史拟合成功率在 85%~90% 范围内变化，有利于智能系统的大规模推广。

2. 生产预测

生产预测功能是最优生产方案模块的计算核心，需满足以下应用目标：（1）能够导入生产历史拟合筛选出的最优参数组；（2）继承生产历史拟合最后一个时间步长的柱塞状态，并以此开始续算和预测；（3）在任意生产制度（即开 x 小时，关 y 小时，共预测 z 天）下进行准确的生产预测；（4）能够准确判断生产制度的有效性：即柱塞不能完成周期性运行时退出预测，判定该生产制度无效。

基于上述实际应用目标，构建的生产预测算法框架如图 5-102 所示。

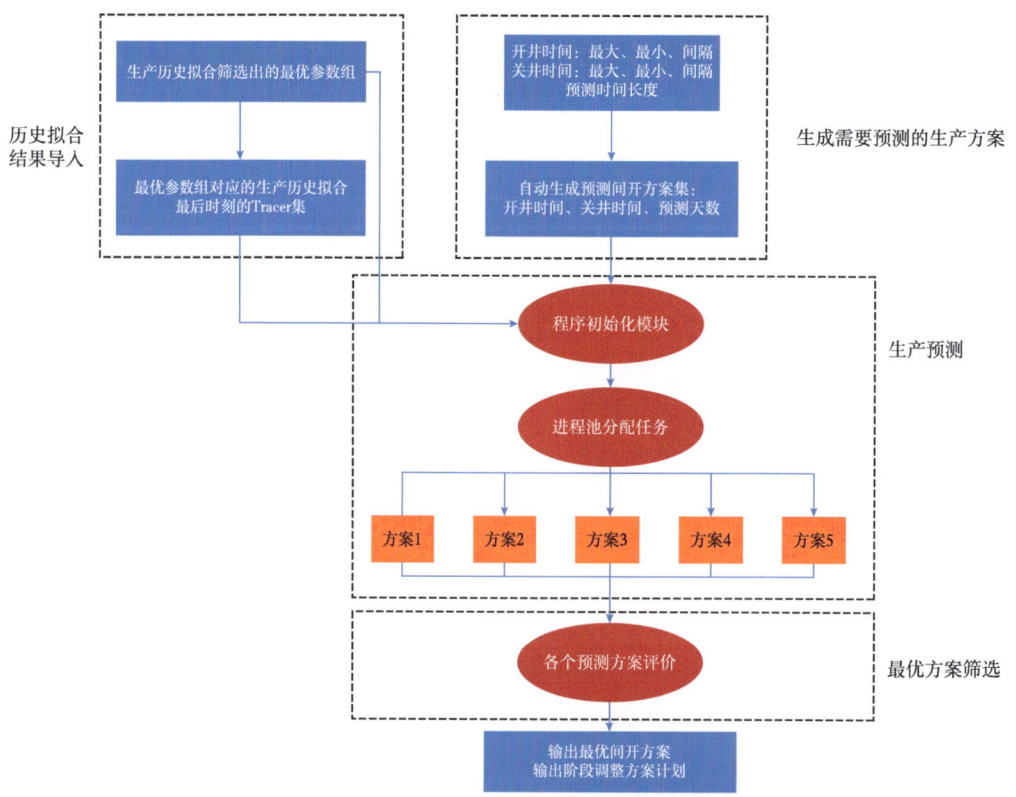

图 5-102　生产预测算法框架图

为了进一步验证算法框架的可行性，以靖 50-18 井作为样本进行实例验证，预测结果如图 5-103 所示。

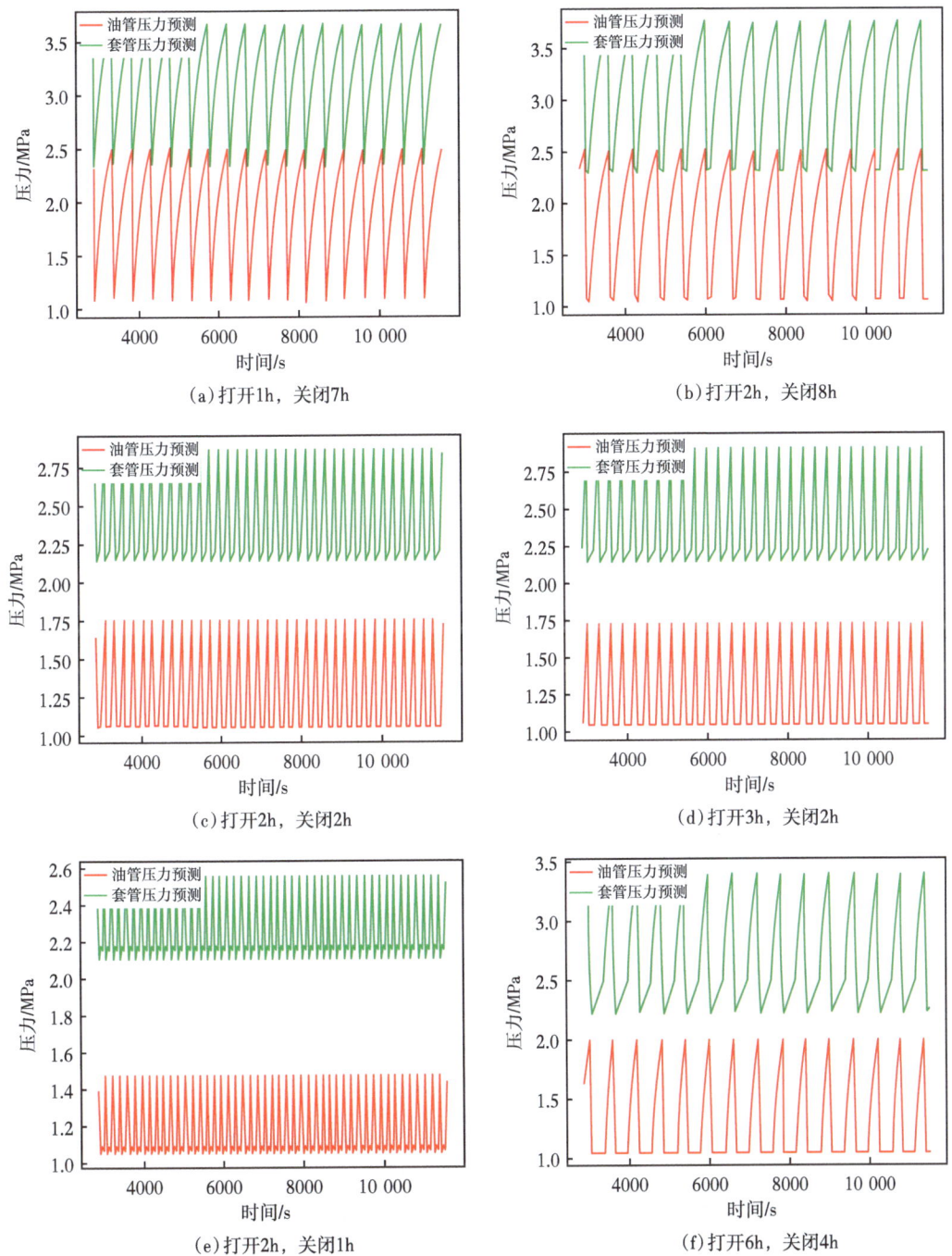

图 5-103 生产预测算法的可行性验证

3. 最优生产方案制定

最优生产方案制定的关键在于如何表征柱塞井的生产状态,采用关井油套压差、载荷系数和安全关井套压等三个指标作为构建评价标准的核心。

1）关井油套压差

关井油套压差反映了当前关井时刻油管积液高度与套管积液高度的差值，一定程度上体现了井筒积液情况，以及柱塞是否能够到达井口，其表达式为：

$$\Delta p_{ct} = p_{c\_shut} - p_{t\_shut} \tag{5-114}$$

式中：Δp_c 为关井油套压差，反映当前关井时刻油管积液高度与套管积液高度的差值，Pa；p_{c_shut} 为关井时套管压力，Pa；p_{t_shut} 为关井时油管压力，Pa。

2）载荷系数

柱塞气举技术应用中，载荷系数是一个重要的指导参数，用于判断气井柱塞举液开井条件，计算公式为：

$$zhxs = \frac{p_{c\_shut} - p_{t\_shut}}{p_{c\_shut} - p_{ac}} \tag{5-115}$$

式中：$zhxs$ 为载荷系数，用于判断气井柱塞举液开井条件；p_{ac} 为管线压力，Pa。

载荷系数中，关井套压与关井油压差值反映了气井积液量情况，关井套压与管线压力差值反映了举升积液具有的动力，载荷系数反映了积液与动力的比值，值越小反应举升能量越充足。根据载荷系数判断能够实现气井柱塞举液条件，设计开井时可依据载荷系数作为判断条件实现气井有效运行。

3）安全关井套压

安全关井套压是指仅通过井筒环空在关井时刻的气体能量将柱塞及液柱带出井筒的最小关井套压。根据关井最后时刻的井筒积液量计算油管最大积液高度。

$$H_{l\_tube\_open} = \frac{4V_{w\_short\_final}}{\pi D_{tube\_inner}^2} \tag{5-116}$$

式中：$H_{l\_tube\_open}$ 为根据关井最后时刻的井筒积液量计算得到的油管最大积液高度，m；$V_{w\_short\_final}$ 为关井最后时刻的井筒积液体积，m³；D_{tube_inner} 为油管内径，m。

根据开井油压（即地面管网压力）计算油管气相系统压力和最大开井井底流压，默认1.2MPa 或采取最后一个周期的开井油压平均值，表达式为：

$$p_{gsys\_tube\_open} = p_{t\_open} e^{0.03418 \frac{\gamma_g \left(H_{tube} - \frac{4V_{w\_shut\_final}}{\pi D_{tube\_inner}} \right)}{2\overline{TZ}}} \tag{5-117}$$

$$p_{wf\_max} = p_{t\_open} e^{0.03418 \frac{\gamma_g \left(H_{tube} - \frac{4V_{w\_shout\_final}}{\pi D_{tabe\_inncr}} \right)}{\overline{TZ}}} + \rho_w g \frac{4V_{w\_shut\_fimat}}{\pi D_{tube\_inner}^2} \tag{5-118}$$

式中：$p_{gsys\_tube\_open}$ 为油管气相系统压力，Pa；p_{t_open} 为开井油压（即地面管网压力），Pa；γ_g 为天然气的重度，单位为 N/m³；H_{tube} 为油管长度，m；$V_{w\_shut\_fimat}$ 为关井最后时刻的井筒积

液体积，m^3；D_{tube_inner} 为油管内径，m；T 为绝对温度，K；Z 为天然气的压缩因子；p_{wf_max} 为最大开井井底流压，Pa；ρ_w 为水的密度，kg/m^3。

计算最大开井井底流压条件下的开井井筒气相总质量：

$$m_{g\_open} = \frac{p_{t\_open}\pi M D_{tube\_inmer}^2 \left(H_{tube} - \dfrac{4V_{w\_shut\_final}}{\pi D_{tube\_inner}^2}\right)}{4Z_{sount}n\overline{T}} e^{0.03418\frac{\gamma_g\left(H_{tube}-\frac{4V_{w\_shut\_final}}{\pi D_{tube\_inner}^2}\right)}{2TZ}} + \frac{\pi M\left(D_{casing\_inner}^2 - D_{tube\_outer}^2\right)H_{tube}}{4Z_{sgsys\_hk\_open}RT} \left(p_{t\_open}e^{0.03418\frac{\gamma_g\left(H_{tube}-\frac{4V_{w\_shut\_final}}{\pi D_{tube\_inner}^2}\right)}{TZ}} + \rho_w g\frac{4V_{w\_shut\_final}}{\pi D_{tube\_inner}^2}\right)e^{0.03418\frac{\gamma_g H_{tube}}{2TZ}}$$ （5-119）

根据关井环空积液高度与开井井筒气相总质量计算安全套压：

$$p_{c\_shut\_need} = \frac{4Z_{gsys\_hk\_shut}m_{g\_open}R\overline{T}e^{0.03418\frac{\gamma_g\left(H_{tube}-H_{l\_bk\_shut}\right)}{2TZ}}}{\pi M\left(D_{casing\_inner}^2 - D_{tube\_outer}^2\right)\left(H_{tube}-H_{l\_hk\_shut}\right)}$$ （5-120）

式中：m_{g_open} 为最大开井井底流压条件下的开井井筒气相总质量，kg；M 为天然气的摩尔质量，kg/mol；Z_{sount} 为与井筒相关的系数；n 为与计算相关的参数；D_{casing_inner} 为套管内径，m；$Z_{sgsys\_hk\_open}$ 为与开井时环空气相相关的系数；R 为通用气体常数，$J/(mol·K)$；$p_{c\_shut\_need}$ 为安全关井套压，指仅通过井筒环空在关井时刻的气体能量将柱塞及液柱带出井筒的最小关井套压，Pa；$H_{tube}-H_{l\_bk\_shut}$ 为关井环空积液高度，m。

由于不同生产井采用了对应的高压保护、低压保护策略并为了最大程度适应不同气井生产标准，本小节建立的最优生产方案分为了4级，生产安全性逐级递减，但按任意级别标准计算的间开方案执行的生产预期都优于当前生产状态。各级标准具体取值见表5-26至表5-29。

表 5-26 最优生产方案一级标准

序号	参数名	生效周期	值（高压保护井）	值（低压保护井）
1	预测周期数	所有	30	30
2	一级载荷系数	前5个过渡周期	≤0.50	≤0.55
3	二级载荷系数	非过渡周期	≤0.40	≤0.42
4	油套压差	非过渡周期	≤0.7	≤1.0
5	最小关井套压	非过渡周期	执行，公式	执行，公式
6	最优方案筛选	总体评估	最大折算日产气量	最大折算日产气量

表 5-27　最优生产方案二级标准

序号	参数名	生效周期	值（高压保护井）	值（低压保护井）
1	预测周期数	所有	30	30
2	一级载荷系数	前 5 个过渡周期	≤ 0.55	≤ 0.55
3	二级载荷系数	非过渡周期	≤ 0.45	≤ 0.45
4	油套压差	非过渡周期	≤ 1.0	≤ 1.5
5	最小关井套压	非过渡周期	执行，公式	执行，公式
6	最优方案筛选	总体评估	最大折算日产气量	最大折算日产气量

表 5-28　最优生产方案三级标准

序号	参数名	生效周期	值（高压保护井）	值（低压保护井）
1	预测周期数	所有	30	30
2	一级载荷系数	前 5 个过渡周期	≤ $0.85 \times zhxs_{\text{final}}$	≤ $0.85 \times zhxs_{\text{final}}$
3	二级载荷系数	非过渡周期	≤ $0.85 \times zhxs_{\text{final}}$	≤ $0.85 \times zhxs_{\text{final}}$
4	油套压差	非过渡周期	≤ 1.2	≤ 1.5
5	最小关井套压	非过渡周期	不执行	不执行
6	最优方案筛选	总体评估	最大折算日产气量	最大折算日产气量

表 5-29　最优生产方案四级标准

序号	参数名	生效周期	值（高压保护井）	值（低压保护井）
1	预测周期数	所有	30	30
2	一级载荷系数	前 5 个过渡周期	不执行	不执行
3	二级载荷系数	非过渡周期	不执行	不执行
4	油套压差	非过渡周期	≤ $0.85 \times \Delta p_{\text{ct\_final}}$	≤ $0.85 \times \Delta p_{\text{ct\_final}}$
5	最小关井套压	非过渡周期	不执行	不执行
6	最优方案筛选	总体评估	最大折算日产气量	最大折算日产气量

可以看出，最优方案筛选标准保证了气井未来生产一定优于当前生产状态，即使安全性最低的四级标准仍能让柱塞井关井油套压差下降 15% 以上，即最宽松的标准仍会让优化后的柱塞气井生产状态好于或者保持优化前的生产状态[78]。

4. 算法效率优化

为了降低单井生产数据分析耗费的时间成本，在优化程序设计中采用了以下两种方式。

（1）在不明显降低模型准确性的前提下，尽量减小调用模拟程序的次数。

直接提升总体时间步长导致了算法不稳定性和模拟失真问题（1s 直接改成 5s、10s），如图 5-104 所示，因此需加入有效性宽松条件以避免"柱塞回落"问题，即上行过程中计算的柱塞速度向下，则为 0，如图 5-105 所示。

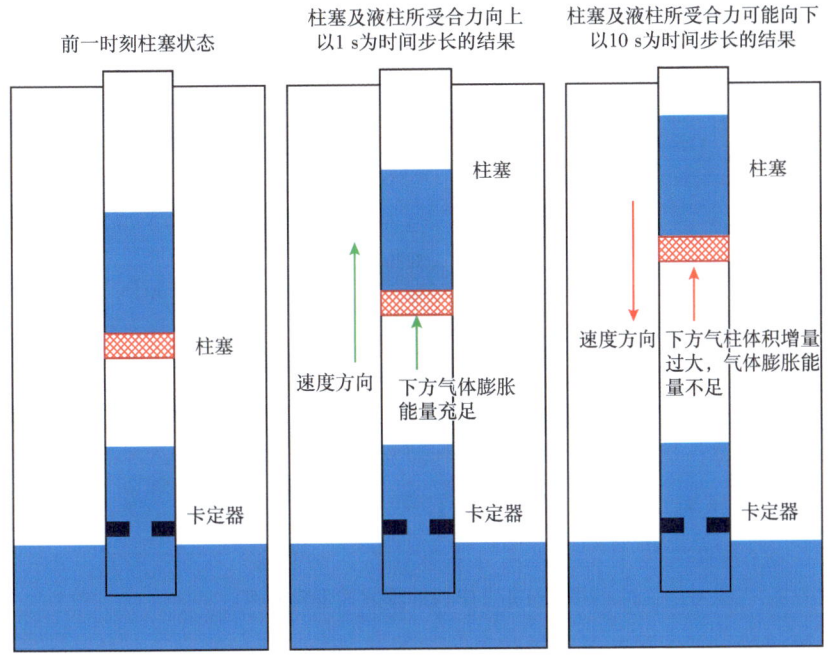

图 5-104　生产预测算法的可行性验证（一）

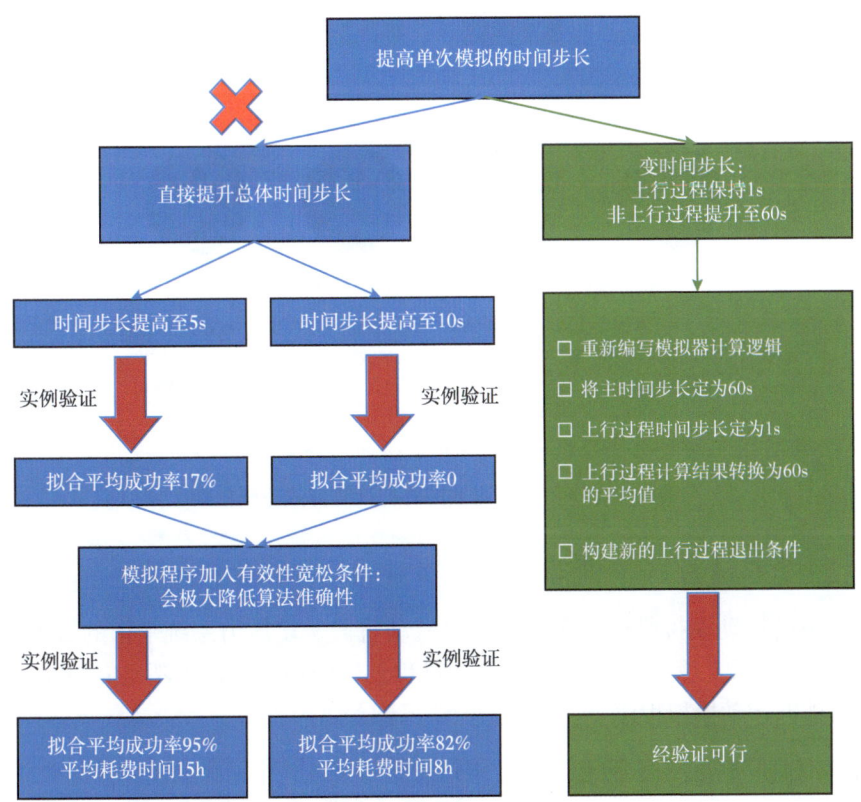

图 5-105　生产预测算法的可行性验证（二）

（2）开发并行计算方式，提高程序对计算平台的利用率（图5-106和图5-107）。

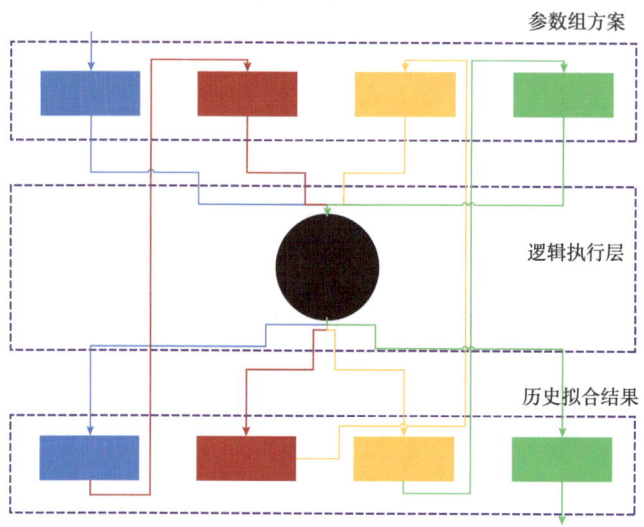

图 5-106　串行计算方式逻辑框架

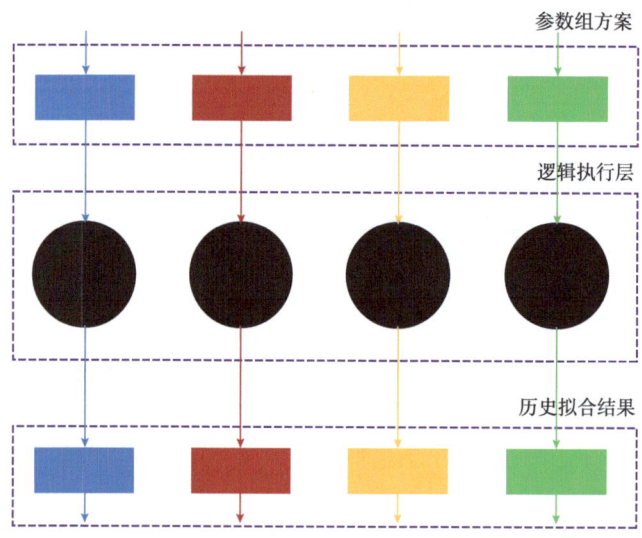

图 5-107　可控进程数的并行计算方式逻辑框架

五、多周期柱塞气举模拟

柱塞气举的运动模拟是一个多周期、多流动阶段、多压力系统平衡的数值模拟问题，为了准确模拟多周期、复杂工况的柱塞运动过程，长庆油田经过不断研究与完善，得到了较为稳定的柱塞运动模拟程序。

1. 程序实现及动态参数集

多周期模拟程序共有 11 个模块，包括：

（1）PVT_Calculation：流体相态类；
（2）ReservoirParams：地层参数类；
（3）WellStructure：井身结构类；
（4）FluidFlowingFunctions：流体流动类；
（5）DynamicState：动态参数类，即追踪的 35 个动态参数；
（6）DynamicStateInitializer：DynamicState 的初始化器；
（7）MultiSystemBalanceMethod：多系统平衡方法类；
（8）PlungerKeyProcess_OneTimeStep：柱塞运动计算类；
（9）ExpertResults：将 DynamicState 追踪参数保存至 Excel 的类；
（10）MotionStates：暂存动态参数的类；
（11）Program：主程序接口。

追踪的动态参数集（35 个参数）见表 5-30。

表 5-30　多周期柱塞气举模拟动态参数集汇总表

参数类型	数量	具体参数
柱塞状态	8	时间、生产状态、运动阶段、位置、速度、加速度、柱塞上方压力、柱塞下方压力
柱塞上方压力系统	6	气柱压力、液柱表面压力、油压、气柱高度、液柱高度、气相物质的量
柱塞下方压力系统	6	气柱压力、液柱表面压力、气柱高度、液柱高度、气相物质的量、油管管鞋压力
环空压力系统	6	气柱压力、液柱表面压力、套压、气柱高度、液柱高度、气相物质的量
地层两相流体流入	8	井口产气量、产水量，井口累计产气量、产水量，地层流入气量、水量，地层累计流入气量、流入水量
地层能量	1	地层压力

2. 模型机理验证

基于长庆油田提供的地层资料及井身结构资料，机理模型的参数设定按照各参数的期望中值的方式进行计算，见表 5-31。

表 5-31　多周期柱塞气举模拟机理模型参数汇总表

参数名	单位	值	参数名	单位	值
原始地层压力	MPa	25	地层温度	℃	110
井口平均温度	℃	20	油管鞋垂深	m	3155
坐落器垂深	m	3060	柱塞长度	m	0.458
油管内径	m	0.062	油管外径	m	0.073
套管内径	m	0.121	柱塞质量	kg	4.5
井口回压	MPa	1.2	当前累计产气量	$10^4 m^3$	1388
采气指数	$m^3/(d \cdot MPa)$	6000	采液指数	$m^3/(d \cdot MPa)$	0.5
技术可采储量	$10^4 m^3$	1800	时间步长	s	1

从图 5-108 可以看出，多周期柱塞气举模拟程序能够良好表征柱塞井的生产特征。下面从柱塞运动周期、柱塞运动数据、井筒液柱高度、井口及地层两相产量等多个维度展示模拟程序的准确性。

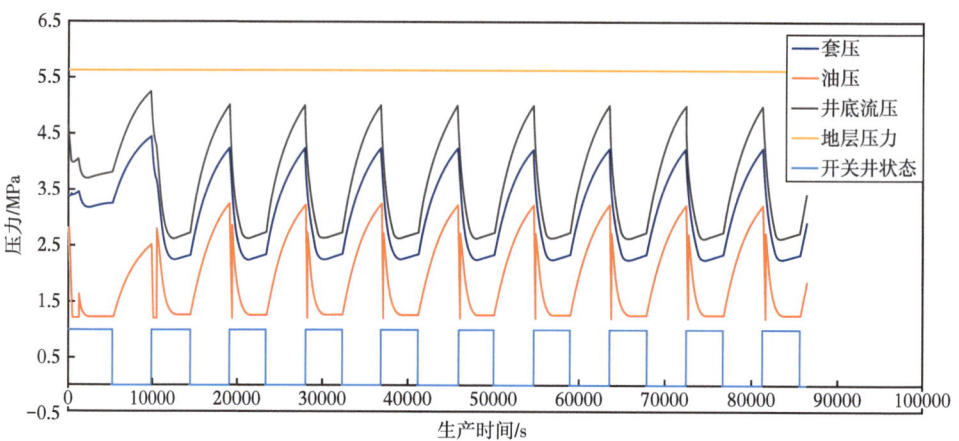

图 5-108　多周期柱塞气举机理实验井口生产数据图

1）柱塞运动周期

根据图 5-109 中的油套压数据曲线，能够清楚分辨出单周期柱塞运动过程及转换节点，包括：

（1）开井阶段——气柱上行：①至②；

（2）开井阶段——液柱上行：②至③；

（3）开井阶段——续流：③至④；

（4）关井阶段——气柱下行、液柱下行、卡定器停留：④至⑤。

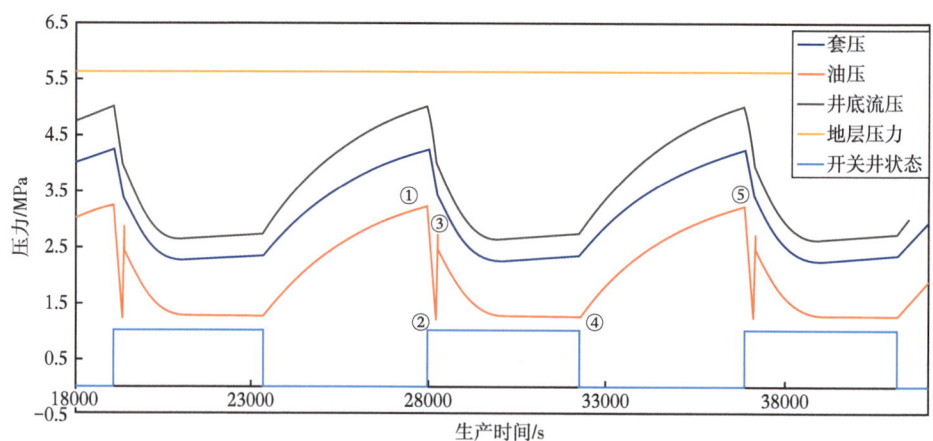

图 5-109　模拟结果中提取的单周期数据特征图

2）柱塞运动

在开井阶段，柱塞分为气柱上行和液柱上行两个子过程，在柱塞运动数据上的表现分为柱塞位置、速度和加速度这三个方面，如图 5-110 至图 5-112 所示。

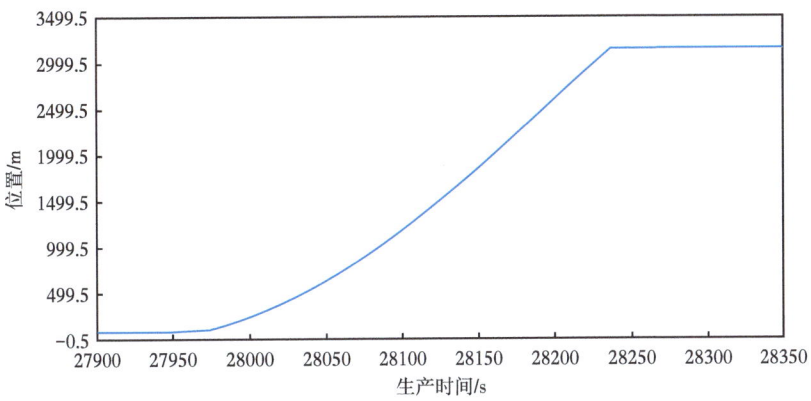

图 5-110　柱塞上行过程的位置变化曲线

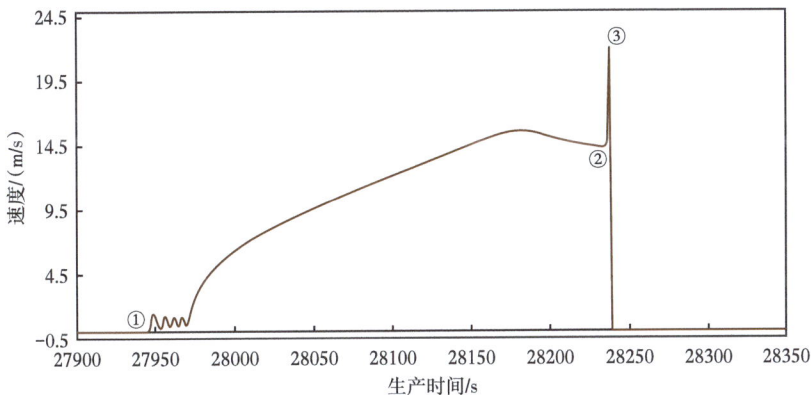

图 5-111　柱塞上行过程的速度变化曲线

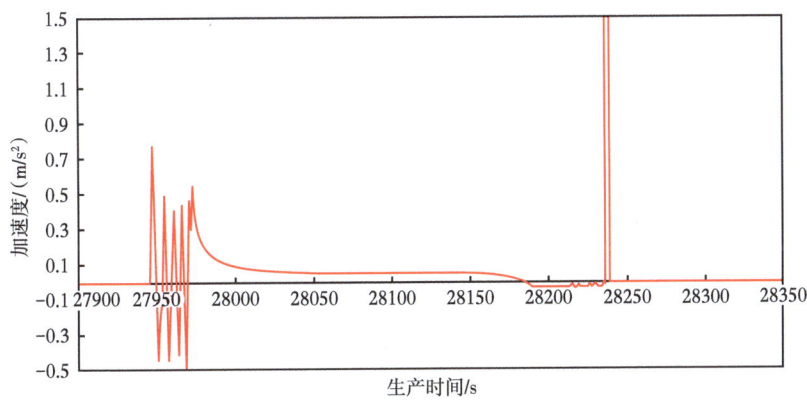

图 5-112　柱塞上行过程的加速度变化曲线

在关井阶段，柱塞分为气柱下行和液柱下行两个子过程，在柱塞运动数据上的表现分为柱塞位置、速度和加速度这三个方面，如图 5-113 至图 5-115 所示。

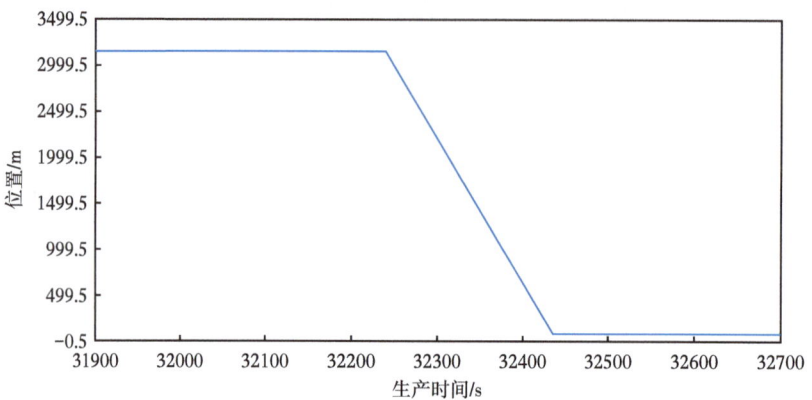

图 5-113　柱塞下行过程的位置变化曲线

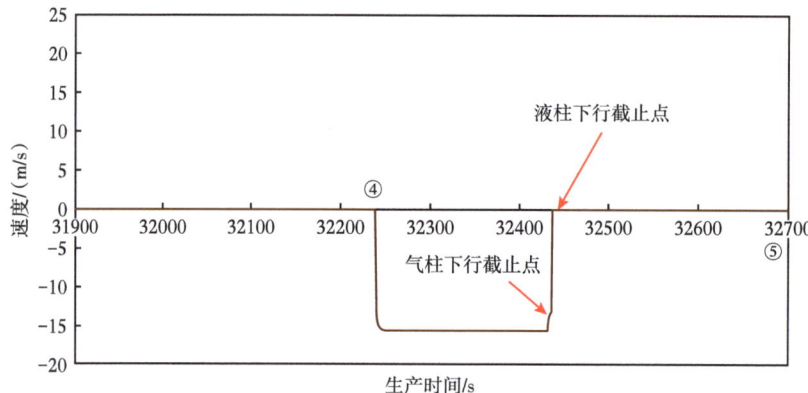

图 5-114　柱塞下行过程的速度变化曲线

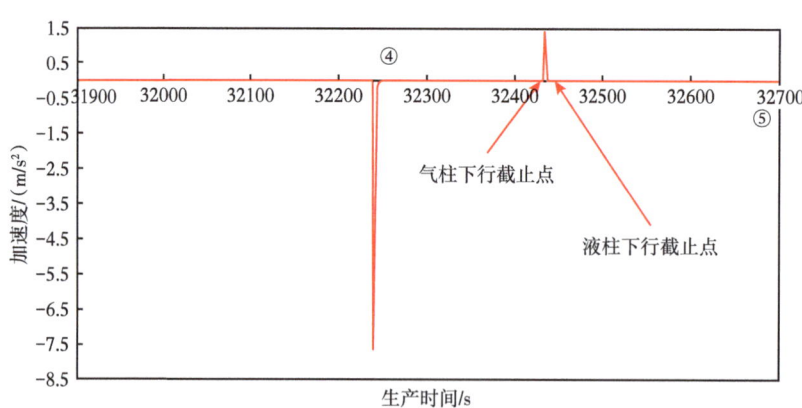

图 5-115　柱塞下行过程的加速度变化曲线

3）井筒液柱高度变化特征

图 5-116 至图 5-118 展示了液柱在柱塞上方、柱塞下方，以及环空中的高度变化特征模拟结果。

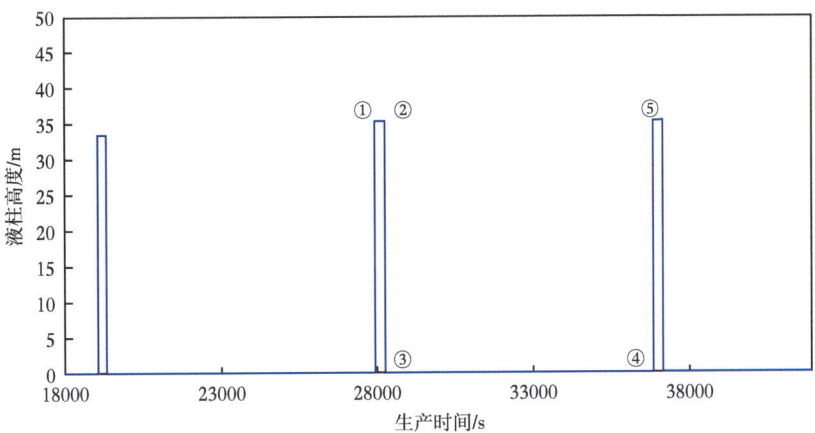

图 5-116　柱塞上方液柱高度变化图

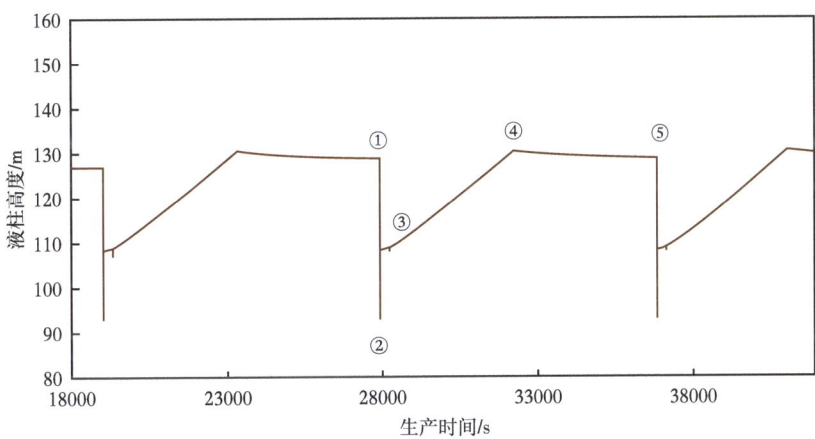

图 5-117　柱塞下方液柱高度变化图

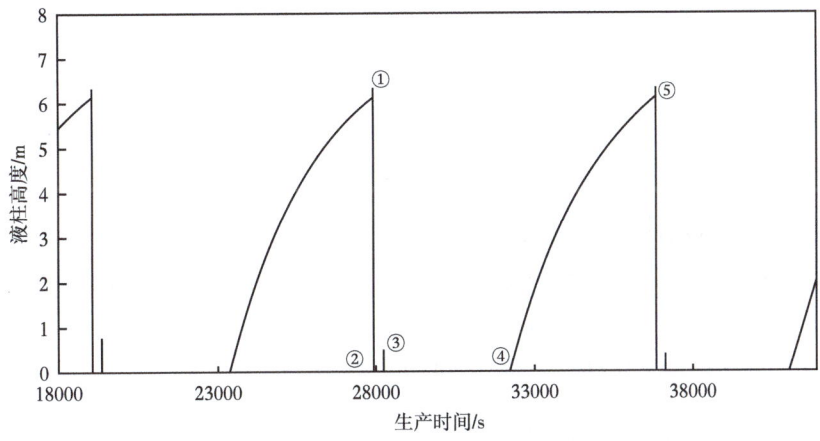

图 5-118　环空液柱高度变化图

4）井口及地层两相产量

图 5-119 至图 5-120 分别展示了井口两相产量变化和地层两相流入变化的模拟结果。

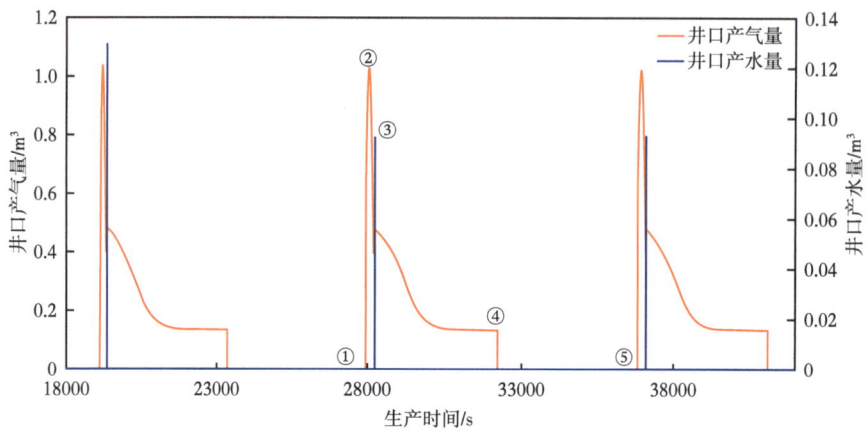

图 5-119　井口两相产量变化图

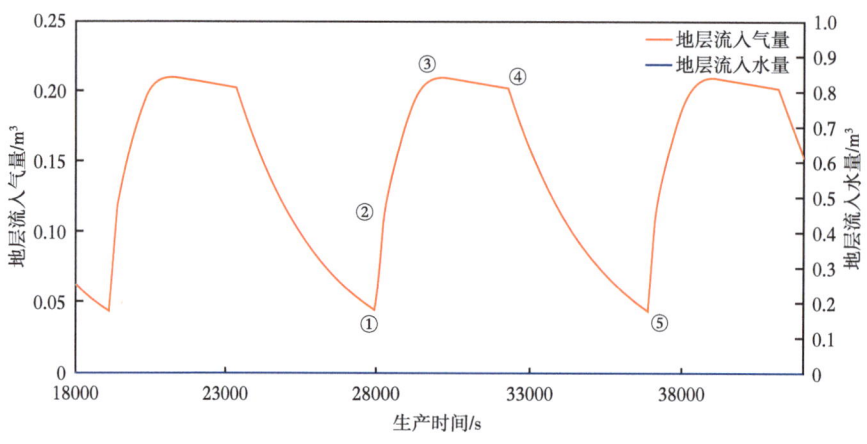

图 5-120　地层两相流入变化图

从柱塞运动周期、柱塞运动数据、井筒液柱高度、井口及地层两相产量等四个维度展示的模拟程序追踪参数能够准确表征柱塞气举井的生产特征，反映了井筒和地层能量的变化规律，明晰了不同阶段的柱塞运动状态，定量化描述了柱塞气举井地层和井筒所有维度的详细信息，证明了多周期柱塞气举模型的准确性、有效性。

3. 柱塞气举智能间开控制技术

针对采用井口自动针阀进行控制的智能柱塞井工艺优化，上文建立的柱塞生产优化方法的优化目标为最优间开方案（即单个周期的开井时间、关井时间的组合），在此基础上长庆油田实现了智能柱塞气举控制与智能间开技术的结合[79]。

六、智能柱塞气举技术现场应用

由于长庆油田采用柱塞气举方式的气井基本完成了井口数字化建设，因此本节构建的柱塞井优化模型运用于长庆油田不同采气厂、不同生产状态、共计约200口柱塞井,取得了良好的应用效果。当前程序对正常生产、油压异常、套压异常、油套压异常、严重积液等不同状态的生产井均能够完成生产制度优化,控制率达到合同要求的100%。证明了模型的准确性、鲁棒性和普适性,柱塞气举生产优化方法适应于长庆油田柱塞气举井的大规模应用标准。

表5-32展示的是78口智能柱塞气举井部分井在第三方平台上自动运行的分析结果[80]。甲方数据库系统中78口智能柱塞气举井部分井的生产状态截图如图5-121所示。

表5-32 第三方平台的算法执行结果汇总表

序号	厂	区	井号	分析时间	分析结果	推荐开井时间/min	推荐关井时间/min
1	一厂	一区	G14-2	2021/4/24 0:10	成功	60	900
2	一厂	四区	靖107-25	2021/4/24 0:14	成功	60	160
3	一厂	七区	G55-14	2021/4/24 0:19	成功	60	200
4	一厂	九区	靖56-55	2021/4/24 0:20	成功	60	280
5	二厂	六区	双1-9C4	2021/4/24 0:25	成功	60	220
6	二厂	七区	双36-56C6	2021/4/24 0:58	成功	235	226
7	三厂	三区	苏47-14-81	2021/4/24 0:59	成功	74	674
8	四厂	一区	苏36-15-17	2021/4/24 1:02	成功	65	1039
9	五厂	一区	苏东51-63	2021/4/24 1:04	成功	76	395
10	五厂	三区	SDJ6-5	2021/4/24 1:05	成功	351	296
11	五厂	四区	苏东20-90	2021/4/24 1:12	成功	647	180
12	六厂	保安	高桥18-50	2021/4/24 3:04	成功	72	763
13	六厂	安塞	高桥31-114	2021/4/24 2:27	成功	60	183
14	六厂	安靖	苏南15-105C8	2021/4/24 1:50	成功	125	570
15	六厂	安靖	苏南14-101	2021/4/24 1:40	成功	60	700
16	六厂	保安	高桥7-24	2021/4/24 3:00	成功	98	616
17	六厂	安塞	G69-18	2021/4/24 2:25	成功	206	236
18	六厂	安塞	高桥31-113H1	2021/4/24 2:26	成功	443	180
19	六厂	安塞	陕318	2021/4/24 2:37	成功	295	180
20	六厂	安塞	高桥38-128	2021/4/24 2:36	成功	97	148

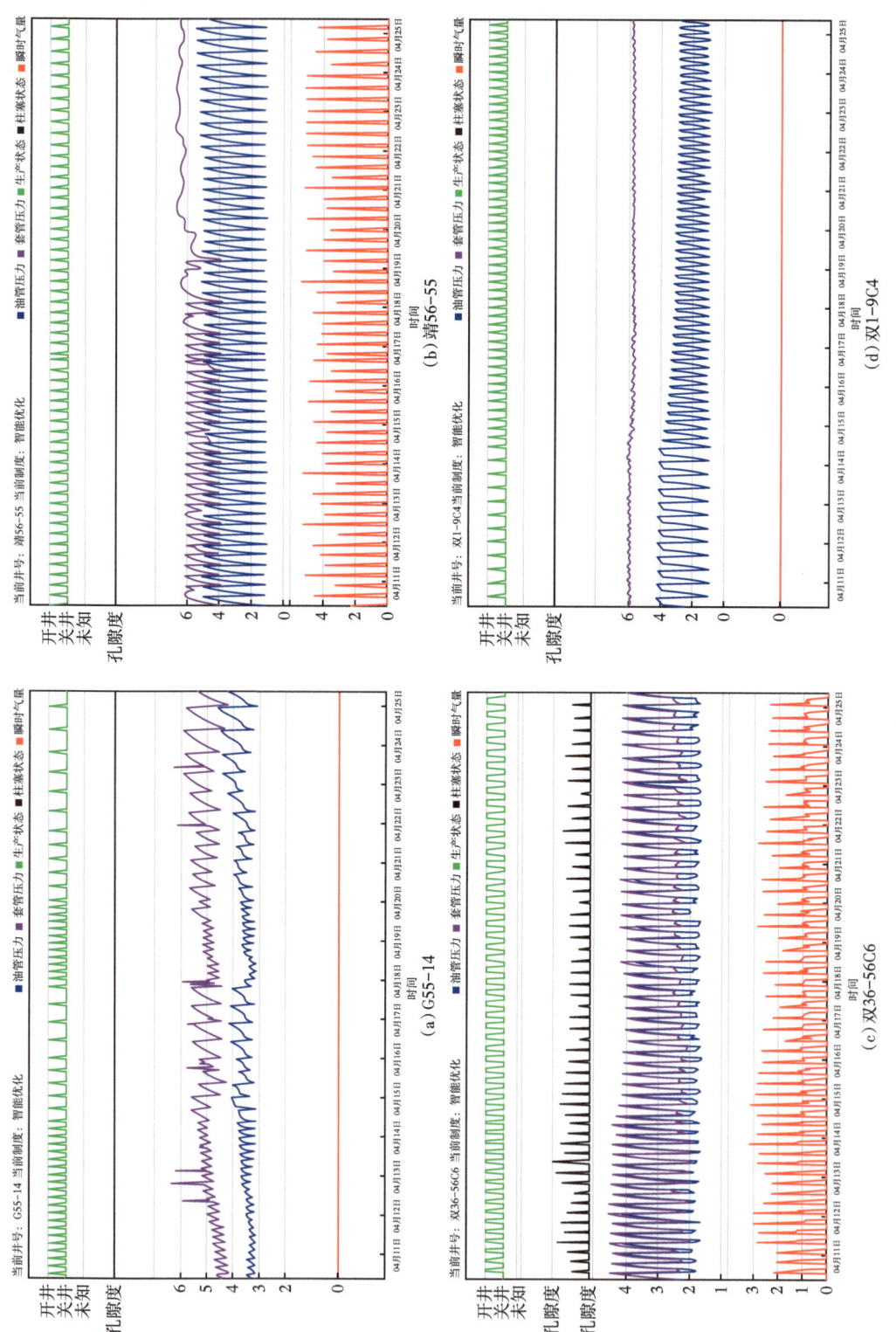

图 5-121 长庆油田使用本系统的柱塞气井部分（78 口）实例应用图

图 5-121 展示了长庆油田实际应用的 200 口柱塞井中的部分井，从各井的生产表现可以看出长庆油田构建的智能柱塞气举自动控制系统能够适应绝大部分柱塞气井的生产分析和排采工艺优化，具有较高的准确性、稳定性、普适性和鲁棒性。

第五节 致密气井智能管理技术

国家从能源安全、环境保护，以及应对气候变暖的战略高度，将天然气列为优先发展的领域。苏里格气田 2000 年被发现，是我国已探明储量最大的气田。由于气田地处东西结合部，其区位、枢纽作用明显，因此加快苏里格气田的开发建设，对保障我国天然气的安全平稳供应意义重大。然而，苏里格气田面积大，是典型的低渗透、低压力、低丰度岩性气藏，地质条件差，开发难度大，气田单井产量低，日产量只有 1 万余立方米。为了提高气田的采收率，必然要加密井网，最终建井数量将达到数万口。这么多的气井，加上集气站管理、处理厂运行和各项目部管理层，整个气田开发队伍将达近万人，庞大的管理费用最终将使气田开发无效益可言。

如何有效管理好上万平方千米内的上万口气井？人工管理已难以适应有效监控、安全生产和环保要求，不能满足苏里格气田大规模开发的需要。针对气田地面建设工作量大且建设周期短、生产管理难度高的难题，苏里格气田的开发者们意识到，需要探索一套全新的设计理念、施工模式和管理方式来规范气田的建设和管理。经过不断摸索和实践，历经长达 7 年的持续攻关和不懈努力，苏里格气田建设者们始终以建设现代化绿色大气田为目标，坚持技术创新、管理创新，形成了 12 项开发配套技术，探索出了"5 + 1"合作开发模式，并把数字化管理与"标准化设计、模块化建设、市场化运作"一起作为苏里格气田实施低成本战略的有效手段，提高了气田勘探开发建设水平和整体效益。

标准化设计是指根据井站的功能和流程，对气田站场的建设内容、建设规模、建设标准进行归类，设计一套通用、规范、相对稳定的地面建设指导性和操作性文件，主要包括：工艺定型、平面统一、模块划分、设备定型、统一安装尺寸、安全环保措施、建设标准、井站标识等。通过标准化设计工作，图纸复用率达到 95% 以上，以深度简化优化为设计重点，形成了《苏里格气田地面标准化设计规定》，实现了设计水平、建设水平、管理水平的全面提升。2008 年《苏里格气田地面标准化设计规定》在苏里格气田全面推广应用。

模块化建设主要包括：工厂组件预制、流水线工序作业、程序性过程控制、成品模块工厂化生产、现场安装插件、全数字施工管理。对站场各个工艺环节的不同功能、不同规模的处理模块进行分项批量预制，并推行组件成模和现场拼装等施工方法，实现了全天候施工作业，初步实现了高效规模化生产，显现出大规模工业化应用的前景。模块化建设使集气站的工艺安装时间大大减少，现场作业时间由 40 多天缩短到 20 天以内，工期缩短了 50%，站内作业天数缩短了 60%，建站周期由原来的 3 个月缩短到现在的 50 天。

为了解决苏里格气田生产管理大量巡井和生产后期大面积间歇生产井频繁开关的问题，气田数字化管理势在必行。气田的数字化建设始终按照"统筹规划、统一部署、业务驱动、分步实施"的原则,以提高生产效率、减轻劳动强度,提升安全保障水平、降低安全风险为目标,坚持"两高、一低、三优化、两提升"(即建成高水平的生产管理系统,实现生产、管理、安全保障的高效率,坚持低成本发展思路,优化工艺流程、优化地面设施、优化管理模式,提升工艺过程的监控水平、提升生产管理过程智能化水平)的建设思路,以现场单井、管线、站(库)等基本生产单元为数字化管理的重心和基础,抓好顶层设计,坚持标准统一、技术统一、平台统一、设备统一、管理统一,形成了涵盖三端、五系统、三辅助的数字化建设总体框架(图5-122),并据此研制了一套数字化生产管理控制系统。

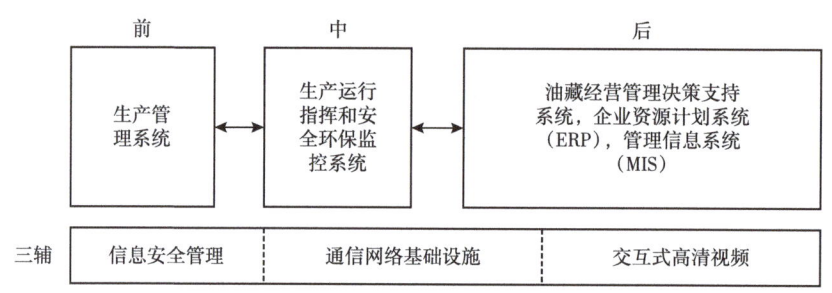

图5-122 数字化生产管理系统总体架构

前端是以站为中心,辐射延伸到单井和单井管道,涵盖油气、水生产从井筒到站(联合站)集中处理的过程管理;中端是以集输系统为中心,通过管理泵辐射延伸到联合站和外输管道,涵盖油气井投产、生产指挥调度、安全环保监控、应急抢险等生产过程管理;后端是以油气藏研究为中心,辐射延伸到经营管理和决策支持,涵盖油气藏勘探、开发效益评价、开发方案部署、经营和决策的过程管理。五系统是指前端的生产管理系统,中端的生产运行指挥和安全环保监控系统,后端的油气藏经营管理决策支持系统、企业资源计划系统(ERP)和管理信息系统(MIS)。三辅助是指通信网络基础设施、信息安全管理、交互式高清视频系统,是数字化管理的基础保障。

该数字化生产管理系统由数据传输、自动控制、气井配产与动态预测、远程开关井技术共四部分构成。系统以井区为功能管理单元,以产量为控制目标值,智能化分配区块产量,进行生产管理,以达到数据自动录入、方案自动生成、异常自动报警、运行自动控制、单井自动巡井的生产管理目的。该系统于2008年在苏14区块试验成功,随后在苏里格气田全面进行推广,开创了数字化气田的新局面。

"标准化设计、模块化建设、数字化管理"不仅精简了组织机构,提高了生产效率和建设质量,降低了安全风险和综合成本,取得了良好的现场应用效果,而且有利于均衡组织生产,有利于坚持以人为本,有利于保护草原环境、建设和谐绿色的大气田。

一、致密气井井口智能控制系统

针对苏里格气田低渗透、低产量、压力下降快等特点,在靖边、榆林模式基础上集成创新形成了以"井下节流、井口不加热、不注醇、采气管线不保温、中低压集气、带液计量、井间串接、常温分离、二级增压、集中净化"为特点的苏里格气田中低压集气新模式，实现了苏里格气田的经济有效开发。

为了配合井下节流、地面中低压集气流程安全运行，2005年研发了井口紧急截断阀，形成了气井超/欠压保护技术，防止了因井下节流器失效或水合物堵塞引起下游管线超压问题的发生，同时也防止了因下游管道破裂等情况造成天然气大量泄漏。该技术是苏里格气田地面模式的重要组成部分，为其正常运行提供了安全保障。但是，在气井生产过程中可能因为各种原因需要在超/欠压保护压力范围内开关某井，这时候操作必须到井口才能完成。尤其是在气井低压生产阶段当气井实行间歇生产时更需要频繁到井口开关井。这无疑给现场工作的操作和管理带来了很大的困难。因此在气井井口紧急截断阀超/欠压保护技术的基础上，结合数据采集及无线传输技术研发了远程控制开关井技术，实现了数据采集与管理自动化。

1. 气井井口智能生产控制系统基本原理

气井井口智能生产控制系统主要包括四个部分：（1）数据采集及无线传输系统，该技术2006年在苏里格气田已经成功应用。（2）借助无线传输技术实现远程控制紧急截断。根据气井压力变化，通过集成控制电路进行智能判断，在异常压力情况下控制紧急截断阀对气井进行关井操作，实现气井智能保护。紧急截断分为两个阶段：高压阶段时发挥的是安全作用，能起到紧急关断作用和正常关井的作用；中、低压阶段，是一个生产控制装置，按气藏管理要求实现开关井。（3）电子巡井系统，以拍摄井场静态图像。（4）建立与生产管理和气藏管理相关的智能化控制系统，形成以区块为管理单元，以产量为控制目标值，借助信息技术和网络技术，实现控制系统的数字化、信息化、智能化，达到数据自动采集、方案自动生成、运行自动控制的生产管理体系，从而实现几万口井由"驻井看护、就地操作、人工判断"转变为"电子巡井、远程监控、预警报警、精准制导"的新型自动化决策管理模式，将没有围墙的工厂变成了"有围墙"的工厂。

应用井口采集的实时数据，通过数据分析、整理，综合运用临界携液流量计算模型、油套压差专家经验法、气量变化规律生产拟合法等判断方法，结合动态监测数据和智能液面监测数据，及时发现"生产异常"气井。闭环管理流程如图5-123所示，根据气井积液程度、措施设备故障、数传通信故障、井下工具异常等因素对异常气井进行分类统计，形成各类异常井排查列表，异常信息推送至作业区技术人员即时处置。

2. 井口数据采集及无线传输系统

采用物联网技术，在井口安装数据采集及监控设备，实时采集井口的关键数据信息（油压、套压、井口远程开关井装置信息、流量计信息、电子巡井系统对井场的拍照信息等），这些采集到的信号由井场的数据采集电路处理，并通过无线电台实时远程传输到远端数据中心（集气站）。

站内电台接收各井发来的信号，送到主控机进行处理。通过大数据分析和数字化建模，主控机对接收到的数据进行快速处理分析，自动计算产出量，并对重点参数智能分析预警，提高气井生产精细化管理水平。配套的系统软件对所采集的数据还会自动进行后期处理，为工作人员提供翔实的现场数据显示、查询和多种报表输出的功能。表 5-33 展示了数字化气田数据采集及应用功能。

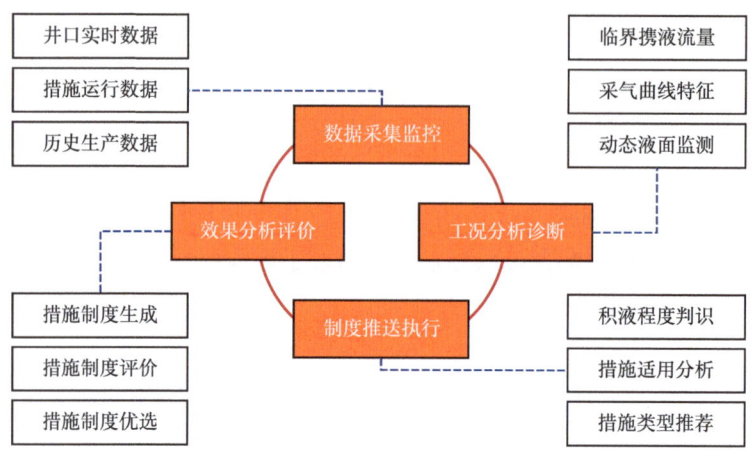

图 5-123　工况智能诊断闭环管理流程

表 5-33　数字化气田数据采集及应用功能

场地	设备	应用功能
气井	压力变送器	实时采集气井油套压
	流量计	实时采集气井采气量
	截断阀	井口远程紧急切断
	井场 RTU	井场数据上传、存储和处理
	太阳能/风力发电	设备及仪表供电
场站	压力变送器	实时采集气井油套压
	温度变送器	装置温度实时采集
	流量计	实时采集进站及出站采气量
	截断阀	进站及外输远程紧急切断
	站内 PLC	井场数据上传、存储和处理

井口系统通过太阳能供电系统提供电源。太阳能系统包括太阳能电池和蓄电池。有阳光照射时太阳能电池向整个井口系统供电并给蓄电池充电，无光照时蓄电池带动系统工作。

井口到集气站通过数传电台无线传输，集气站到作业区、厂部、指挥中心等采用光缆传输。该系统装置简单轻便，安装使用方便；设备采集数据不受外界自然因素干扰，采集数据安全、准确、可靠；用户可以自己设定数据采集的间隔时间；气井异常可进行报警，满足了苏里格气田井下节流、采气管线串接条件下对气井监控的需要[81]。

3. 远程开关井控制系统

目前在苏里格气田应用比较成熟的远程控制装置有远控截断阀、针阀型远程控压开关井装置和气井井口电磁阀等。几种阀各具特色，均能实现对井口超/欠压保护和远程控制的作用。

1）远控截断阀

其超/欠压保护通过机械原理来实现：当井口压力超过或低于远控截断阀设定的保护压力时，装置的机械控制机构自动工作，回座弹簧力使阀瓣关闭实施安全截断。

其远控开关井工作原理为：集气站发出开关井指令，无线传输到井口接收系统；接收电路发送脉冲电信号，电磁阀工作控制氮气源；通过接通切断气缸/提升气缸的气路，带动活塞下行/上行以关闭阀瓣或使阀杆保持开启状态。

该阀的特点可以概述为：（1）不受任何外界因素影响的机械式超/欠压自动截断，可靠性强；（2）随时远控关井，在上游压力小于6MPa条件下远程控制开井，通过程序设计，当上游压力大于6MPa时，不能开启。

2）针阀型远程控压开关井装置

针阀型远程控压开关井装置可智能模拟人工开关井过程，实现远程或就地开关井。可应用于高压气井（不大于25MPa）、连续生产气井、间歇生产气井，实现定压开关井、定时开关井等不同气井生产制度。该装置主要由节流调节阀门与智能控制器两部分组成，节流调节阀的开、关动作均由智能控制器根据预定的程序进行控制，通过智能控制器控制节流调节阀的开、关动作，模拟人工开关井的方式实现智能开关井，根据油田生产的需要可设定为远程控制、就地控制、设定压力自动控制、设定时间自动控制等，对井口运行情况进行管理、控制、监视。

3）气井井口电磁阀

气井井口电磁阀超/欠压保护功能可以通过两种方案实现：一种方案是远控保护，站内系统软件设定超/欠压保护值，当数据采集系统采集到的井口压力超过设定值时，软件自动发出关井指令，实现保护；另一种方案是井口直接保护（自诊断保护），该方案不依赖无线传输信号，在井口高低压保护模块上连接井口压力表和电磁阀供电电缆，如果压力表超过设定值时，高低压保护模块自动给电磁阀供电实现关闭。

其远控开关井工作原理为：集气站发出开关井指令，无线传输到井口接收系统；接收电路发送脉冲电信号，使电磁头Ⅰ/Ⅱ通电，带动主阀芯上行/下行，从而开启/关闭阀腔。其最大的特点是，不需要气源，电磁阀处于开启或者关闭状态后，电磁头Ⅰ/Ⅱ自动断电，能够满足苏里格气田井口太阳能供电的要求。

4）智能电磁阀

电磁阀经过不断地发展与改进，目前的电磁阀多采用智能型控制系统。该装置通过实时自动监测上、下游管线压力，实现阀门的自动开启和关闭。能够满足现场单井前期、中期、后期全生命周期生产的要求。电磁阀开启时，瞬时给电磁头通电，通过先导的方式使主阀芯内部形成上低下高的压差，然后通过电机给主阀芯提供很小的提升扭矩，将主阀芯提升至最高位置使阀门完全开启，实现了弱电强动作；在管线正常生产时，通过远程控制单元实现远程控制开启和关闭。管线压力出现异常时，阀门通过气动超/欠压控制单元实施紧急截断和就地保护；超/欠压保护值可根据现场工况进行智能设置。阀门自带位移传感器，具有阀位状态显示及反馈功能。电磁阀通过接入现场设备电网DC12V/24V 供电，通过单片机采集上下游压力对上下游管线进行保护。其具体的参数设定如下。

（1）超压保护压力的确定。

超压保护压力主要根据集气流程特点确定。

苏里格气田地面管线设计压力为 6.3MPa 左右，超压保护压力设定一般小于 6MPa。实际上由于集气管线规格及长度、产气量大小、集气站外输方式等不同，各井井口回压可能有较大差异，因此需要根据实际情况设定超压保护压力。

（2）欠压保护压力的确定。

欠压保护主要是防止管线破损时天然气大量外泄，欠压保护压力应根据气井产量、管线规格等合理设定。

（3）远程开启压力的确定。

气井生产初期，关井后井口油压可达到 20MPa 左右，高压下直接开启远程开关井装置会导致管线超压。因此，高压生产阶段，必须人工通过井口针阀控制开井。远程控制自动开井时远程开关井装置上游压力应在管线压力等级允许的范围内。根据苏里格气田中低压集气的特点，可以实现上游压力在 6MPa 以下时能够远程开启。

（4）远程关井压力的确定。

远程关井压力从结构及工作原理上说，在装置工作压力（25MPa）范围内，可实现任意压力下关闭。但实际上高于超压保护压力时，其超/欠压保护功能会自动使其关闭，因此，远程关井只在超压保护压力以下起作用。

4. 丛式井组井口智能生产控制系统

在实现了单井井口智能生产控制的基础上，针对 2~4 组丛式井组的井场特点，苏里格气田设计了丛式井组智能生产控制系统方案，优选数据采集及电子巡井系统的设备，研发出适合丛式井组的大通径远程控制开关井装置，实现了丛式井组的智能化生产控制。

二、致密气井远程智能监控平台

苏里格气田所辖边远气井横跨陕西、宁夏、内蒙古三省（自治区），气井数量多、分布广，巡护途经道路崎岖、路途遥远，管理难度大，4G 网络信号差。日常管理主要以人力巡护为主，有限的人力即使全年不停巡检也难以覆盖每口边远气井的日常动态跟踪。由于井口无监控管理措施，若边远气井井口存在非法作业及井口泄漏，缺乏实时性的反馈，难以及时有效地得到处理，给日常管护和安全管理带来极大挑战，影响苏里格气田边远气井的安全平稳运行。为解决以上问题，急需一套无人值守边缘气井远程监控系统来替代人工巡井的生产方式，以实现对气井生产状态的连续、集中监控，减少由于意外停井发现不及时而带来的损失，以及实现简化生产流程、提高效率和节约成本的目的。

国外，油气田的自动化技术应用较早。20世纪60年代，在Iatan East Howard油田，Arco公司将自动控制技术用在了注水控制、泵阀控制和橇装试井装置等领域。20世纪90年代，随着分布式控制系统和通信技术的不断发展，SCADA（Supervisory Control and Data Acquisition，监控与数据采集系统）越来越多地用于油气田的生产控制与管理。目前，国际上的油气公司基本上实现了生产数据的自动采集、数据处理、流量计量、自动监控生产装置、自动预警等油气田自动生产功能。如壳牌石油公司对中东阿曼的3000多口油井，实现了油田无人值守，员工利用远程监控系统可以在任何地点对油井及其设备进行远程实时监控；BP石油公司已经在20个油田使用了油井监测技术。

国内油气田在自动化建设上也取得了显著的成绩。如大庆油田在2013年就已完成1296口井、628座子站的数字化监控试点建设，其天然气分公司则利用建成的生产自动监控与指挥系统实现了172条油气输运管道的集中可视化监控；以塔里木、吐哈油气田为代表的沙漠及自然环境恶劣的油田基本实现了油田井口的无人值守、联合站内监控中心的集中监控。长庆气田自2009年在苏里格气田、靖边气田、榆林气田站场进行了数字化建设和无人值守站试验，以SCADA平台为核心，通过站点自动化升级和岗位优化设置，实现了无人值守站运行模式和管理模式的创新探索。截至2019年底，实现天然气产量$412.5\times10^8 m^3$，建成井场18000余座，集气站324座，净化厂5座，处理厂12座，井场无人值守率100%，新建站场无人值守率100%，老站改造后无人值守率接近90%。通过数字化管理，优化劳动模式，实施电子巡井、站场无人值守，大幅提升气田管理和运行效率。

1. 场站无人值守

数字化关键技术主要应用于数字化前端建设，前端以站为中心，辐射到单井和单井管道的基本生产单元，站控是前端基本生产单元管理的核心。在充分利用自动控制技术、计算机网络技术、气藏管理技术、采气工艺技术、地面工艺技术、数据整合技术、数据共享与交换技术、视频和数据智能分析技术的基础之上，2009年分别在苏里格气田东部和中部的苏14、苏6和苏36-11区块开展了数字化集气站试验，创新形成了"作业区（中心管理站）—气井"的生产管理模式，以及"作业区监控—中心站应急"的管理模式，通过"电子巡井、人工巡检、中心值守、应急联动"的生产方式，真正实现了场站无人值守，中心管理站主要功能如图5-124所示。2010年3月，建成了长庆气田首座标准化无人值守站——苏东-15集气站，实现了"关键运行参数检测及报警、网络视频监视及报警、远程紧急关断、供电自动切换、远程排液控制、智能安防、安全放空、报表生成"等八大功能，实现了井口、集气站关键设施设备的压力、温度和液位等运行参数的监控、高限报警、远程控制，以及紧急情况下自动放空、点火，可燃气体浓度超标自动报警等。

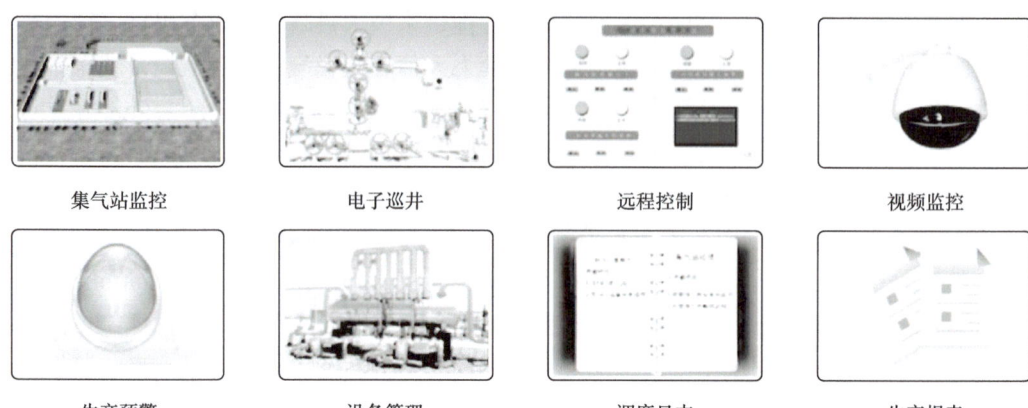

图 5-124 苏格里气田中心管理站主要功能示意图

电子巡井是数字化前端建设井场的主要组成部分，由气井监测模块、井场视频及外物闯入报警模块、历史数据查询模块、故障判识模块等部分组成。

气井压力、温度、流量等数据反映着设备运行状况和生产运行情况，实时地掌握这些数据才能高效、平稳地控制生产。电子巡井以井、站、管线等生产基本单元的生产过程监控为主，采用传感技术对生产数据进行自动采集，通过无线或有线网络传输方式将数据回传至中心管理站，实现对气井生产动态的远程实时监控及安全风险预警判断，这大大减少了人工巡井工作量。

然而，井场要真正实现无人值守，需要随时掌握井口采气树及围栏等是否正常、是否有闲杂人员出入等情况，除了气井生产动态实时监控技术外，电子巡井还包括井场视频智能分析技术、车牌识别预警技术，以及 GPS 地理系统数据采集技术，以提高井场的安防水平。

井场视频智能分析系统主要由前端视频系统、传输系统和后端监视系统组成，采用井场动背景下视频智能分析服务器，实现对进入井场的人员和动物分析、跟踪报警和语音警示，达到安全管理。

车牌识别预警技术由前端数据采集、分布式存储系统、分布式处理系统、集中式处理系统构成，采用触发视频拍照技术、车牌判识技术、车辆连锁跟踪技术、特殊车辆行驶线路判断、提示技术，实现对进入油区车辆动态进行检测、车牌识别、动态拍照和报警提示。运用油田车辆 GPS 行驶轨迹回放技术，可实现油区单井道路的信息准确掌握。并应用 GPS 车辆管理系统，对内部车辆进行跟踪管理，实现井场安全监视。

GPS 地理系统数据采集技术采用 GPS 三维坐标定位技术与 GIS 技术结合，主要实现车辆状态及时显示、实时跟踪、超速报警、危险点提醒、轨迹回放、日志查询等功能。实现对车辆速度、行驶路线的实时调度监控，变事后教育为事前预防；当遇突发事件时可快速就近调度车辆。

2. 边远气井远程监控

井口智能锁套装置及相对应远程监控系统的研发，实现了对井口状态远程监控的目的，确保了苏里格气田边远气井安全受控。井口智能锁套工作原理包括信号及通信原理，以及报警及分级管控原理两部分。

1）信号及通信原理

智能锁套的信号传输使用NB通信技术，该技术主要有以下几个特点：

（1）NB-IOT（Narrow Band），窄带是基于早期的2G、3G基站降频而来的，并由宽带降频至窄带传输方式，既可以降低功耗，也扩展其信号的接收范围并支持数据接入。

（2）智能锁套的通信是以NB通信技术为基础，加上优化的抗干扰算法实现单一锁套和服务器的通信，每个锁套还内置了中继芯片和北斗定位模块，用于帮助增强附近锁套的通信和连接。

（3）当智能锁套通电并激活使用后，会利用窄带安全通信信道向服务器及北斗分别发送加密数据信息，实现通信上的连接。当电脑端/手机端授权时，会将配对的密钥发送至云平台并与运营商的数组进行密钥适配，用于实现远程开、关锁功能，并且在监控系统中实时反馈智能锁套的开关状态。

（4）在信号差的区域（手机拨电话经常打不通，无法连4G网络），智能锁套可以走信道与北斗双通道，并利用周边锁套的中继作用来正常实现通信与报警功能。此外，智能锁套选取的通信频段属于窄带、低频、长波长的特种频段，同时也不受信号屏蔽器影响。实际信号的通信覆盖范围远远高于手机4G蜂窝网，因此，特殊的算法模型帮助边远井实现信息的准确回传，如图5-125所示。

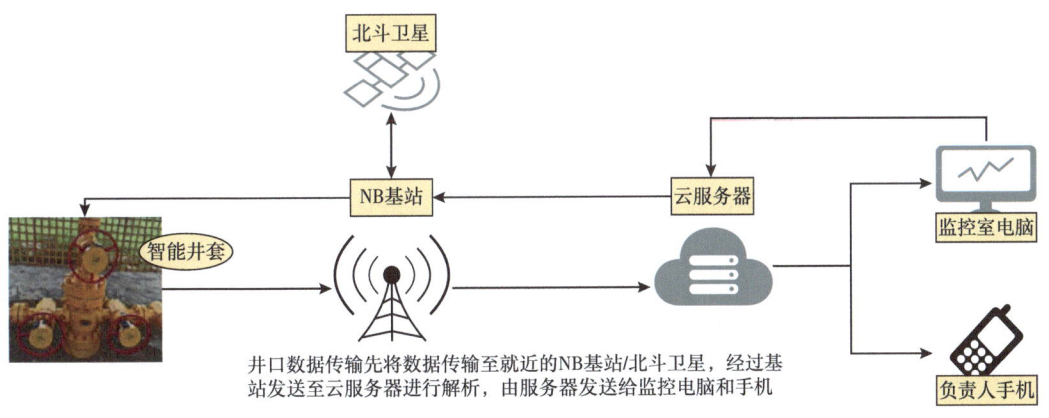

图 5-125 信号传输图

2）报警及分级管控原理

（1）报警核心技术：拟人力破坏算法。当智能锁套处于关闭状态时，一旦有外力破坏或意图破坏时，锁套内置的传感器会感知到破坏程度并唤醒锁套芯片进行数据收集，将破坏者的力度、角速度、矢位、锁帽的状态等综合信息通过拟人为破坏算法把破坏等级分析的结果立刻上报给中央服务器。如果破坏处于持续状态，则每2~3s上传一次最新的破坏等级分析，通过报警状态分析判断现场是无意触动，还是蓄意破坏，同时远程实时获知锁帽的完整情况及锁闭情况。

（2）报警针对性强且误报率极低：阀门锁套的报警根据算法分为三级，普通报警、疑似报警、破坏报警。普通报警表示单次碰触到设备，不需前往现场。疑似报警和破坏报警需要前去现场，前者是较短时间内多次发出普通报警（有疑似的破坏分子正在敲打或拉拔设备），后者表示破坏分子已经着手开始破坏锁套或井口天然气泄漏。

（3）轻微报警。现场仅有轻微的拍打或细微的晃动。此时由于没有破坏力，锁帽仍然处于安全健康状态，这种情况时未达到激活传感器的程度，后台不做响应处理。

（4）偶发报警。现场不存在意图破坏的倾向，仅对井口智能锁套工作人员不经意碰撞一下设备时，传感器收到信号后，会向后台系统发送单次"异常报警"的提示。比如当一次异常报警信息收到后的几分钟内（可以灵活调整时长），如果没有再次出现报警消息，则判断为正常。

（5）持续报警。若对阀门或智能锁套碰触、旋转、撬开、拆拔或井口天然气泄漏等造成振动时，异常报警短时间内多次弹出，后续报警会升级为"疑似破坏报警"。

（6）频发剧烈报警。对边远气井采气树或阀门智能锁套不停地拍、踹、拔、撬等产生大幅度动作而造成振动，且试图破坏锁套时，报警信息会每隔数秒不间断弹出，并且可以从手机小程序上看到每条报警信息所对应的破坏者的施力程度，这时候会收到"破坏报警"弹出信息。

井口智能锁套装置的操作系统简单，管理方便。利用手机安装操作小程序，该程序分配了管理人员权限，方便相关管理人员第一时间了解报警信息。当设备发生报警后，可快速联动小程序进行微信通知，以便及时安排人员进行现场排查。小程序中同时可查看统计数据（设备总数、近一周报警记录、近三次开启记录）及每个设备的当前状态、报警记录及详情、操作日志记录等[81]。

自2021年智能锁套在苏里格气田边远气井井口应用以来，其效果非常显著：（1）报警信息准确可靠。井口智能锁套安装后，边远气井在任意时段、任何区域（2G、4G信号区域）发生可疑行为时，可即时报警。（2）操作系统便捷稳定。操作系统在微信小程序和电脑端管理软件可同步使用，操作系统便捷、安全可靠、保密性强。（3）降成本、消风险效果显著。井口智能锁套应用后，实现了边远气井"技防"技术，减少了"人防"的资源浪费，在实现降本增效的基础上同步有效地消减了各类风险。（4）相对于传统的视频和闯入报警系统，智能锁套的维护费用仅为其他设备维护费用的10%，直接成本可降低50%。

三、致密气井智能数据处理系统

苏里格气田以区域数据湖为基础搭建地质工艺一体化模块，集成了业务背景、数据中心、协同决策、通用工具四个子模块，利用各类气井数据开展气井智能化管理研究，实现了气井工艺指标管理、远程智能监控、基础数据管理、数据统计分析等功能。

智能化气井管理系统是基于生产数据、生产措施数据两大类数据为主的动态数据库（图5-126），搭建的一套风险感知、数字分析、智能处置的气井管理系统，具体的设计思路如图5-127所示。该系统针对气井的套压、产量等实时数据建立数学模型并编写计算机语言实现了将压降不合理井判识、积液气井判识、泡排效果分析、间歇开关效果分析等气井管理工作中的常规定性化分析方法向定量化转变、异常井的人工判识向计算机判识转变、气井管理由"过程监控"向"超前预警"转变，为气井管理工作中的数据查询、统计、分析奠定了坚实的基础。

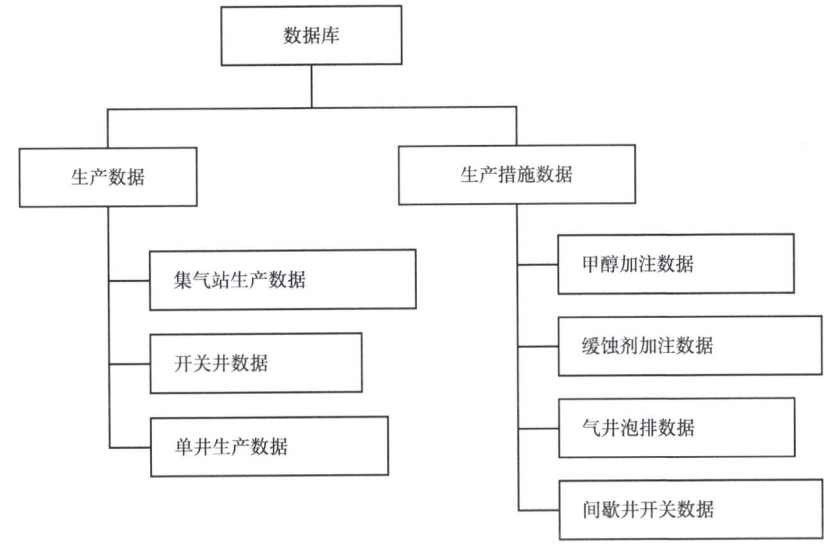

图 5-126　数据库结构图

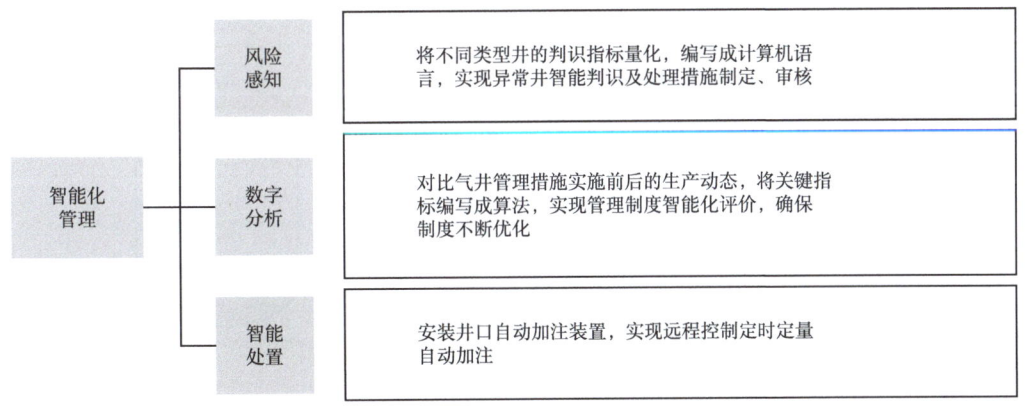

图 5-127　智能化气井管理思路图

1. 智能化气井管理系统硬件基础

系统根据现有的网络及硬件设施，采用服务器—交换机—光纤网络—用户的网络拓扑结构（图 5-128）。系统的软件架构采用 B/S 架构分三层开发，即用户界面层、业务逻辑层、数据操作层（图 5-129）。用户界面层主要完成用户界面表现形式与数据的绑定，关心用户事务的表现。系统的一个大的特点是数据与展示分离，界面层与业务服务层的接口是数据的描述。业务逻辑层主要完成接收并对系统中流程控制、数据加工、数据计算等，以及给用户界面层返回响应。数据操作层主要实现对数据库的读取、写入操作，对数据、信息进行有效的管理和访问，使业务服务层不必关心数据和信息的结构，按照自己的想法对数据进行访问，保护了系统重要的资源数据库。

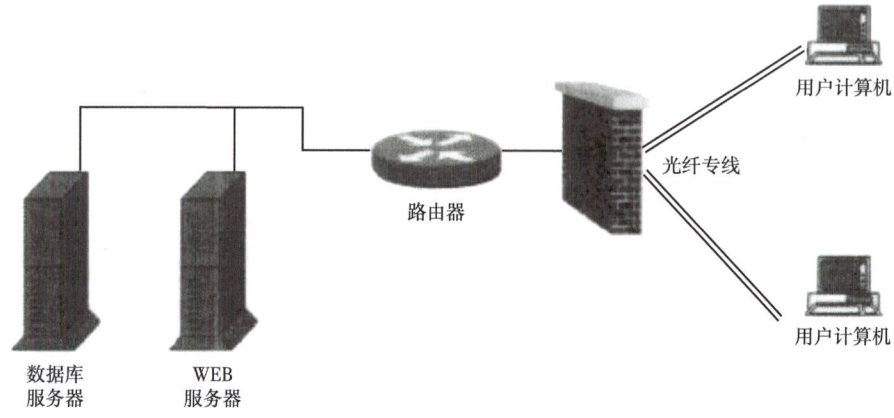

图 5-128　系统网络结构图

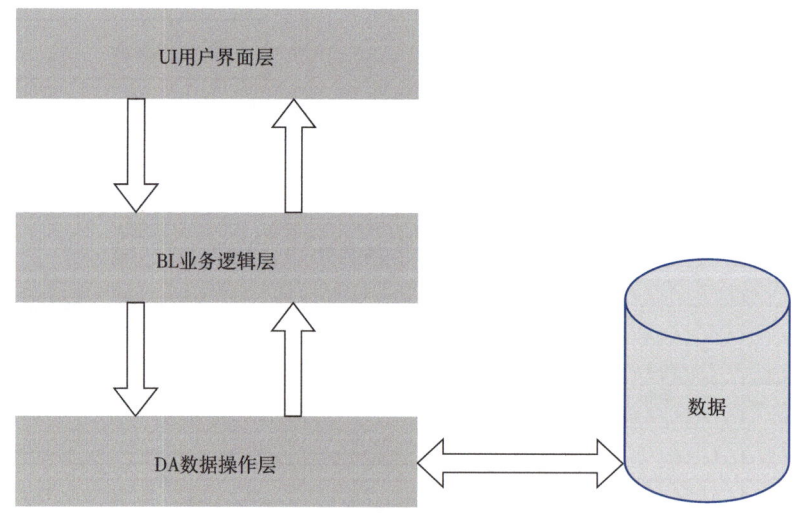

图 5-129　软件总体架构

2. 智能化气井管理系统基本功能

智能化气井管理系统以连续生产井、产水井、间歇井三层次气井分类管理思路为基础，以风险感知、数字分析、智能处置为智能化管理思路，包含连续生产井智能管理、产水井智能管理、间歇井智能管理、气井管理智能考核 4 个功能模块（图 5-130）。

1）连续生产井智能管理系统

连续生产井智能管理系统的开发，以技术管理科、作业区两级管理体系为基础，将压降速率异常井发现—处理措施制定—审核—现场实施—效果分析的气井闭环管理流程进行数字化，并对每一步流程设置提示（图 5-131 和图 5-132）。

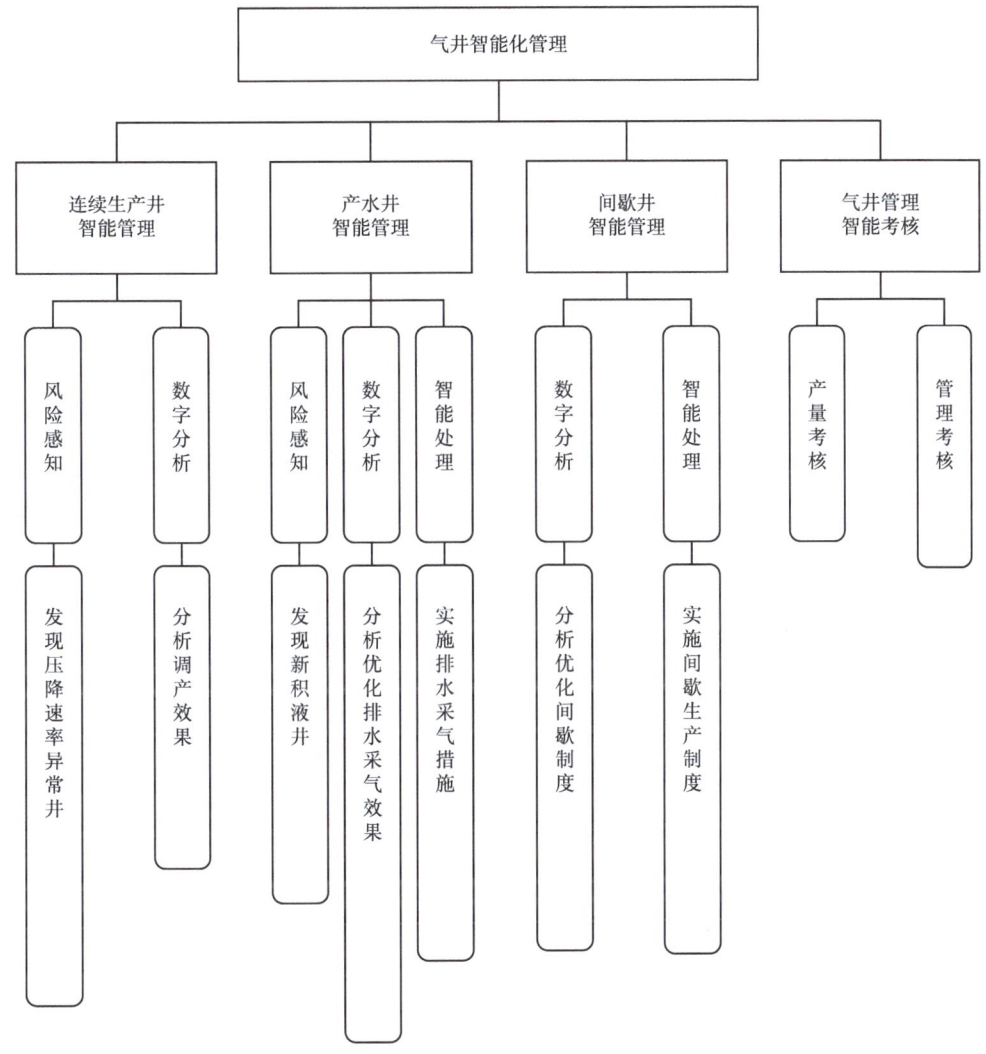

图 5-130 智能化气井管理系统框架图

2）产水井智能管理系统

产水井智能管理系统，以技术管理科—作业区—生产运行队组成的三级气井管理体系为基础，将产水井判识—处理措施制定—审核—执行—措施效果分析—制度优化的闭环管理流程进行数字化，并对每一步流程设置提示（图 5-133）。

产水井制定泡排制度后，系统根据第一次执行时间及泡排周期计算该井本月的加注时间安排，将第二天需要实施泡排的井以列表的形式提示到前台界面。技术人员打开系统，导出 Excel，派发到生产运行队，同时该系统与自动加注装置工艺结合实现自动加注装置井井口无人操作定时定量加注（图 5-134）。

3）间歇井智能管理系统

间歇井智能管理系统，以技术管理科—作业区—生产运行队组成的气井三级管理体系为基础,将间歇井的措施制定—现场执行—效果分析—制度优化的整套管理流程进行数字化(图5-135)。间歇井制定泡排制度后,系统根据第一次执行时间及开关井周期计算该井本月的开关时间安排,将第二天需要开关的气井以列表的形式提示到前台界面,技术人员打开系统导出 Excel,直接派发到生产运行队。

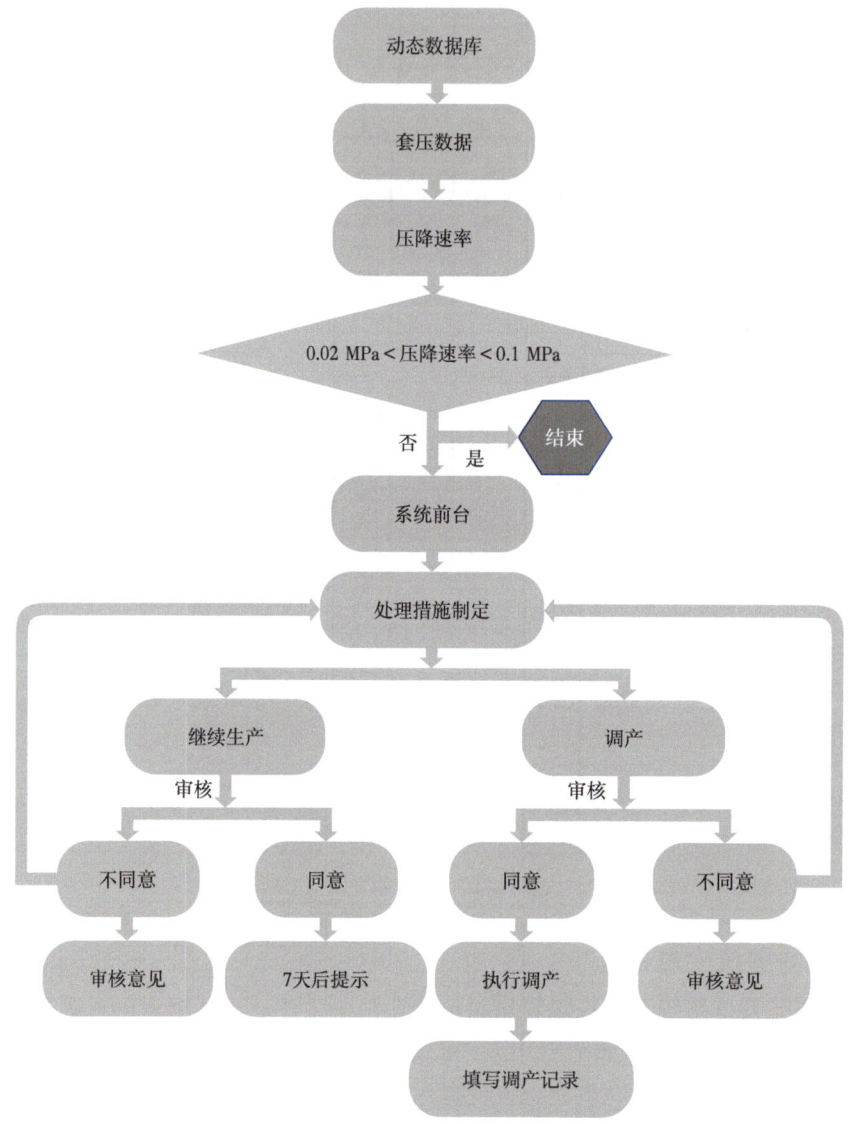

图 5-131 连续生产井风险感知模块流程图

4)气井智能管理考核

智能考核分为产量考核和管理考核两部分,产量考核以作业区为单位把当月完成产量与月初所下发产量对比,对未完成产量的单位按照一定的系数进行考核;气井管理考核主要针对各类管理过程中对管理制度的执行情况及产量变化情况进行考核(图5-136)。

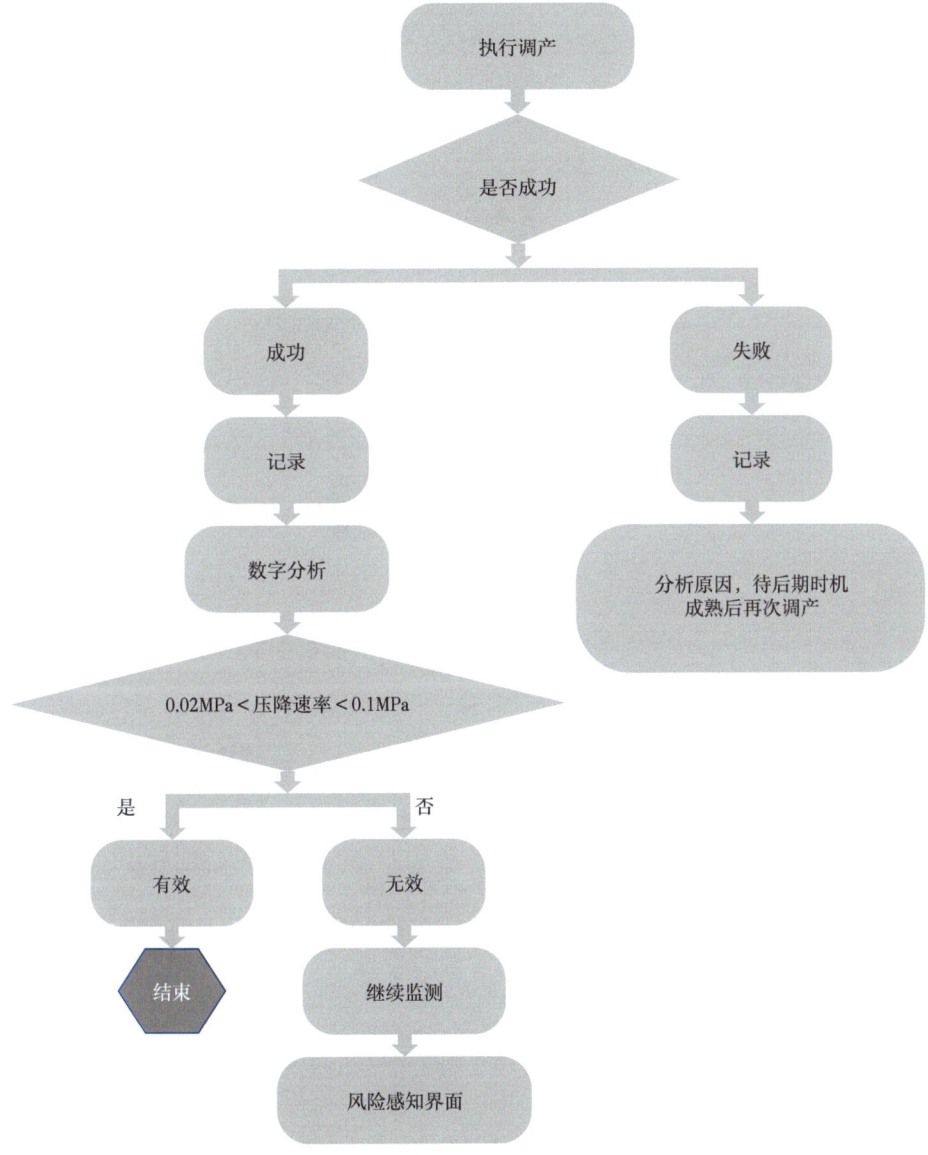

图 5-132 连续生产井数字分析模块流程图

5）智能化气井管理系统应用效果

气井智能化管理系统的建立，将异常井判识—措施制定—现场实施—效果分析—制度优化的老气井管理思路转变为风险感知、数字分析、智能处置的智能化气井管理思路，把技术人员的大量工作转变为计算机实现，实现了气井管理向操作员工下移，推进了数字化由"偏重建设"向"深度应用"转变，气井管理方式由"分散管理"向"集成管理"转变，气井管理由"过程监控"向"超前预警"转变，为"电子巡井巡站、远程监视调控、区域集中值守、应急处置联动"新的生产管理模式及"两室一队一中心"的新型劳动组织架构提供了技术支撑。智能化气井管理系统投入应用后取得了显著效果。

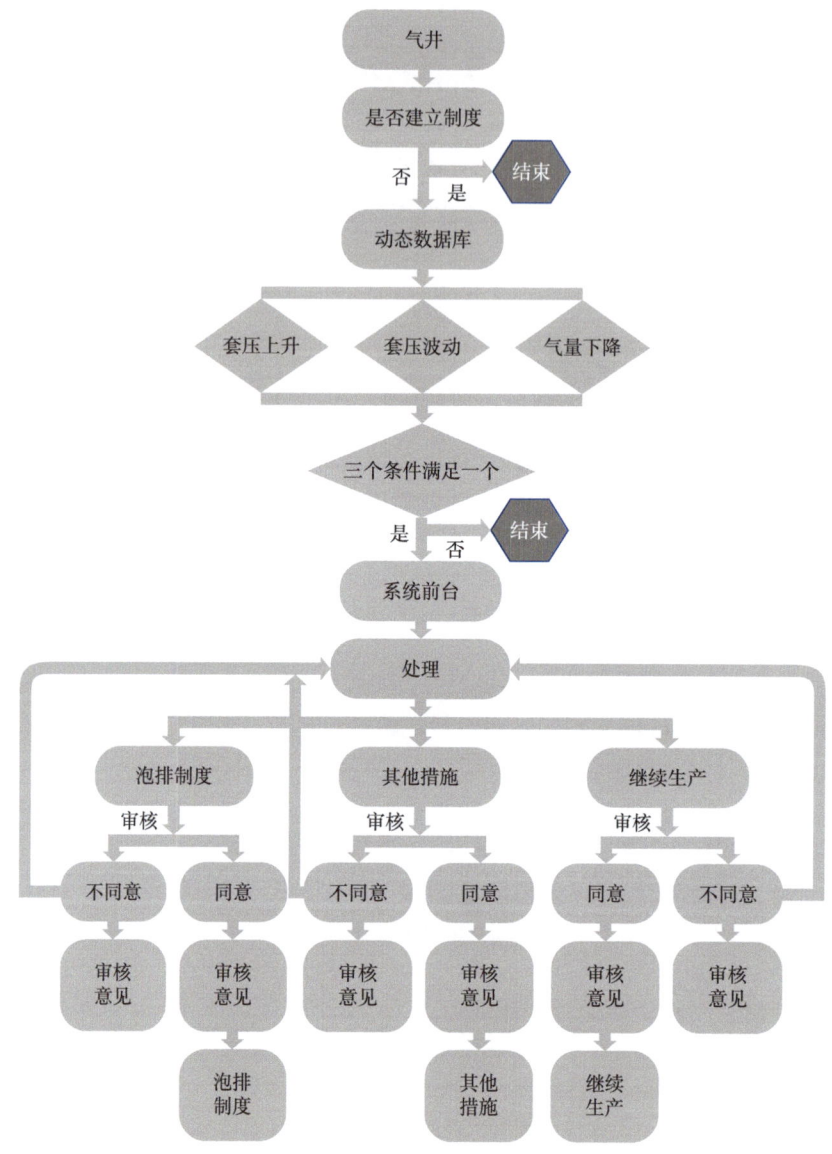

图 5-133 产水井风险感知模块流程图

气井管理效率显著提升：智能化气井管理系统投入运行后将异常井判识周期由每周 1 次提升至每天 1 次，并设置了不及时处理井持续提醒的功能，为技术人员气井管理提供了决策支持。

精细化管理程度提升：智能化气井管理系统以风险感知、数字分析、智能处置为精细化开发思路，全范围覆盖了每口井异常问题发现—措施制定—现场实施—监督考核—效果分析—制度优化的管理流程，不遗留任何死角，气井精细化管理程度大幅提升。

制度执行率提升：智能化气井管理系统智能处置模块的施工计划提醒功能与配套的自动加注工艺及电磁阀远程开关技术结合后，严肃了施工安排的计划性，降低了现场施工的劳动强度，措施气井的制度执行率由 80% 提升至 85%。

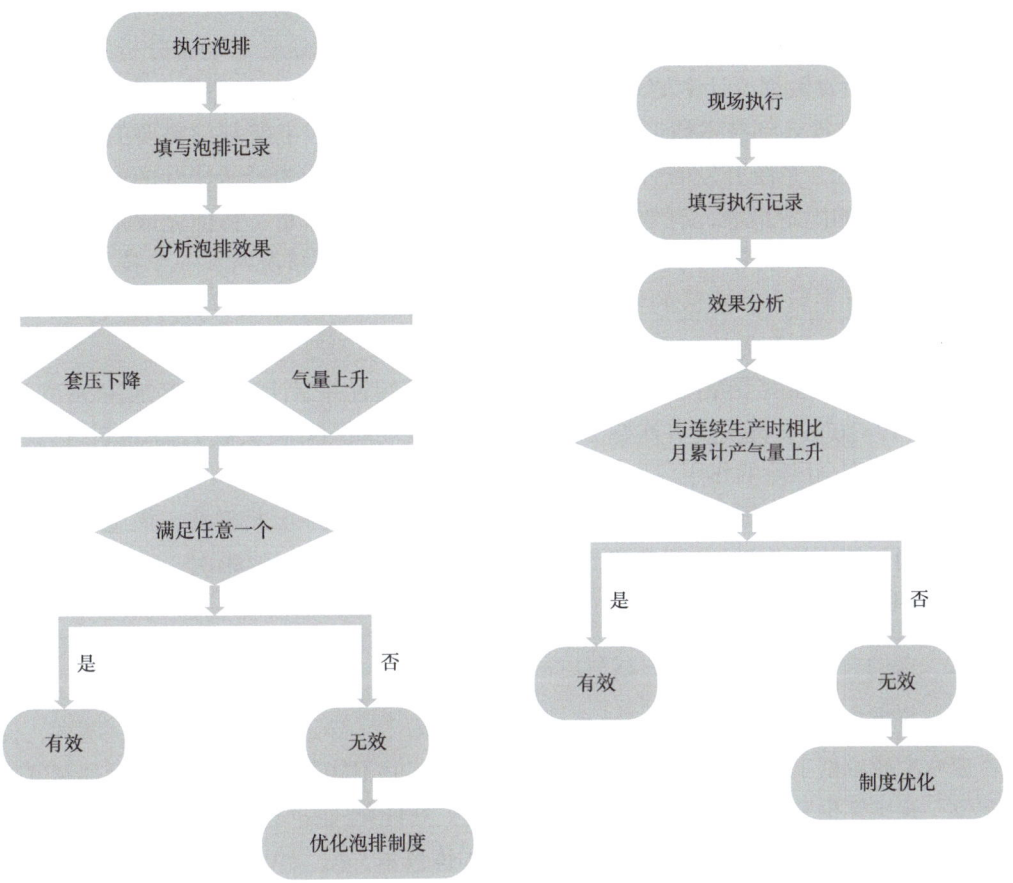

图 5-134 产水井数字分析模块流程图   图 5-135 间歇井智能分析流程图

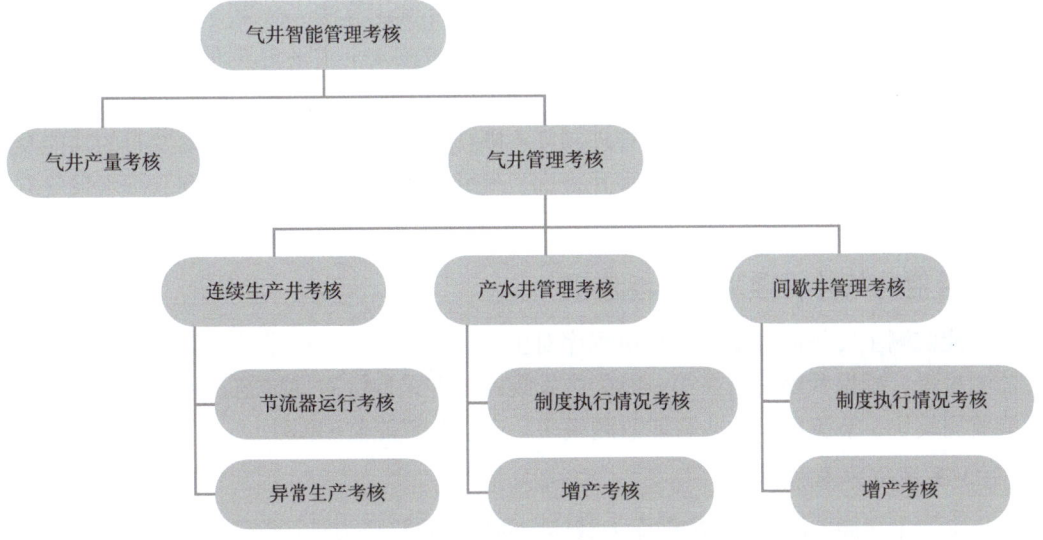

图 5-136 气井管理智能考核枝状图

技术人员工作量大幅降低：智能化气井管理系统应用后把技术人员从异常问题发现、措施效果分析的环节中解放出来，实现气井管理过程中数据统计和动态分析的有机衔接，缩短了技术人员在数据统计中的时间消耗，减轻了技术人员的工作强度，让技术人员把更多的时间和精力投入到技术研究和开发管理上来。以前完成上级部门需要的排水采气周报，最少需要 2h，系统开发时针对上级部门周报及平时工作中经常统计的表格，建立了 11 种不同类型的固定报表，有效降低了日常统计数据的工作量，目前完成排水采气周报仅需半小时左右。以前月底考核泡排井及间歇井的制度完成情况时，一个技术人员需 0.5 个工作日，统计完后与作业区的技术人员进行核对时，存在作业区不承认有关数据、发生相互扯皮的现象，现在考核时直接以系统考核结果为准，减少很多工作。

操作员工劳动强度下降：2013 年 135 口自动加注装置井累计实施药剂加注 3875 井次，增产气量 $712×10^4m^3$，减少上井次数 3229 次，减少现场阀门开关次数 12916 次，达到了降低劳动强度及安全风险的作用。

无效井比例下降：智能化气井管理系统应用后，通过数字分析模块，措施效果及制度评价的时间周期由原来的 15 天变为 5 天，加强了措施气井分析的频次，将无效井的比例从 45% 降到 30%。

四、致密气井智能分析系统

随着苏里格气田生产规模逐步提升，井数逐渐增多，导致低产低效井比例增大，传统的管理办法效率低下，员工操作劳动强度大、异常气井不能及时发现、气井管理制度执行不到位、效果评价不能及时跟进等缺点日益凸显。智能化气井管理平台充分利用计算机网络技术、气藏管理技术、采气工艺技术、数据远传技术，把"异常井智能监测、气井管理制度智能提示、泡排实施效果智能分析、气井管理智能考核"作为平台建设思路，应用了苏里格气田生产运行管理子系统数据库、集气站远传历史记录数据库 2 个数据库，编写了压降速率判识算法、节流器失效井判识算法、产水井判识算法、效果分析算法 4 个判识算法，搭建了智能监测、智能提示、智能分析、智能考核 4 个主平台界面及节流器更换、产水井制度制定、排水采气报表、产量下发计划 3 个辅助平台界面，实现了异常井及时发现、气井管理措施有效落实、气井管理制度不断优化、气井管理考核自动发布的功能及压降速率查询、节流器更换查询、产水井查询、气井排水采气实施情况查询、排水采气有效井查询等辅助功能。

1. 智能化气井管理系统智能监测

智能监测主要是通过编写计算机程序对生产过程中压力、产量异常的气井及产水井进行监测报警，确保管理人员在第一时间内发现问题并采取针对性措施，主要分为压降速率智能监测模块、节流器失效井智能监测模块、产水井智能监测模块。

1）压降速率智能监测

压降速率智能监测以 A3 数据库为载体，对气井每日压力进行跟踪，选取连续生产 15d 每天开井 24h 的单井压力数据按照式（5-121）和式（5-122）计算压降速率，系统每 5min

计算一口井，一直往复循环。对比表 5-34，当遇到压降速率不合理的气井时就会反映到前台。

$$A_1=p_1-p_2, \ A_2=p_2-p_3, \ \cdots, \ A_{13}=p_{13}-p_{14}, \ A_{14}=p_{14}-p_{15} \quad (5-121)$$
$$(A_1, \ A_2, \ A_3, \ \cdots, \ A_{13}, \ A_{14} < 0)$$

$$A = \frac{A_1 + A_2 + A_3 + \cdots + A_{13} + A_{14}}{14} \quad (5-122)$$

式中：p_1 为当天的压力，MPa；p_2 为以当天为起点往前推 1d 的气井压力，MPa；p_3 为以当天为起点往前推 2 天的气井压力，MPa；p_{14} 为以当天为起点往前推 13 天的气井压力，MPa；p_{15} 为以当天为起点往前推 14 天的气井压力，MPa；A_1 为当天与当天前 1 天的压降速率，MPa/d；A_2 为当天前 1 天与以当天为起点往前推 2 天的压降速率，MPa/d；A_{14} 为当天前 13 天与以当天为起点往前推 14 天的压降速率，MPa/d；A 为 14 天的平均压降速率，MPa/d。

表 5-34 气井压降速率智能检测表

分类	压降速率 A/(MPa/d)	工作制度、优化方式	达到效果
新井	$A \leqslant 0.02$	压降速率较小，调大节流器嘴	供气高峰调产
新井	$A \geqslant 0.08$	压降速率较大，调小节流器嘴	确保气井稳产
老井	$A \leqslant 0.02$	压降速率较小，调大节流器嘴	供气高峰调产
老井	$A \geqslant 0.05$	压降速率较大，调小节流器嘴	确保气井稳产

通过压降速率智能监测模块，技术人员可以筛选出压降速率不合理的气井，并查询压降速率不合理的气井的生产曲线、无阻流量、目前产量、压力、压降速率、生产层位等关键参数，便于管理人员对压降速率不合理的气井调产。通过压降速率智能监测可查询气田所有井的压降速率并进行计算，导出 Excel 电子表格，为评价全气田的速率提供数据。节流器被更换后，在节流器更换的平台界面填写更换记录，日后即可查询。

2）节流器失效井智能监测

当气井节流器失效后，不及时关井继续生产危害巨大，一是存在安全隐患：气井节流器失效后气量突然增大，引起井底压力波动，部分气井可能出砂，尤其是投产时间较短的新井，气井出砂会导致阀门、管线、弯头等刺漏；二是节流器失效后长期生产容易引起速敏、压敏等敏感性、水侵、破坏储层渗流通道，不利于气井稳产。气井节流器失效一般分为开井时节流器失效、生产过程中节流器失效两种情况，开井过程中井口有人，节流器失效可以及时发现，因此节流器失效井智能监测模块主要针对正常生产时节流器失效。节流器失效井智能监测模块以集气站的远传数据为基础，主要依据气井正常生产时节流器失效后表现出套压迅速下降、气量迅速增大、油压缓慢上升的特征及节流器失效井关井后表现出套压停止下降、气量为零的特征（表 5-35），达到节流器失效井智能监测的目的。

表 5-35 节流器失效井判断依据表

状态	套压	油压	气量
节流器失效	套压 5min 内下降 1MPa	油压 5min 内上升 0.2MPa	气量 5min 内增大 0.5 倍
失效后关井	套压停止下降	—	气量变成零

某口井符合表 5-35 三个条件中两个时视为节流器失效井，节流器失效井智能监测就会自动报警，当采取关井措施报警就会消除。

3）产水井智能监测

典型的积液特征有四大类：套压与产气量波动；套压上升与产量下降；套压高值不变与不产气；短期关井存在油套压差。产水井智能监测模块根据积液气井油套压和气量变化特征编写计算机程序达到积液井智能监测的目的。

产水井智能监测模块后台判断依据具体算法：选取连续生产 10 天每天开井 24h 的单井压力数据计算压降速率，若某口井未达到连续生产 10 天每天生产时间 24h，则该井不参与计算。

$$A_1 = p_1 - p_2,\ A_2 = p_2 - p_3,\ \cdots,\ A_8 = p_8 - p_9,\ A_9 = p_9 - p_{10}$$
$$\mathrm{card}A = \{A_N \mid A_N \geqslant 0,\ N=1,\ 2,\ \cdots,\ 8,\ 9\} \quad (5\text{-}123)$$

若 $\mathrm{card}A \geqslant 8$，视该井为套压上升或不变。

选取连续生产 10 天每天开井 24h 的单井压力数据，计算相邻两天套压的差值（用后一天减去前一天）；计算的结果里面，如果正数的个数大于负数的个数，视为套压波动井。

$$A_1 = p_1 - p_2,\ A_2 = p_2 - p_3,\ \cdots,\ A_8 = p_8 - p_9,\ A_9 = p_9 - p_{10}$$
$$\mathrm{card}A = \{A_N \mid A_N > 0,\ N=1,\ 2,\ \cdots,\ 8,\ 9\};$$
$$\mathrm{card}B = \{A_N \mid A_N < 0,\ N=1,\ 2,\ \cdots,\ 8,\ 9\} \quad (5\text{-}124)$$

若 $\mathrm{card}A > \mathrm{card}B$，视该井为套压波动井。

选取连续生产 10 天每天开井 24h 的单井数据，10d 内累计产气量下降超过 $0.05 \times 10^4 \mathrm{m}^3$ 的单井（以当天向前推 10 天，与上个 10d 做比较）。

$$(Q_{11}+Q_{12}+Q_{13}+\cdots+Q_{18}+Q_{19}+Q_{20}) - (Q_1+Q_2+Q_3+\cdots+Q_8+Q_9+Q_{10}) > 0.05 \quad (5\text{-}125)$$

式中：Q_1 为当天的气井产量，$10^4\mathrm{m}^3/\mathrm{d}$；$Q_2$ 为以当天为起点往前推 1 天的气井产量，$10^4\mathrm{m}^3/\mathrm{d}$；$Q_3$ 为以当天为起点往前推 2 天的气井产量，$10^4\mathrm{m}^3/\mathrm{d}$；$Q_{19}$ 为以当天为起点往前推 18 天的气井产量，$10^4\mathrm{m}^3/\mathrm{d}$；$Q_{20}$ 为以当天为起点往前推 19 天的气井产量，$10^4\mathrm{m}^3/\mathrm{d}$。

该井套压下降平稳，气量大幅下降。

若某口井当天生产时间大于 0 小于 24h，前一天的生产时间为 0，当天油套压差大于等于 2MPa，则该井存在油套压差。

通过产水井智能监测模块可及时发现产水井并附有该井生产曲线、目前产量、压力等关键参数，技术员即可根据相关参数制定该井排水采气制度。

2. 智能化气井管理系统智能提示

通过产水井智能监测判识出新产水井后，即可在智能提示后台的制度制定界面排水采气制度，制度制定完成后，计算机会对制度制定的日期产生记忆，根据制度周期，推算制度执行日期，并进行提示。

操作员工按照制度采取措施后，必须当天填写排水采气报表，智能提示后台就可根据排水采气报表对该井当月制度计划执行情况及实际执行情况进行统计（图5-137）。

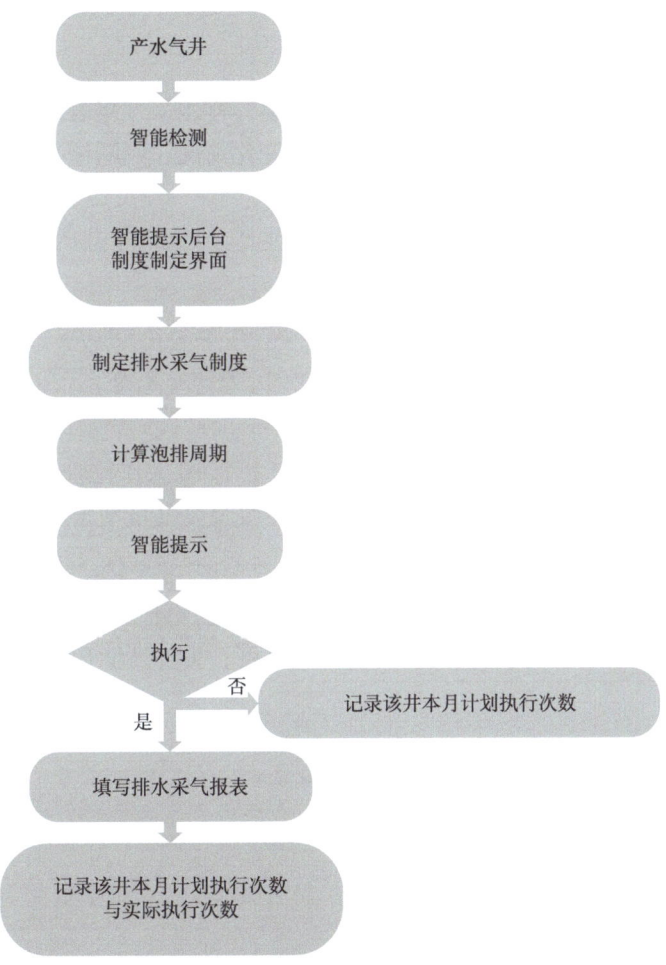

图5-137　产水气井智能提示流程

智能提示前台可提示3日内需要采取排水采气措施的单井（2天内要执行的井标红色，3d内要执行的井标黑色）及相应排水采气制度，督促操作员工采取措施，并对计划执行次数和实际执行次数智能统计，确保制度有效落实。

3. 智能化气井管理系统智能分析

技术员对生产过程中的异常气井采取管理措施后，智能分析模块会自动跟踪采取措施后气井的效果，对于效果不好的气井将自动发送到技术人员电脑上提醒技术人员继续优化措施,从而保证措施不断地优化。

1)气井工作制度优化效果智能分析

对压降速率不合理的气井更换节流器后,先在气井工作制度优化效果智能分析后台填写节流失效井更换记录,后台就会跟踪气井压力、产量变化情况,自动计算并对比工作制度调整前后的压力、产量、压降速率,评价工作制度调整效果。

对于调整后效果不明显的气井工作制度优化效果分析前台就会标识出来,督促气井管理人员继续优化调整,保证气井效果最优。

2)产水井排水采气效果智能分析

当操作人员按照制定的排水采气制度执行并填写排水采气报表后,产水井排水采气效果智能分析后台自动分析制度执行后压力和产量变化情况,判断该井的排水采气效果,并统计当月效果好的井和效果不好的井的比例。

效果分析的后台判断依据:选取制度执行后生产10天的单井压力数据计算压降速率,若其中有7天的压降速率小于零,该井套压下降。

$$A_1=p_1-p_2,\ A_2=p_2-p_3,\ \cdots,\ A_8=p_8-p_9,\ A_9=p_9-p_{10}$$
$$\mathrm{card}A=\{A_N\,|\,A_N<0,\ N=1,\ 2,\ \cdots,\ 8,\ 9\} \tag{5-126}$$

若 $\mathrm{card}A>7$,视该井为套压下降。

气量增长以当天向前推10天的累计产气量与上个10天作比较(每天开井24h的单井压力数据),若累计产气量大于上个10天的累计产气量则气量增长。

$$(Q_1+Q_2+Q_3+\cdots+Q_8+Q_9+Q_{10})-(Q_{11}+Q_{12}+Q_{13}+\cdots+Q_{18}+Q_{19}+Q_{20})\geqslant 0 \tag{5-127}$$

排水采气效果智能分析前台可对效果不好的气井进行自动扫描,把扫描结果自动发送给技术人员,提示技术人员优化该井的排水采气制度;另外还能智能统计有效井次数。

第六章 智能气井技术发展趋势

本章主要探讨了智能气井技术在石油工业中的应用现状、面临的挑战,以及未来发展趋势。首先,分析了人工智能在石油行业应用中遇到的数据智能分析、样本问题、模型适应性等技术难题,并指出当前智能气井面临的安全管理、自动化建设、数据共享等问题。接着,详细阐述了智能气井技术的未来发展方向,包括数据感知、数据传输、关键装备和工艺的创新,以及数据融合技术的提升。特别是在智能气井的全生命周期管理、生产工艺优化等方面,结合现代人工智能技术,将为气井的高效、稳定生产提供新的解决方案和技术支持。本章为理解智能气井技术的未来趋势提供了全面的视角,并对石油行业的数字化转型提出了有力的技术指导和前瞻性思考。

第一节 石油工业中人工智能应用面临的问题和挑战

人工智能是引领未来的战略性技术,作为新一轮产业变革的核心驱动力,人工智能将进一步释放历次科技革命和产业变革积蓄的巨大能量,并创造新的强大引擎,重构生产、分配、交换、消费等经济活动各环节,形成从宏观到微观各领域的智能化新需求,催生新技术、新产品、新产业、新业态、新模式,引发经济结构重大变革,深刻改变人类生产生活方式和思维模式,实现社会生产力的整体跃升。国务院于2017年印发的《新一代人工智能发展规划》提出,到2020年人工智能总体技术和应用与世界先进水平同步,核心产业规模超过1500亿元,到2025年人工智能核心产业规模超过4000亿元,到2030年人工智能理论、技术与应用总体达到世界领先水平,核心产业规模超过1万亿元。随着政策的进一步推动和技术的进一步成熟,人工智能产业落地速度将明显提升。

人工智能技术开辟了油气工业持续发展的新途径。当前新一轮油气科技革命和数字革命正以前所未有的广度和深度席卷全球,大数据、人工智能、新材料、新能源等新技术、新产业与油气工业的跨界融合成为创新的重要途径。油气行业当前信息化程度仅为19%,远低于全球产业平均值的31%,是目前全球信息化程度相对较低的行业之一。而通过大数据、人工智能等新技术,实现数据自动采集、实时监控、智能生产优化与智能决策,建设智能油气田已成为必然趋势,国内外油气公司都在抓紧行业布局[82]。

一、国外石油工业中对人工智能的应用现状

在国外,一些国际领先的石油公司已将数字化纳入公司未来发展的战略导向,它们通过与IT公司联手开展业务智能化探索,实现上游勘探开发业务的智能化,产生了道达尔+谷歌云、雪佛龙+微软、壳牌+惠普等跨界组合。特别是最近几年新冠肺炎加速了油气

行业向数字化、智能化方向发展的节奏。例如，壳牌的智能油田（Smart Field）聚焦协同工作环境、智能井、光纤监测、生产实时优化、智能水驱和闭环油藏管理；雪佛龙的信息油田（i-Field）聚焦钻井优化、生产优化、油藏管理；英国石油公司（BP）提出的未来油田（Field of the Future）聚焦应用实时信息系统优化运营；俄罗斯天然气公司（GASPROM）的数字化转型计划（DT）优先实施数字化地质勘探、数字化大型项目、数字化生产、中游业务数字化生产、数字化HSE（健康、安全、环保）、数字化设施设备等12类项目。挪威国家石油也正在加快海上平台无人化，2018年投产的Oseberg H无人平台建设伊始即无生活区，由陆上油田中心远程操作，CAPEX节省21%，巡检维护成本节省30%。2019年投产的Johan Sverdrup油田，通过数字化手段投资降低了30%，桶油成本从35美元降至17美元。

二、国内石油工业中对人工智能的应用现状

在国内，三大国有石油企业也已纷纷加大数字化转型力度，推进数据共享、业务协同，智能化应用开始起步。中国石油不仅组建了新的机构（昆仑数智），而且启动建设了认知计算平台（E8），并在大港、大庆、长庆等油田开展试点应用。按照"两统一、一通用"（统一数据湖、统一技术平台、通用业务应用）原则建立了梦想云平台，开展了人工智能顶层设计，全面推动人工智能技术的探索性落地；中国石化于2012年开始开展智能制造探索工作，陆续启动了智能工厂、智能油田、智能化研究院规划、设计和建设工作，并建成油田智云工业互联网平台，将新一代信息技术与企业业务深度融合，推动了企业数字化转型升级；中国海油在2020年3月正式下发《集团公司数字转型顶层设计纲要》，提出数字化转型总体蓝图，打造智能油田技术平台，重点致力于智能油田建设和勘探开发数据治理。

按照中国石油勘探开发人工智能发展规划，"十四五"期间将分别在勘探开发、测井、物探、钻完井、地面工程、装备制造六大领域设立人工智能应用重大专项，推动人工智能在勘探开发领域的全面应用。尽管人工智能研究在中国石油遍地开花，但总体布局上较为分散，尚未发挥出整体优势，应用推广还面临以下许多挑战。

（1）数据智能分析与数据共享问题。

数据是人工智能应用的基础，一个优秀的智能模型，是建立在大量的数据和可信赖的样本基础上的。中国石油经过多年建设，初步建成了统一的数据湖系统，实现了45万口井、700个油气藏、7000个地震工区、2.6万座间站库、60年历史数据的线上管理，是公司的宝贵数据资源。虽然目前深度学习在地震解释、岩石物理分析等领域已有初步应用，并显现出巨大潜力；机器学习、数据挖掘等技术在测井解释、生产运行分析与监控等方面应用有所成效，但这些专业领域的数据链接渠道并不通畅，仍然存在数据多头采集、分散异构管理、数据质量参差不齐、数据评价标准不一致、数据信任体系不完善等问题，没有实现真正意义上的数据共享，影响了AI的应用效果，另外数据采集依赖于手动输入，难以保证数据准确性和及时性，数据在使用和流转过程中容易被篡改，数据格式不一致，数据冗余、数据值冲突、模式不匹配等突出问题也影响了数据的智能化分析，导致数据应用

价值无法得到高效发挥。

（2）小样本问题。

不同于互联网数据，勘探开发是一个复杂的科学探索，由于地下构造复杂，除岩心等少量直接信息外，大多数信息都是间接的，而且获取成本往往较高，因而多为"大数据、小样本"，这在开展勘探开发人工智能应用过程中往往无法满足深度学习的要求。

一个典型的例子就是油气生产抽油机井的示功图诊断。目前已有大量文献报道，很多学者都在开展这方面的智能化研究，试图解决抽油机故障实时诊断问题，但由于受到小样本问题的限制，多数研究没有太大进展。通常情况下，抽油机都是在正常运转，故障情况极少发生，而抽油机故障又有出砂、漏失、杆脱、气锁、脱钩、结蜡、供液不足、阀漏等10余种之多，多数故障可能几年都不会发生一次，因此实际能得到的故障样本非常少。中国石油油气生产物联网系统（A11）从2014年开始建设以来，已实现了近20万口油气水井的数字化实时采集，记录的功图数据是巨量的，但要获得足够多的故障样本也是很困难的。

（3）模型适应性问题。

机器学习大多是"照着葫芦画瓢"，纵观各类机器学习算法，并没有一种普适的解决方案或方法，都需要先给机器准备好"教材"（标注数据），然后才能使用人工智能算法去建模。当前深度学习框架和算法都只针对特定领域，在改变应用领域后，模型的性能、效率都会有较大损失，在石油行业同样也会遇到这些问题。石油行业具有极强的专业性，而且很多问题多具有多解性，不同的盆地与探区，针对探井、地震、地质等不同类型数据的标签数据集都不一样，因此现有人工智能算法大多无法直接套用，需根据具体应用场景设计模型。例如，要解决超复杂的勘探问题，需要建立针对勘探难题的深度学习技术架构，并开展强化学习、迁移学习、多任务学习等优秀机器学习范式的研究，并将基于学习和基于模型的方法结合起来，进一步提高解决方案的可行性。

（4）可信度问题。

油藏一般深埋地下数千米，采集的数据本身就存在一定的不确定性。同时，基于深度学习的人工智能系统普遍存在可解释性不足的问题。大规模的深度学习，由于网络中存在大量的复杂非线性变换和大规模的神经元连接，少量的随机扰动就会导致最后结果的剧烈变化，其行为和表现难以理解。由于某种程度上存在着不可解释性，所以，其预测结果是否被接受也同样存在疑问。这一特性还会影响应用场景大胆选择的问题。

例如，在测井油气层智能识别中，如果单纯使用机器学习方法来进行油气水的智能识别，一方面识别准确性不一定满足实际需要，另一方面由于人工智能的不可解释性等特点，其识别可信度也会让人产生怀疑。

因此，目前人工智能在油气行业探索性研究多，可落地应用少，一定程度上制约了企业级推广。

（5）技术门槛较高。

新一代人工智能技术多学科交叉，涉及数据采集与存储技术，数据处理、数据标签与特征工程技术，自然语言处理技术和知识图谱技术等综合技术。可见，人工智能技术门槛比一般信息技术门槛要高得多。

在石油勘探开发过程中，对于特定的地质研究目标，通常会同时存在多种观测手段与多种分析方法的组合，由此分析形成的地质结论与认识将会存在一定偏差。一体化研究通常需要利用多种分析手段进行多源信息的有机整合，对各类分析结果去伪存真，进一步提高分析精度，降低问题的多解性。这对专业分析人员的综合素质、学科背景及多源数据共享与开放性都提出了较高要求。

由此可见，石油工业中人工智能应用需要智能装备和智能软件紧密配合。当前，石油上游业务各个领域中的智能装备有了初步应用，井下智能注采工具实现生产状态实时监测与控制，地面无人机、机器人等代替人类进行巡检，无人值守平台也已实现等，未来如何进一步提高装备和仪器的数据采集广度、密度，以及智能化水平，实现数据的自动采集和处理是人工智能应用的基础保障。而对于 AI 应用，算法是核心，软件是载体，如何通过智能化专业软件，实现协同研究和一体化分析是石油工业中人工智能应用的关键。

（6）高端人才缺乏。

由于人工智能应用前景广阔，人工智能发展日新月异，伴随着风口而来的是 AI 领域人才需求激增。2020 年 11 月 21 日，国家工业信息安全发展研究中心发布的《人工智能与制造业融合发展白皮书 2020》(简称《白皮书》) 显示，目前中国人工智能人才缺口达 30 万人。《白皮书》中提到，人工智能相关职位平均年薪达到 30~60 万元，从业时间较长者可达百万元，石油企业属于传统行业，大多难以负担。如何破解这方面的难题，是企业亟待解决的问题。由此可见，中国石油在人工智能高端人才方面面临着巨大挑战，我们严重缺乏既懂石油又懂信息的复合型人才，目前石油专业人员与 IT 人员缺少共同的语言。

第二节　石油工业中人工智能应用的发展趋势

当前，全球能源格局正在发生深刻变化，新一代信息技术成为推动能源行业变革的加速器，国际上各大石油公司都纷纷将数字化转型作为未来发展的战略方向之一，并将引领行业实现颠覆性的技术创新，重塑行业格局。壳牌公司将数字化转型的重点聚焦于提高效率和降低排放的智能技术；埃克森美孚公司则将重点放在了可平衡其资产组合的突破性智能技术；BP 聚焦于传统领先技术领域的智能化发展；埃尼公司聚焦于极端条件下的尖端技术及提升勘探经济性的智能技术；沙特阿拉伯国家石油公司则将提高发现率和采收率的技术作为当前数字化转型的重点。

人工智能技术有望突破石油勘探开发面临的瓶颈问题，实现管理模式由传统竖向独立管理向一体化协同运行、扁平化管理模式转变，重构业务流程，实现提质、降本、增效，助力企业的数字化转型发展。人工智能技术主要从以下几个方面对传统业务流程进行重构：一是自动化数据采集设备，为油气勘探开发提供实时动态数据；二是智能化分析处理软件，提高人工解释处理的效率，减少对专家经验的依赖度，优化人力资源，节省人工成本；三是无人机、电子巡检代替人工作业，实现无人值守，提高员工幸福指数；四是安全预警实现事前控制，减少问题发现及信息传递的时间，降低生产维护成本；五是生产动态管理，提升应急处置能力，减小产量损失。

一、人工智能未来发展方向

从长远发展来看，人工智能将是数字化在油气领域的高级应用，必将为实现油气全产业链突破提供新动能。结合行业发展需求及人工智能技术研究现状，未来的应用发展方向主要包括以下三个方面。

（1）智能生产装备。随着深度学习、自然语言处理、语音识别、强化学习等技术在机器人中的不断成功应用，工业机器人逐渐走向成熟。越来越多的石油公司开始使用机器人代替人类进行危险作业。目前，机器人已经成功应用到了管道巡检、深水作业、高危作业等领域。无人机技术逐渐在石油勘探开发领域应用，尤其是物探领域，可实现地质探测、数据采集、视频监控、物资投放、工程救援等工作。同时，由于专业软件的嵌入应用，石油勘探开发生产装备的智能化水平越来越高。未来，嵌入物联网、机器视觉、深度学习等技术的智能生产装备将大大降低生产成本，提高生产效率。

（2）自动处理解释。数据挖掘和数理统计等分析技术在石油勘探开发领域的应用较为成熟，广泛应用到测井曲线解释、储层参数预测等领域。近几年，随着深度学习、集成学习、迁移学习等技术的不断发展，其在图像处理、分析预测等方面展现出较为显著的优势。未来，深度学习、集成学习、迁移学习、强记忆学习等技术有望在岩石物理、地震图像、测井曲线、数字岩心、生产运行等数据的自动分析处理方面得到深度应用。

（3）专业软件平台。人工智能技术的载体与核心是勘探开发专业软件和信息系统。专业软件是最主要的研究工具，也是专家智慧的结晶和成果，是石油公司和服务公司的核心竞争力。

随着人工智能算法在数据自动采集、智能分析处理等方面的应用，一些专业软件利用机器学习、机器视觉、数据挖掘等算法进一步提高软件的智能化分析水平，并致力于在数据共享的基础上，实现协同研究。Petrel、Techlog、Eclipse 等专业软件通过不断引入人工智能技术，提高了智能化分析水平，实现了工程一体化模拟与设计。未来行业内已有的知名专业软件将进一步加大对人工智能技术的研发，智能化水平有望进一步提高。同时，随着人工智能技术的不断深化应用，一部分新的专业软件有望应需而生。

据麦肯锡分析，人工智能技术在勘探开发领域的应用将可以促进业务协作、自动化、科学决策和技术创新，并总体上带来超过 11% 的成本降低和超过 12% 的收入增长。国家能源局原副局长张玉清在"2019 油气行业数字化及创新论坛"开幕式致辞指出，面对挑战和技术革新的需要，石油天然气行业必须要降本增效，在数字技术的推动下，世界油气行业的自动化、信息化、智能化水平将越来越高，数字化将成为油气行业持续提质、降本增效的有效途径和必由之路。根据《数字化转型倡议：油气行业白皮书》预计，2016 年至 2025 年间，数字化战略有望为整个油气行业带来 1.58 万亿美元的新增价值，未来我国油气行业数字化发展，尤其是人工智能应用前景十分广阔。

二、加强人工智能与勘探开发业务的全面结合

为了在我国油气行业中全面开展人工智能技术研究与应用，除了进一步加大资金投入

和政策引导之外,还需从以下几个方面加强人工智能与勘探开发业务的全面结合:

(1)强化顶层设计与标准化建设。

近期,国家先后出台《促进新一代人工智能产业发展三年行动计划(2018—2020)》(2017年)、《人工智能标准化白皮书》(2021年),全面推进人工智能标准化工作。伴随着技术进一步成熟和成果不断涌现,勘探开发各业务环节的人工智能应用热潮即将开启。正值浪潮初始,中国石油应进一步完善顶层设计,本着近期发展规划和远期发展战略相结合、点和面相结合的原则,将油气技术智能化贯穿于行业主业的不同层面,在顶层设计、数据管理、算法研究、平台建设、人才培养等方面统筹考虑,实现场景重现,避免碎片化。加强行业样本库、知识图谱、智能算法等方面的技术体系和技术规范研究,为人工智能技术健康发展打牢基础。

(2)建立统一的企业技术平台,促进人工智能的共享和生态发展。

随着人工智能应用的深入,不同专业、不同格式标准、不同框架的行业样本库、智能算法、知识图谱、智能模型与智能服务必将大量产生,统一的人工智能平台,可以促进这些资源和成果的开放共享、促进技术的良性发展和生态体系建设。

中国石油统一规划建设的认知计算平台,是一个通用、开放、可扩展的人工智能计算基础平台,包含数据、知识、算法、算力和场景五大关键内容,应加快推广应用。平台的建成应用,为业务创新提供了智能化的驱动引擎和开发生态,显著降低了人工智能应用的门槛。平台面向以下三类用户:第一类是一般业务人员,业务人员可以直接利用平台提供的智能应用模块或者智能模型开展业务应用;第二类是智能模型开发人员,平台提供一站式AI开发算法和工具,可以实现无代码完成智能模型创建;第三类是AI软件开发高端用户,平台提供了大量服务和二次开发组件,为低代码开展人工智能应用软件开发提供技术支撑。

人工智能建设要与油田发展同步,合适合理的应用场景十分必要,根据需求新建一批国家和企业级油气智能技术研发中心和油气人工智能技术示范区,完善和发展数据—上线—云计算—大数据的信任体系,推动技术成果推广应用。

(3)加强合作共享,聚焦核心智能技术。

一方面加强企业间的合作共享。由油气企业与国内外IT巨头联手,加强技术引进与技术合作,在不同专业、企业、行业间形成创新融合体,实现跨界融合、边界突破,在这方面行业协会应该发挥协调引领作用。另一方面强化数据共享。数据与样本是人工智能应用的基础。应按照"共享中国石油"总体战略,加强勘探开发梦想云平台完善与上游业务统一数据湖建设,加强数据治理,促进上游全业务链数据按照统一规范入湖管理,实现数据互联互通开放共享,加速数据资产化管理,为人工智能应用打下基础。在油气领域,基于人工智能技术实现数据挖掘的过程中,高质量样本库也是算法研究的利器,如果样本是有效的,算法的研究就会方便很多,因此需要逐步建立一个高质量行业样本库,加强油气勘探开发领域的小样本问题解决能力。

(4)加强对核心算法的研究攻关,强化算力提升。

进入21世纪,信息技术引领的第三次工业革命改变了人类的消费和生活的方式,而人工智能将成为引领第四次工业革命的中心驱动力。在石油行业中，要强调创新，注重实效，用 AI 新技术、新算法解决制约油气行业发展的瓶颈问题，形成具有自主知识产权的算法体系，为油气技术智能化提供基础支撑能力。

算力的提升能直接影响数据的数量和质量，以及算法的效率和演进节拍，因而成为推进人工智能系统整体开展并快速应用的中心要素和主要驱动力。应对新一代人工智能发展的需要，对算力的加强须围绕人工智能训练和推理需求，为激发产品创新和拓宽应用提供能力保障，而不只是单纯的计算加速。近年已有不少超算中心运用人工智能芯片和服务器来强化其算力，提升对人工智能产业的服务能力。因此，夯实人工智能算力基础，既是助力未来发展人工智能的必要举措，也是带动现有人工智能产业链加速渗透应用的路径，人工智能平台推广的关键是算力的投资。

（5）注重人才培养，加强对外合作。

人工智能发展日新月异，导致 AI 领域人才需求激增。为了从根本上推动人工智能在我国油气领域的应用与发展，专业人才建设迫在眉睫。

首先，相关油气领域企业要健全人才激励机制，提高人才待遇，吸引高端人才，尽快形成更具活力和创新能力的研发团队；其次，企业要建立信息化建设业务主导体制，加强业务人员信息化技术培训力度，提升各级管理层和专业技术人员对人工智能的认识，做好知识补充，建立业务人员信息化能力考核机制，加强复合人才培养；最后，油气企业要加强与高校的合作，设立油气人工智能学科，加强基础理论和技术研究，共同培养既懂油气又懂人工智能的复合型人才，这是弥补人才短缺、实现人工智能技术快速落地、快速见效的有效途径。

第三节　智能气井面临的问题及发展趋势

一、智能气井面临的问题

随着计算机技术、传感器技术、自动控制技术和网络技术的高速发展，气田生产管理的数字化、信息化、智能化必将成为发展的主流趋势。2015 年，中国发布了《中国制造 2025》，为激烈竞争的石化行业如何实现高质量发展明确了方向——以信息化和自动化技术为支撑，加快自主创新，建设智能化工厂。这是国有油气生产企业提高核心竞争力的有效途径，也是企业破解发展中遇到的突出矛盾最直接、最有效的手段。

致密砂岩气藏天然气在天然气储量增长和能源供应方面正在发挥越来越重要的作用。截至 2020 年底，我国天然气累计探明地质储量 $17.2\times10^{12}m^3$，其中致密气探明储量 $5.49\times10^{12}m^3$，占总探明储量的 32%。近 10 年来，致密气占天然气总探明储量的比例不断增加，但与致密气资源量相比探明率仍然偏低，仍具有较大的增长潜力与空间。

然而致密砂岩气藏通常具有"三低"特征（低渗透、低压力、低丰度），开发难度很大，并且井区作业面地理跨度大，交通条件不便，且工作环境极其恶劣，工作强度大。随着我国数字化油气田的推广和实施，气田监控的信息化水平在不断提高，气田监控管理正逐步从数字化向智能化、智慧化迈进。然而从目前气田生产管理信息化、智能化角度来看，数字化气田的发展依旧面临一些困难和问题。

（1）安全管理难度大。随着生产规模的不断扩大和运行年限的不断增加，安全环保防控的风险点持续增多，设备监控效率不高，各类动态作业管控难度持续增大，气井、管网、设备腐蚀老化问题长期存在，往往由于不能及时发现问题而产生不可估计的安全生产事故。因此如何以技术密集代替人工密集，真正让员工远离高风险工作区域成为安全管理的新课题。

（2）自动化建设亟待提升。生产现场部分工作自动化程度较低，简单重复性操作、资料填报等需要占用员工较多的工作时间，用于安全生产运行和维护的时间和精力大大缩减，严重影响整体工作效率的提高。

（3）数据互联共享严重不足。气田在生产管理过程中，虽然建立了生产数据库、基础数据库、业务数据库等专业数据库，储备了大量的生产和管理数据，各部门也结合业务实际建立了不同的应用系统，但对数据资源智能分析应用不足，数据资源与业务管理集成整合不够，各系统之间没有实现数据共享和互联互通，应用大数据资源分析优化生产经营管理、科学智能开展决策的作用没有充分发挥，形成了众多的信息孤岛。

（4）硬件点状应用，规模不足。首先，单项智能化技术已日趋成熟稳定，部分硬件装备和工具已由功能实现向降成本方向发展；其次，目前的技术应用一般为单项技术应用在单一技术领域，缺乏整体设计和硬件协同；最后，推广应用规模较小且分散，数据支撑能力不够，智能化开发效果展现不足。

（5）软件滞后，即数据融合模型及其协同化应用发展滞后。首先，专业化数据融合能力基本基于大型商业软件，软件功能模块调用缺乏统一接口设计和规范；其次，专业化分析模型较为分散，人为主导性较强，知识不统一、不规范；最后，系统级分析模型基本空白，功能整合不足，大数据、人工智能的作用和优势无法充分发挥。

二、智能气井的发展趋势

智能气井技术的未来发展主要以油田物联网为基础，以数据为中心，通过数据流动构建智能闭环控制，完成从基础数据到决策指令的数据加工和处理，其基本技术框架应包含数据感知、数据传输、关键装备与工艺、数据融合等4项基本要素。

（1）数据感知方面。

目前天然气信息系统已实现生产信息录入、查询功能，录取参数包括井口油压、套压、产气量及产液量等。然而，目前气井数据采集类型较为单一，主要为井口和地面信息，具有覆盖范围较小、数据量小、不连续等特点。在未来智能气井的发展中，应实现低成本、实时、连续计量，明确气井井筒携液状况及井下生产动态变化规律，为排采措施优选及优化、生产制度调整提供基础依据。

（2）数据传输方面。

气井管柱结构和特点与油井具有较大差异，措施实施需要带压或压井作业，工艺复杂，成本较高。目前较为适合气井的数据传输方式为预置电缆，一般用于强排措施，满足井筒与地面的高效双向数据交互需求；除此之外，目前缺乏适用于气井特点的双向通信技术，气井井下数据上传主要通过柱塞或其他间接方式实现。

智能气井数据传输的重点是井下流压、动液面等参数的获取与上传，应更加关注适用于不同排采阶段个性化数据传输技术。此外，地面数据传输网络与油井类似，应构建单井、井场、数据中心之间的标准化、高效率数据传输通道。

（3）关键装备及工艺方面。

以先进感知和可靠传输技术为基础，形成高效率、低成本、系列化、施工简便、具有广泛推广价值的智能采气装备与工艺，建立感知、互联、控制一体化的硬件系统。

（4）数据融合方面。

基于气井不同生产阶段动静态数据，构建气井全生命周期采气工艺优选评价及参数优化模型，开展生产递减规律、井筒携液能力、井筒流态和产积液等综合评价分析，智能优选气井全生命周期排采工艺和优化工艺参数，评价工艺效果，达到气井有效发挥产能和长期稳定生产目的。

气井全生命周期采气工艺优选评价及参数优化模型具有生产规律及井筒产积液评价分析、井筒井况分析评价、全生命周期采气工艺优选、采气工艺参数调整优化、采气工艺措施适应性及经济性评价等功能。

基于此技术架构，最终构建起以生产信息全面感知、远程生产管控为主体的智能气井开发模式，利用人工智能分析诊断不同阶段气井生产动态规律，系统评价气井井筒流态及产积液状况，提供全生命周期生产技术决策，并实时调控采气工艺装备运行制度，实现气井高效排采与智能化管理协同协作，打造智能化气田生产模式。最终，以智能气田采气工程核心业务为主线，以全流程数字化管理为支撑，搭建全生命周期的采气工程智能化管控模式，从而实现数据采集自动化、工艺应用一体化、生产管控可视化、分析决策科学化。

三、智能气井发展模式

智能气井的发展是一项复杂的系统工程，不仅仅涉及先进技术创新和推广应用，更涉及管理模式、观念认识等非技术问题，是一项持久攻坚战，是一个技术不断创新、成本逐步降低、效果逐渐显现、效益持续提升的过程。为了加速智能化发展进程，应采用自上而下规划、自下而上实施的发展模式，统一目标、明确职责，硬件建设和软件设计同步推进，以示范区建设带动油田智能化全面发展。

（1）以井筒为对象，制定智能化气田顶层设计规划。

首先，气田应结合自身特点因地制宜制定全面、完整的智能化气田顶层设计规划，考虑气藏、井筒、地面等各个采油气环节，统一转型发展目标；其次，顶层设计规划应着眼长远发展，由上而下、按高技术规格设计，避免过渡和折中方案；再次，根据顶层设计规划及技术成熟度、技术成本等条件，制定技术路线图和关键里程碑节点，由下而上分步骤推进智能化建设；最后，营造转型发展理念，统一转型认识，明确业务部门和单位分工和职责，按业务模块衔接标准，各自推进，紧密合作，形成合力。

（2）加快技术研发应用进程，开展智能化示范区建设。

智能化硬件技术的应用规模与技术水平和成本直接相关,其推广既是技术创新过程,也是规模效应降成本的过程。智能化硬件技术研发和应用应遵循以下3个原则。

①模块化研发。采用模块化理念研发基础通用功能模块,以功能组合方式研制关键装备与工具,提高研发效率和技术可靠性,降低单一工具的研发成本。

②系列化制造。以系列化、批量化理念制造关键装备,提高基础通用模块可靠性,延长智能装备现场服役时间,降低制造和使用成本。

③便捷化工艺。通过技术创新和优化设计,简化智能装备入井工艺和日常维护工艺,降低入井操作技术门槛,提高施工效率、成功率,以及维护便捷性。

目前,我国部分智能化技术已处于世界领先水平,应加大此类技术的产品化进程,提高技术成熟度,降低成本。在此前提条件下,开展智能化先行示范区建设,发挥技术协同作用,加快呈现智能化技术在开发效果、生产管理,以及综合效益提升方面的作用和优势。

(3)制定智慧气田生产管理平台框架结构。

根据 Q/SY 10722—2019《中国石油油气生产物联网系统建设规范》,气田监控系统软件功能的开发还需要进一步完善,使其向着标准化、模块化、可移植的方向进行改进,使其功能更加强大,管理更加科学化、人性化。

①搭建智能化气田生产管理平台系统框架,明确模块构成、逻辑关系、数据标准、数据结构等基本标准,使基础模块搭建有据可依,兼具通用性;②由"硬件为主"向"软硬兼施"转变,各基层业务单位以专业化数据融合模型为起点,有步骤、分阶段构建各专业领域的系统级分析模型,进而构建智慧气田数据融合系统。

参考文献

[1] 史华. 米脂气田试采评价及有利区筛选[D]. 西安：西安石油大学，2011.

[2] 习丽英. 神木气田储层评价及井位优化部署[D]. 西安：西安石油大学，2015.

[3] 洪鸿，刘帮华，马春稳，等. 子洲—米脂气田地面工艺系统运行评价[C]// 第七届宁夏青年科学家论坛论文集，2011.

[4] 王冰. 长庆气区子洲—米脂气田泡沫排水采气工艺优化研究[D]. 西安：西安石油大学，2010.

[5] 文开丰，赵文军，张涛，等. 神木气田储层评价[C]// 第十届宁夏青年科学家论坛石化专题论坛论文集，2014.

[6] 何身焱. 宜川—富县地区马家沟组上组合天然气成藏条件研究[D]. 成都：成都理工大学，2019.

[7] 段志强，夏辉，王龙，等. 鄂尔多斯盆地庆阳气田山1段储集层特征及控制因素[J]. 新疆石油地质，2022，43（3）：285-293.

[8] 李伟，赵丽丽，冯维，等. 子洲—米脂气田泡沫排水采气工艺优化研究[J]. 石油化工应用，2016，35（7）：70-73.

[9] 陈朝兵，冯炎松，汪淑洁，等. 宜川—黄龙地区低丰度气藏成因探讨[J]. 西北大学学报（自然科学版），2017，47（3）：422-430.

[10] 徐超，成行荣，李耀辉，等. 数字化技术在榆林气田开采中的应用[J]. 化工设计通讯，2020，46（6）：64-65.

[11] 王娟. 苏里格气田西南部储层特征与评价[D]. 西安：西安石油大学，2013.

[12] 孟祥迎，吴倡名，李红昕，等. 远程控制在煤层气排采中的应用——以沁水盆地樊庄区块为例[J]. 中国煤层气，2018，15（1）：21-25.

[13] 邹祥城，黄继庆，李庆国. 基于动液面控制的抽油机智能排采技术现状[J]. 设备管理与维修，2020，40（21）：140-141.

[14] 申小会，毛建设，李华峰. 煤层气井智能排采控制系统试验效果分析[J]. 中国煤层气，2018，15（5）：15-17.

[15] 才浩楠，刘湃，刘贵强，等. 煤层气田远控智能排采系统的开发与应用[J]. 油气田地面工程，2020，39（4）：70-73.

[16] 王冀川. 沁南—夏店区块高阶煤层气排采方法及智能排采技术[D]. 北京：中国矿业大学，2021.

[17] 冯堃，孙晓勇. 煤层气井负压排采智能评价系统研制[J]. 中国煤层气，2020，17（4）：13-18，28.

[18] 王冀川，窦武，李洪涛，等. 煤层气水平井智能排采控制技术研究与应用[J]. 中国煤层气，2017，14（5）：23-27.

[19] 王恒斌. 智能无杆排采管控系统分析与研究[J]. 信息系统工程，2017，29（10）：28.

[20] 王景鑫，刘浩，于淼. 煤层气水平井水力柱塞泵智能排采控制系统在樊庄区块的应用[J]. 中国石油和化工标准与质量，2020，40（5）：136-137.

[21] 陈晓宇，朱党辉，王大江，等. 柱塞排水采气技术在涪陵页岩气田的试验应用[J]. 钻采工艺，2021，44（4）：52-56.

[22] 高燕. 苏里格气田中区低产气井增产方法研究[D]. 北京：中国石油大学（北京），2016.

[23] 孙栋，蔺嘉昊，蒋思思，等. 苏里格气田智能化排水采气工艺措施效果分析[C]// 2020油气田勘探与开发国际会议论文集，2020.

[24] 李松泉，石玉江，马建军. 长庆智能油气田[M]. 北京：石油工业出版社，2021.

[25] 龚仁彬，李欣，李宁，等. 勘探开发梦想云丛书 油气人工智能[M]. 北京：石油工业出版社，2021.

[26] 田景文，高美娟. 人工神经网络算法研究及应用[M]. 北京：北京理工大学出版社，2006.

[27] 李玉鉴，张婷，单传辉，等. 深度学习卷积神经网络从入门到精通[M]. 北京：机械工业出版社，2018.

[28] 廖锐全,曾庆恒,杨玲.采气工程[M].2版.北京:石油工业出版社,2012.
[29] 巩海欧.基于智能控制的煤层气排采系统研究[J].机电信息,2020,19(14):22-23.
[30] 万玉金,韩永新,周兆华,等.美国致密砂岩气藏地质特征与开发技术[M].北京:石油工业出版社,2013.
[31] 成育红,杜支文,张林,等.气井精细化智能管理应用效果[C]//第十届宁夏青年科学家论坛石化专题论坛论文集,2014,403-412.
[32] 魏星.柱塞气举排水采气工艺在广安须家河气藏的应用[D].成都:西南石油大学,2016.
[33] 安海涛,崔丽岩.智能间开采油技术应用效果浅析[J].中国石油和化工标准与质量,2018,38(10):157-158.
[34] 李泽亮,马骞,刘炳森,等.智能仿真开关井装置研究及应用[J].石油工业技术监督,2021,37(2):1-6.
[35] 郭学忠,黄军平,蒲波,等.数字化建设在苏里格气田苏77区块的应用探索[J].石化技术,2016,23(9):276,278.
[36] 董军平,陈秀玲,樊自有,等.提高苏里格气田采气效率的方式方法[J].中国石油和化工标准与质量,2014,34(10):270.
[37] 马莹.排水采气工艺技术现状思考[J].石化技术,2019,26(6):323-324.
[38] 李珩.延长气田井筒压力和温度分布对泡沫排水采气效果的研究[D].北京:中国石油大学(北京),2021.
[39] 刘亮,陆地.基于SCADA系统的数字化油田的设计[J].自动化与仪表,2015,30(8):17-21.
[40] 黄艳,马辉运,蔡道钢,等.国外采气工程技术现状及发展趋势[J].钻采工艺,2008,31(6):52-55,168.
[41] 晏宁平.以智能化建设促进气田高质量发展[J].北京石油管理干部学院学报,2021,28(2):37-40,49.
[42] 匡立春,刘合,任义丽,等.人工智能在石油勘探开发领域的应用现状与发展趋势[J].石油勘探与开发,2021,48(1):1-11.
[43] 康毅力,罗平亚.中国致密砂岩气藏勘探开发关键工程技术现状与展望[J].石油勘探与开发,2007,33(2):239-245.
[44] 翟中波,贾浩文,杜一凡.L井区智能针阀间开系统的应用和效果评价[J].中外能源,2023,28(2):63-67.
[45] 曹光强,姜晓华,李楠,等.产水气田排水采气技术的国内外研究现状及发展方向[J].石油钻采工艺,2019,41(5):614-623.
[46] 古纯勇,熊婉曦,李志宽,等.间开气井智能化管理系统的研究与应用[J].石油和化工设备,2022,25(9):58,62-65.
[47] 谭中国,吕永杰.长庆油气田地面工程数字化建设关键技术[J].石油规划设计,2013,24(1):19-23,59.
[48] 郑新权,师俊峰,曹刚,等.采油采气工程技术新进展与展望[J].石油勘探与开发,2022,49(3):565-576.
[49] 徐文龙,梁博羽,李彦彬,等.苏里格气田高压气井远程自动开关井技术[J].石油化工应用,2012,31(9):57-59.
[50] 冯朋鑫,任越飞,罗彩龙,等.苏里格气田气井数字化排水采气技术应用效果分析[C].第三届信息化创新克拉玛依国际学术论坛论文集,2014.
[51] 徐文龙,高玉龙,梁博羽,等.苏里格气田气井数字一体化管理技术[J].天然气技术与经济,2012,6

(3): 66-68, 80.

[52] 徐悦新. 致密气生产井排水采气方式综合评价与生产优化[D]. 青岛: 中国石油大学(华东), 2018.

[53] 李健, 任晓峰, 冯博研. 油田数字化无人值守站建设的探索及实践[J]. 自动化应用, 2018, 58(5): 157-158.

[54] 潘凡红. 油田井场无人值守监控系统的解决方案及应用[J]. 科技资讯, 2013, 10(2): 28.

[55] 高玉龙, 朱迅, 于占海, 等. 气田智能化气井监控系统研究[J]. 石油化工自动化, 2015, 51(1): 25-28.

[56] 张亚斌, 张建平, 朱磊, 等. 气田智能化建设应用体系研究[J]. 信息技术与标准化, 2016, 16(1): 65-68.

[57] 陈晓刚, 苗成, 何蕾, 等. 气井远程控压开关技术在神木气田的探索与试验[J]. 油气田地面工程, 2020, 39(11): 11-17.

[58] 高远, 白艳, 刘永建, 等. 靖边下古气藏流动单元开发指标评价与优化[C]. 第十届宁夏青年科学家论坛石化专题论坛论文集, 2014.

[59] 徐文. 鄂尔多斯盆地榆林气田储层非均质性评价研究[D]. 西安: 西北大学, 2005.

[60] PIEDRAS J, STIMATZ G P, NIELSEN V B, et al. Canyon Express: Design and Experience on High-Rate Deepwater Gas Producers Using Frac-Pack and Intelligent Well Completion Systems[C]. Offshore Technology Conference, 2003.

[61] BURTON R C, GILBERT W W, FLEMING G, et al. Multi-Zone Cased Hole Frac Packs and Intelligent-Well Systems Improve Recovery in Subsea Gas Fields[J]. SPE Drilling &Completion, 2019. SPE-187075-MS.

[62] EDIH M, NNANNA E, NWANKWO C. A Systematic Approach to Intelligent Well Performance Modelling Using IPM Suite[C]. SPE Nigeria Annual International Conference and Exhibition, Lagos, Nigeria, August 2016. SPE-184328-MS.

[63] TANG J F, AUDREY B, LIN J, et al. Intelligent Plunger Lift: Digital and Cost-Effective Solution to Unlock Gas Potential in a Large Tight Gas Field in China[C]. SPE Annual Technical Conference and Exhibition, Dubai, UAE, September 2021. SPE-206123-MS.

[64] ZHAO K P, TIAN W, LI X R, et al. A physical model for liquid leakage flow rate during plunger lifting process in gas wells[J]. Elsevier BV, 2018, 49(1): 32-40.

[65] GUPTA A, KAISARE N S, NANDOLA N N. Dynamic plunger lift model for deliquification of shale gas wells[J]. Elsevier BV, 2017, 103(1): 81-90.

[66] GASBARRI S, WIGGINS M L. A Dynamic Plunger Lift Model for Gas Wells[C]. SPE Prod & Fac16, 2001, 89-96. SPE-72057-PA.

[67] GLANDT C A. Reservoir Management Employing Smart Wells: A Review[J]. SPE Drill & Compl 2005, 20(4): 281-288. SPE-81107-PA

[68] YETEN B, DURLOFSKY L J, AZIZ K. Optimization of Smart Well Control[C]. SPE International Thermal Operations and Heavy Oil Symposium and International Horizontal Well Technology Conference, Calgary, Alberta, Canada, November 2002. SPE-79031-MS.

[69] GAO C H, RAJESWARAN T, NAKAGAWA E. A Literature Review on Smart-Well Technology[C]. SPE Production and Operations Symposium, Oklahoma City, Oklahoma, U.S.A, March 2007. SPE-106011-MS.

[70] KONOPCZYNSKI M, AJAYI A. Design of Intelligent Well Downhole Valves for Adjustable Flow Control[C]. SPE Annual Technical Conference and Exhibition, Houston, Texas, September 2004. SPE-

90664-MS.

[71] FARAJZADEH R, WASSING B, BOERRIGTER P. Foam Assisted Gas Oil Gravity Drainage in Naturally-Fractured Reservoirs[C]. SPE Annual Technical Conference and Exhibition, Florence, Italy, September 2010. SPE-134203-MS.

[72] DONG J, TAO R D, XU J, et al. Study of a high efficient composite foam drainage surfactant for gas production[J]. Walter de Gruyter GmbH, 2022, 60(1): 36-43.

[73] LEEMHUIS A P, BELFROID S P C, ALBERTS G J N. Gas Coning Control for Smart Wells[C]. SPE Annual Technical Conference and Exhibition, Anaheim, California, USA., November 2007. SPE-110317-MS.

[74] VAN SASCHA P, NAUS M. Concurrent Oil & Gas Development Wells: A Smart Well Solution To Thin Oil Rim Presence In Gas Reservoirs[C]. International Petroleum Technology Conference, 2008.

[75] SHUMILIN V, SHUMILIN S. Energy-Efficient Oil and Gas Fields Operation on The Basis of "Smart" Wells Equipped with Multiphase Flow Meters[C]. SPE Arctic and Extreme Environments Technical Conference and Exhibition, Moscow, Russia, October 2013. SPE-166907-MS.

[76] XU Z Y, RICHARD B M, KRITZLER J H. Smart Gas Lift Valves Enhance Operational Efficiency of Offshore Wells[C]. SPE Annual Technical Conference and Exhibition, New Orleans, Louisiana, USA, September 2013. SPE-166291-MS.

[77] ALKHALIFAH M, YOUNES R. Well Cleanup Utilizing Smart Well Completion and Zero Flaring Technology[C]. SPE Annual Technical Conference and Exhibition, Dubai, UAE, September 2021. SPE-206246-MS.

[78] ADEJOKE A, HAMZAT K, LAOYE A, et al. Smart Well Completion Design using Feed-Through Swell Packers in a Gas Well: A Case Study[C]. SPE Nigeria Annual International Conference and Exhibition, Lagos, Nigeria, July 2017. SPE-189179-MS.

[79] BELLO O, FALCONE G, XU J, et al. Evaluation of Liquid Loading in the Pinedale Field: Integration of Smart Plunger Data and Mechanistic Modeling[C]. SPE Production and Operations Symposium, Oklahoma City, Oklahoma, USA, March 2011. SPE-141250-MS.

[80] GRAY T P. Well-Performance Diagnostics Using Smart Plunger Technology[C]. SPE Production and Operations Symposium, Oklahoma City, Oklahoma, April 2009. SPE-120596-MS.

[81] CHAVA G K, FALCONE G, TEODORIU C. Development of a New Plunger-Lift Model Using Smart Plunger Data[C]. SPE Annual Technical Conference and Exhibition, Denver, Colorado, USA, September 2008. SPE-115934-MS.

[82] BURNS M. Plunger-Assisted Gas Lift and Gas-Assisted Plunger Lift[C]. SPE Artificial Lift Conference and Exhibition-Americas, The Woodlands, Texas, USA, August 2018. SPE-190937-MS.